한 권으로 합격하는

한식조리 기능사

필기

최태호 · 박한나 · 전소현
김운진 · 이영우 · 전장철

(주)백산출판사

머 리 말

외식산업의 발달과 함께 현대인들은 웰빙음식, 건강음식, 안전한 음식 등을 찾게 되었고, 또한 음식을 직접 만들어 먹으려는 사람들도 많아졌다.

이 책은 한식조리기능사 필기시험을 준비하는 수험생들을 위하여 조리기능사 이론시험에 필요한 '위생관리', '안전관리', '재료관리', '구매관리'를 비롯하여 실무에 필요한 '기초조리 실무', '한식조리 실무' 등의 내용으로 구성하였다. 따라서 이 책 한 권으로 이론시험을 준비하는 수험생들이 부족함 없이 공부할 수 있도록 하였으며, 또한 조리실무에 대한 이론도 겸비할 수 있도록 하였다.

각 단원의 이론 끝에 '예상문제'를 실어 공부한 내용을 다시 한 번 상기할 수 있도록 하였으며, '단원별 기출문제'를 통해 공부한 내용을 다시 한 번 정리함으로써 실력을 빠르게 향상시킬 수 있도록 하였다.

이 책이 한식 조리에 대한 궁금증을 해소하고, 수험생 여러분의 목표를 이루는 데 일조하기를 바라는 마음 간절하다. 또한, 이 책이 완성되기까지 수고해 주신 공동저자 여러분과 물심양면으로 지원과 격려를 아끼지 않으신 ㈜백산출판사 대표님과 관계자 여러분께도 진심으로 감사의 마음을 전합니다.

저자 일동

차 례

CHAPTER 1

위생관리

차 례

CHAPTER 2

안전관리

CHAPTER 3

재료관리

차 례

CHAPTER 4

구매관리

CHAPTER 5

기초조리 실무

차례

차 례

1장

위생관리

CHAPTER 1 위생관리

제 1 절 개인위생관리

1 위생관리 기준

1) 위생관리의 의의

음료수 처리, 쓰레기, 분뇨, 하수와 폐기물 처리, 공중위생, 접객업소와 공중이용시설 및 위생용품의 위생관리, 조리, 식품 및 식품첨가물과 이에 관련된 기구용기 및 포장의 제조와 가공에 관한 위생 관련 업무를 말함

2) 위생관리의 필요성

- 식중독 위생사고 예방
- 식품위생법 및 행정처분 강화
- 안전한 먹거리에 의한 식품가치 상승
- 청결한 이미지로 점포의 이미지 개선
- 고객만족으로 대외적 브랜드 이미지 관리
- 매출 증진

3) 개인위생관리

식품위생법 제40조(건강진단), 식품 및 식품첨가물 관련 일에 직접 종사하는 영업자 및 종업원 건강진단 의무화, 매년 1회(건강진단 검진 받은 날 기준), 진단항목 : 장티푸스, 폐결핵, 전염성 피부질환

4) 개인위생수칙

- 올바른 방법으로 손을 자주 씻음
- 작업장에 들어가기 전에 보호구(모자, 작업복, 앞치마, 신발, 장갑, 마스크 등)의 청결상태를 확인 후 착용
- 손톱은 항상 짧고 깨끗하게 유지하여 더러운 이물질이 끼지 않도록 주의
- 매니큐어를 바르거나 장신구 및 짙은 화장은 피함
- 상처가 나면 손의 상처가 완치될 때까지 식품을 다루지 않는 작업을 진행
- 작업장에서 사용하는 모든 설비 및 도구는 항상 청결한 상태로 유지하고, 불필요한 개인용품은 반입하지 않음
- 음식을 관리할 때에는 흡연이나 껌을 씹는 행위는 절대 금지
- 작업장의 출입은 반드시 지정된 출입구를 이용해야 하며, 작업장 내에서는 지정된 경로를 따라 이동
- 관계자 외 조리작업장에 출입금지
- 모든 종업원은 작업장 내에서의 교차오염 또는 이차오염의 발생을 방지

5) 손을 반드시 씻어야 하는 경우

- 식재료의 교차오염이 우려되는 경우
- 음식 조리와 식품 취급 전 코를 풀거나 재채기 등 신체의 일부를 만졌을 때
- 애완동물이나 기타 손을 오염시킬 수 있는 것을 만졌을 경우
- 귀, 코, 입, 머리와 같은 신체부위를 만지거나 긁은 경우
- 흡연 후
- 외출에서 돌아왔을 때

6) 손씻기 6단계

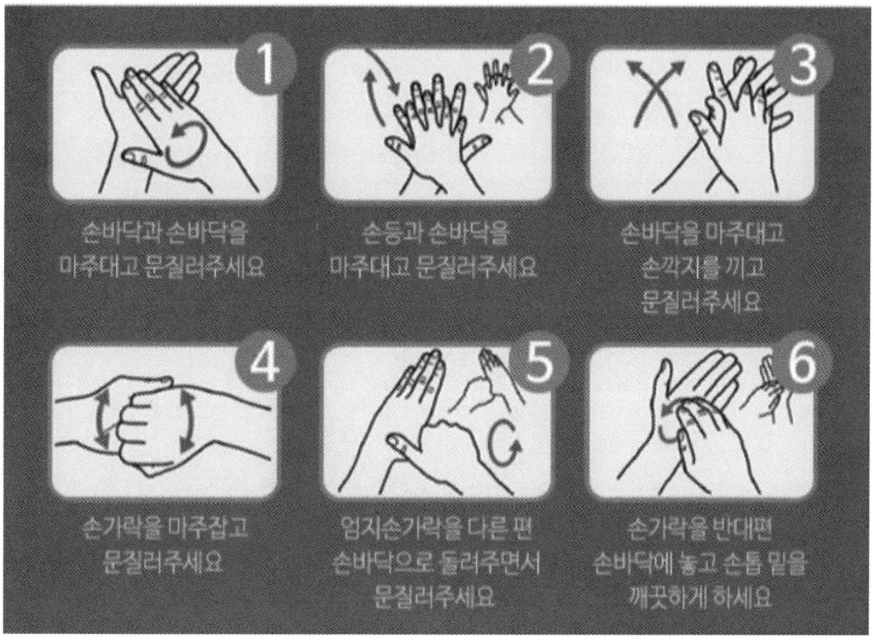

출처 : 질병관리본부

- 흐르는 온수로 손을 적시고, 일정량의 액체비누를 바른다.
- 비누와 물이 손의 모든 표면에 묻도록 한다.
- 손바닥과 손바닥을 마주대고 문질러준다.
- 손바닥과 손등을 마주대고 문질러준다.
- 손바닥을 마주대고 깍지를 끼고 문질러준다.
- 엄지손가락을 다른 편 손바닥으로 돌려주면서 문질러준다.
- 손가락을 반대편 손바닥에 놓고 문지르며 손톱 밑을 깨끗하게 한다.

[표 1-1] 손 씻는 방법에 따른 세균의 변화

씻는 조건	방법	균수(마리)		제거율(%)
		씻기 전	씻은 후	
수돗물	담아 놓은 물	4,400	1,600	63.6
	흐르는 물	40,000	4,800	88.0
뜨거운 물	담아 놓은 물	5,700	750	86.8
	흐르는 물	3,500	58	98.3
비누 사용 + 수돗물	흐르는 물(간단히)	849	54	93.6
	흐르는 물(철저히)	3,500	8	99.8

출처 : 식품의약품안전처

> **역성비누**
> 보통비누와는 달리 양이온이 비누의 역할을 하므로 양성비누라고 함
> 세척력은 약하나 살균력이 강하고 냄새가 없고 자극성 및 부식성이 없음

7) 개인복장의 위생관리

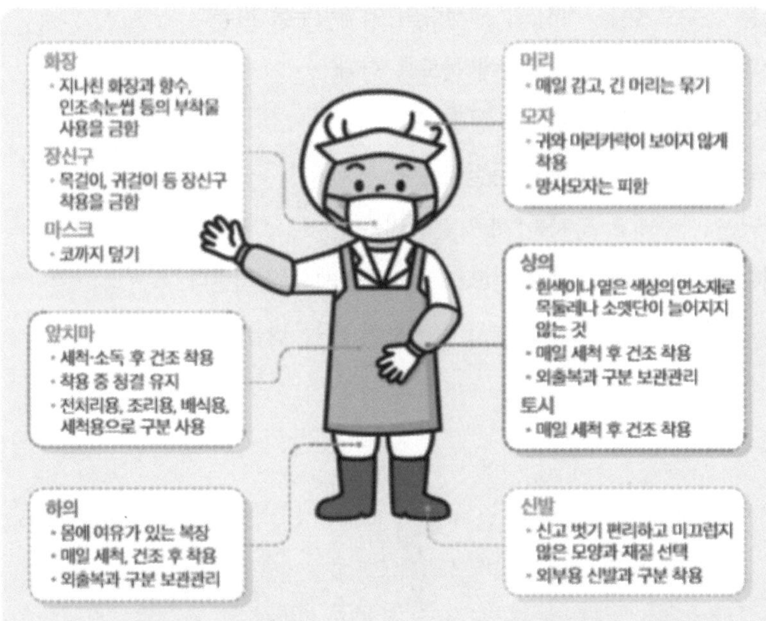

출처 : 식품의약품안전처

(1) 위생복

- 조리 시에는 항상 청결한 위생복 착용
- 조리복장은 최대한 단순하고 간편하게 하며 일하는 동안 옷을 자주 만지지 않도록 하며 물기가 있는 손을 옷에 닦는 행위, 뜨거운 것을 나를 때 앞치마를 이용하는 행위 방지
- 조리작업복을 입고 외부 출입 금지

(2) 위생화

- 주방 내에서 전용 위생화 착용. 슬리퍼 착용 금지
- 외부 출입 시 반드시 소독 발판에 위생화(작업화) 소독

(3) 두발 및 용모

- 조리실 내에서 위생모 착용
- 머리망을 사용하여 머리카락이 떨어지는 것을 방지

(4) 장신구 및 화장

- 시계, 반지, 목걸이, 귀걸이, 팔찌 등 장신구 착용 금지
- 손톱 매니큐어 및 인조손톱 부착 금지
- 진한 화장과 향수 사용 금지

(5) 장갑

- 음식이나 식재료 취급 시 손에 직접 접촉되지 않도록 위생장갑을 착용
- 위생장갑은 용도에 따라 구분하여 사용
- 1회용 장갑 사용 후 교차오염방지를 위하여 교체 사용
- 고무장갑이나 1회용 위생장갑은 뜨거운 음식의 취급이나 열기가 있는 곳에서 사용 금지

(6) 손톱

- 항상 짧게 깎고 깨끗하게 관리

(7) 상처

- 노출된 상처는 식중독 유발 위험이 있으므로 상처부위는 살균된 밴드로 감싸고, 음식이나 다른 조리종사자에게 노출되지 않도록 함

8) 개인 외 위생관리

(1) 식품취급 시 위생관리

- 식품은 항상 청결하고 위생적으로 취급하여 병원 미생물, 먼지, 유해물질 등에 의하여 오염되지 않도록 함
- 얼굴의 땀을 옷으로 닦는 행위 및 주방 싱크대나 바닥에 침을 뱉는 행위도 절대 금함
- 식탁을 닦거나 고객이 남긴 음식을 치운 후 바로 새로운 음식을 나르거나 테이블세팅하는 행위 금지
- 외식업소 내에서 흡연과 껌 씹기 절대 금지
- 검식을 위한 별도의 용기 사용함
- 살충제, 살균제, 기타 유독 약품류는 보관을 철저히 하여 식품첨가물로 오용되는 일 이 없도록 주의함
- 음식접시를 겹쳐서 나르는 행위 및 주방 싱크대에서 손 씻는 행동 금지
- 식기의 음식이 손에 닿지 않도록 함

(2) 작업장의 위생관리

- 바닥재는 흡수성이 없는 것이 좋으며, 벽재 및 천장재의 재료는 쉽게 청소할 수 있는 것으로 선택
- 화장실은 편리하고 위생적으로 관리하고 고객의 화장실과 분리하여 사용하도록 함
- 화장실은 항상 화장지와 뚜껑이 있는 쓰레기통을 마련해두고, 손을 씻을 수 있도록 비누와 1회용 타월이나 손 드라이어를 설치함
- 건조창고의 바닥은 콘크리트나 타일과 같이 청소가 용이한 재질을 사용하고 선반, 저장용기 등은 녹슬지 않는 스테인리스 스틸 재질의 자재를 사용함
- 주방의 조도는 정해진 기준 이상으로 유지하고, 조명에는 보호 커버를 설치함
- 자연채광을 위한 창문의 면적은 벽면적의 70% 또는 바닥면적의 20~30%로 함

- 해충의 침입을 막기 위해 16~18mesh의 방충망을 창문에 설치함
- 작업장의 환기상태와 급·배기 시설관리를 잘하여, 구역별 공기 흐름이 양호하게 관리함
- 후드는 내구성이 있고 청소가 용이한 스테인리스 스틸 재질로 사용함
- 조리실의 바닥부분은 배수의 흐름으로 인한 교차오염이 없어야 하고, 파손, 구멍이 나거나 침화된 곳이 없도록 함

조리작업장의 위치 선정

- 통풍이 잘되며 밝고 청결한 곳
- 식재료의 반입·출고 등이 편리하고 통로의 포장상태가 양호한 곳
- 안전한 물 공급과 배수가 용이한 곳
- 소음, 이취 등 조리에 영향이 적은 곳
- 화장실 및 폐기물처리장까지 적당한 거리를 유지하도록 함

2 식품위생에 관련된 질병

1) 감염병의 정의

감염성 질환은 병원체의 감염으로 인해 질병이 발생되었을 경우 말함

[표 1-2] 감염병의 종류

병원체	감염병의 종류
세균	콜레라, 장티푸스, 세균성이질, 파라티푸스, 비브리오 패혈증, 백일해, 파상풍, 디프테리아
바이러스	폴리오, 전염성 설사증, 유행성 간염, 천열, 인플루엔자, 홍역, 유행성이하선염, 감염성 설사, 일본뇌염
리케차	발진티푸스, 발진열, 쯔쯔가무시병, Q열
원생동물	아메바성 이질 등

2) 감염병의 분류

우리나라는 감염병의 위해정도를 기준으로 질환별 특성에 따라 심각도, 전파력, 격리수준을 고려해 1~4군 급별 분류로 개편(2020년 1월 1일부터)

3) 경구감염병

소화기계 감염병이라고도 하며 병원체가 식품 또는 음료수, 완구, 식기, 곤충, 손가락 등을 통해 감염되는 감염병으로 주로 소화기계장애와 동시에 병원체가 분변으로 배설. 미량의 균으로도 발병하며, 병원체와 사람과의 사이에 감염환 성립

인수공통 감염병
척수동물과 사람 간에 자연적으로 전파되는 질병

[표 1-3] 법정 감염병 분류 및 종류(2020년 1월 1일 시행)

구분	전수감시 감염병			표본감시 감염병
	제1급 감염병(17종)	제2급 감염병(20종)	제3급 감염병(26종)	제4급 감염병(23종)
종류	에볼라바이러스병, 마버그열, 라싸열, 크리미안콩고출혈열, 남아메리카출혈열, 리프트밸리열, 두창, 페스트, 탄저, 보툴리눔독소증, 야토병, 신종감염병증후군, 중증급성호흡기증후군(SARS), 중동호흡기증후군(MERS), 동물인플루엔자 인체감염증, 신종인플루엔자, 디프테리아	결핵, 수두, 홍역, 콜레라, 장티푸스, 파라티푸스, 세균성이질, 장출혈성대장균감염증, A형간염, 백일해, 유행성 이하선염, 풍진, 폴리오, 수막구균 감염증, b형헤모필루스인플루엔자, 폐렴구균 감염증, 한센병, 성홍열, 반코마이신내성황색포도알균(VRSA) 감염증, 카바페넴내성장내세균속 균종(CRE) 감염증	파상풍, B형간염, 일본뇌염, C형간염, 말라리아, 레지오넬라증, 비브리오패혈증, 발진티푸스, 발진열, 쯔쯔가무시증, 렙토스피라증, 브루셀라증, 공수병, 신증후군출혈열, 후천성면역결핍증(AIDS), 크로이츠펠트-야콥병(CJD) 및 변종크로이츠펠트-야콥병(vCJD), 황열, 뎅기열, 큐열, 웨스트나일열, 라임병, 진드기매개뇌염, 유비저, 치쿤구니야열, 중증열성혈소판감소증후군(SFTS), 지카바이러스 감염증	인플루엔자, 매독, 회충증, 편충증, 요충증, 간흡충증, 폐흡충증, 장흡충증, 수족구병, 임질, 클라미디아감염증, 연성하감, 성기단순포진, 첨규콘딜롬, 반코마이신내성장알균(VRE) 감염증, 메티실린내성황색포도알균(MRSA) 감염증, 다제내성녹농균(MRPA) 감염증, 다제내성아시네토박터바우마니균(MRAB) 감염증, 장관감염증, 급성호흡기감염증, 해외유입기생충감염증, 엔테로바이러스감염증, 사람유두종바이러스 감염증

구분	전수감시 감염병			표본감시 감염병
	제1급 감염병(17종)	제2급 감염병(20종)	제3급 감염병(26종)	제4급 감염병(23종)
유형	생물테러감염병 또는 치명률이 높거나 집단발생 우려가 커서 발생 또는 유행 즉시 신고하고 음압격리가 필요한 감염병	전파가능성을 고려하여 발생 또는 유행 시 24시간 이내에 신고하고 격리가 필요한 감염병	발생 또는 유행 시 24시간 이내에 신고하고 발생을 계속 감시할 필요가 있는 감염병	제1급~제3급 감염병 외에 유행여부를 조사하기 위해 표본감시 활동이 필요한 감염병
신고	즉시 유선신고 후 서면신고	24시간 이내	24시간 이내	7일 이내 (표본감시기관만 해당됨)

출처 : 질병관리본부

예상문제 개인위생관리

01 다음 중 위생관리 업무의 필요성이 아닌 것은?

① 식중독 위생사고 예방
② 식품위생법 및 행정 처분 강화
③ 점주의 프랜차이즈 사업 확장
④ 매출 증진

02 식품 영업에 종사하지 못하는 질병의 종류가 아닌 것은?

① 소화기계 감염병
② 피부병 및 기타 화농성 질환
③ 비감염성 결핵
④ 후천성면역결핍증(AIDS)

03 손을 씻는 방법으로 적합하지 않은 것은?

① 깍지를 끼고 손바닥을 서로 비비면서 닦는다.
② 흐르는 물에 비눗물로 닦는다.
③ 팔꿈치까지 깨끗하게 씻는다.
④ 손을 깨끗하게 씻을 때는 역성비누를 사용한다.

04 조리장의 설비에 대한 설명 중 부적합한 것은?

① 조리장의 내벽은 바닥으로부터 5cm까지 수성 자재로 한다.
② 충분한 내구력이 있는 구조여야 한다.
③ 조리장에는 식품 및 식기류의 세척을 위한 위생적인 세척시설을 갖춘다.
④ 조리원 전용의 위생적 수세시설을 갖춘다.

05 조리작업장의 위생관리로 적합하지 않은 것은?

① 바닥부분은 배수의 흐름으로 인한 교차오염이 없는 곳
② 통풍이 잘되고 밝고 청결한 곳
③ 안전한 지하에 위치한 곳
④ 작업장 배관이 용도별로 구분된 곳

06 개인복장 위생관리에 대한 설명으로 잘못된 것은?

① 두발은 항상 단정하게 묶어 뒤로 넘긴다.
② 환경오염방지를 위해 위생장갑은 세척하여 사용한다.
③ 근무 중에는 위생모를 반드시 착용한다.
④ 진한 화장이나 향수를 사용하지 않는다.

07 식품위생법상 식품 등의 위생적인 취급에 관한 기준이 아닌 것은?

① 식품 등을 취급하는 원료보관실 · 제조가공실 · 조리실 · 포장실 등의 내부는 항상 청결하게 관리하여야 한다.
② 식품 등의 원료 및 제품 중 부패 · 변질되기 쉬운 것은 냉동 · 냉장시설에 보관 · 관리하여야 한다.
③ 유통기한이 경과된 식품 등을 판매하거나 판매의 목적으로 전시하여 진열 · 보관하여서는 아니 된다.
④ 모든 식품 및 원료는 냉장 · 냉동시설에 보관 · 관리하여야 한다.

정답 01. ③ 02. ③ 03. ④ 04. ① 05. ③ 06. ② 07. ④

08 식품위생법 제40조, 식품 영업자 및 종업원 건강진단 의무에 따른 건강진단 검진주기는?

① 매월　② 6개월
③ 1년　④ 3년

09 개인 위생복장의 기능을 틀리게 설명하지 않은 것은?

① 위생복 - 머리카락과 머리의 분비물들로 인한 음식오염 방지
② 안전화 - 미끄러운 주방바닥으로 인한 낙상 등 위험으로부터 보호
③ 앞치마 - 조리원의 복장과 신체 보호
④ 머플러 - 주방의 추위 대비

10 역성비누에 대한 올바른 설명이 아닌 것은?

① 보통비누로 먼저 때를 씻어낸 후 역성비누를 사용한다.
② 보통비누와 함께 사용하면 더욱 효과가 좋다.
③ 냄새가 없고 독성이 적다.
④ 세척력이 약하다.

11 식품위생법상 식품 등의 위생적 취급에 관한 기준으로 틀린 것은?

① 식품 등의 보관·운반·진열 시에는 식품 등의 기준 및 규격이 정하고 있는 보존 및 유통기준에 적합하도록 관리하여야 한다.
② 식품 등의 제조·가공·조리에 직접 사용되는 기계·기구 및 음식기는 세척·살균하는 등 항상 청결하게 유지·관리하여야 하며, 어류·육류·채소류를 취급하는 칼·도마는 공통으로 사용한다.
③ 식품 등의 제조·가공·조리 또는 포장에 직접 종사하는 자는 위생모를 착용하는 등 개인위생관리를 철저히 하여야 한다.
④ 제조·가공(수입품 포함)하여 최소판매단위로 포장된 식품 또는 식품첨가물을 영업허가 또는 신고하지 아니하고 판매의 목적으로 포장을 뜯어 분할하여 판매하여서는 아니 된다.

12 양성(역성)비누의 특징으로 옳은 것은?

가. 독성이 적음	나. 살균력이 강함
다. 무색투명함	라. 세척력이 강함

① 가, 나, 다　② 가, 다
③ 나, 라　④ 가, 나, 다, 라

13 손을 씻어야 하는 경우가 아닌 경우는?

① 조리 중 1시간 간격으로 씻을 경우
② 지폐를 세고 난 후
③ 화장실을 다녀온 후
④ 담배를 피운 후

정답 08. ③　09. ②　10. ②　11. ②　12. ①　13. ①

제 2 절 식품위생관리

1 미생물의 종류와 특성

1) 미생물의 정의

미생물은 육안으로는 식별이 어렵고 현미경으로나 볼 수 있는 아주 작은 생물들을 통틀어 이르는 말로, 식품을 비롯하여 자연에 널리 분포하여 우리에게 좋은 식품을 만들어 유익하기도 하지만 식품의 부패, 식중독 등을 일으켜 해를 줌

2) 미생물의 종류 및 특성

(1) 바이러스(Virus)

미생물 중 가장 작은 크기로 반드시 숙주 내에 기생하여 번식하고 사람, 식물, 동물, 미생물에게 질병을 일으키는 병원성미생물이다.

예 간염바이러스(Hepatitis A), 인플루엔자, 광견병, 모자이크병 등

(2) 세균(박테리아, Bacteria)

가장 작은 단세포 미생물로 이분법(Binary Fission)에 의해 증식하고 구균, 간균, 나선균 등으로 구분된다.

① 모양에 따른 세균 구분

㉠ 구균(코쿠스, Coccus) : 둥근 모양의 세균

예 스트렙토코쿠스(Streptococcus), 스타필로코쿠스(Staphylococcus)

㉡ 간균(바실루스, Bacillus) : 막대 모양의 분열균

예 디프테리아균, 백일해균, 결핵균, 페스트균

㉢ 나선균(스피릴룸, Spirillum) : 돌돌 말린 나선모양

예 쥐물림병 병원균

㉣ 세균(비브리오, Vibrio) : 굽은 막대 모양

예 콜레라균, 병원성호염균

② 독소의 종류

㉠ 엔도톡신(Endotoxins) : 그람음성균에서 생겨나는 감염형 식중독

㉡ 엑소톡신(Exotoxin) : 세균이 균체 밖으로 분비하는 독소형 식중독

*두 형태의 독소 모두 엔테로톡신(Enterotoxin)으로 불린다.

(3) 곰팡이류

① 곰팡이(Mold) : 실 모양의 균사로 구성되어 있고 이들이 자라 균사체(Mycelium)를 이룬다.

㉠ 비격막곰팡이 : 세포질 내 많은 핵 예 빵곰팡이

㉡ 격막곰팡이 : 한 세포 내 하나의 핵 예 푸른곰팡이

*아플라톡신(Aflatoxin) : 곡류, 땅콩 등에서 곰팡이가 내는 발암성 독소

② 효모(이스트, Yeast) : 단세포 곰팡이로 구형, 타원형, 막대모양 형태이며, 무성생식인 출아법으로 증식한다.

스피로헤타(Spirochaeta) 가늘고 긴 나선형태로 미생물의 총칭
리케차(Rickettsia) 세균과 바이러스의 중간에 속하며 2분법으로 증식하며 살아 있는 세포 속에서만 증식

참고자료 **미생물의 크기**

바이러스 〈 세균 〈 곰팡이

3) 미생물 생육에 필요한 조건

(1) 영양소

미생물 증식에는 유기탄소원(당질), 질소원, 비타민과 무기염류, 에너지 등의 영양소가 충분

하게 공급되어야 함

(2) 수분활성도

- 대부분의 미생물은 75% 정도의 물로 구성
- 미생물의 종류에 따라 다르지만 40% 이상이면 생육 · 증식
- 15% 정도의 건조식품에는 일반미생물의 생육 · 증식이 불가능
- 유일하게 곰팡이는 건조식품에서도 발육 가능
- 곰팡이 생육억제 수분함량은 13% 이하
- 생육에 필요한 수분량 순서(곰팡이 〈 효모 〈 세균)

참고자료 **수분활성도(Aw)**

생육에 필요한 수분량
곰팡이(Mold) 0.80 정도, 효모(Yeast) 0.85~0.88, 세균(Bacteria) 0.95 정도

(3) 온도

세균은 증식온도에 따라 저온균, 중온균, 고온균으로 나눔

종류	가능증식온도	최적증식온도	내용(균)
저온균	0~25℃	15~20℃	부패균
중온균	15~55℃	25~37℃	병원균
고온균	40~75℃	50~60℃	온천균

(4) 수소이온농도(pH)

① 곰팡이와 효모의 최적 pH는 4.0~6.0로 산성에서 잘 자람
② 세균의 최적 pH는 6.5~7.5로 중성, 약알칼리에서 잘 자람

(5) 산소

세균의 증식에 필요한 산소와의 관계에 따른 분류

① 호기성세균 : 산소를 충분하게 필요로 하는 세균

② 혐기성세균 : 산소를 필요로 하지 않는 세균

㉠ 통성혐기성세균 : 충분한 산소가 있으면 잘 자라지만, 없어도 잘 자라는 세균

㉡ 편성혐기성세균 : 절대혐기성세균이라고도 하며, 산소가 전혀 없어야 잘 자라는 세균

*미호기성세균 : 2~10%의 낮은 산소농도에서 생장하는 세균

참고자료 ★★★	미생물 증식의 3대 조건 영양소, 수분, 온도

4) 미생물에 의한 식품의 변질

(1) 식품의 변질

- 미생물의 번식, 식품 자체의 효소작용
- 공기 중의 산화로 인한 비타민 파괴 및 지방의 산패

(2) 변질의 유형

① 부패 : 단백질을 주성분으로 하는 식품의 혐기성세균의 번식에 의해 분해를 일으켜 아미노산이 생성되고 아민, 암모니아, 트리메탈아민 등이 만들어지면서 악취를 내고 유해성 물질이 생성되는 현상

② 변패 : 단백질 이외의 성분을 갖는 식품이 미생물의 작용을 받아 변질

③ 산패 : 지방(유지+산소)이 산화되어 과산화물 생성

④ 발효 : 식품 중의 탄수화물이 미생물의 작용으로 분해되어, 부패산물로 여러 가지 유기산 또는 알코올 등 사람에게 유익한 물질로 변화되는 현상

*후란(숙성) : 악취 없이 호기성세균에 의해 단백질이 분해됨

2 식품과 기생충병

1) 식품과 기생충

기생충은 주로 음식물과 함께 경구감염되어 소화기계와 내장의 여러 기관에 기생함

경구감염경로는 동물성 식품의 어육, 회 등을 날것으로 먹거나 채소 등 일반식품을 통하여 감염

2) 채소, 과일을 통한 감염증(중간숙주가 없는 것)

관련기생충	원인식품	감염증	예방법
회충	채소, 과일 *채소에 부착한 충란을 경구 섭취한 경우	복통, 간담 증세, 구토, 소화장애, 변비 등의 전신 증세	분변의 위생적 처리, 청정채소의 보급, 위생적인 식생활, 환자의 정기적인 구충, 채소는 흐르는 물에 5회 이상 씻기
구충 (십이지장충)	채소, 과일 *경구 및 경피감염	빈혈증, 소화장애 등	회충과 같으나 인분을 사용한 밭에 맨발로 들어가지 말아야 함
요충	채소, 과일 *불결한 손, 음식물, 침구 등 집단감염	항문소양증, 집단감염	침구 및 내의의 청결 유지
편충	채소, 과일 *사람의 맹장 근처에 살며 경피감염	경구 감염되어 맹장부위에 기생. 따뜻한 지방에 많은데 우리나라에서도 감염률이 높음	분변의 위생적 처리, 청정채소의 보급, 위생적인 식생활, 환자의 정기적인 구충, 채소는 흐르는 물에 5회 이상 씻기
동양모양선충	채소, 과일 *경피감염	경구감염 또는 경피감염. 내염성이 강해서 절임채소에서도 발견	회충과 같으나 인분을 사용한 밭에 맨발로 들어가지 말아야 함

3) 육류를 통한 감염증(중간숙주 1개)

관련기생충	원인식품	감염증	예방법
유구조충 (갈고리촌충)	돼지고기	설사, 공복통, 체중감소, 소화장애	분변에 의한 오염 방지, 돼지고기 생식금지
무구조충 (민촌충)	소고기	복통, 소화불량, 구토, 오심	오염방지, 소고기의 위생검사 및 생식금지
선모충	돼지고기	설사, 구토, 부종, 근육통, 호흡장애	돼지고기 위생검사 및 생식금지, 돼지고기를 75℃ 이상 가열 섭취

4) 어패류를 통한 감염증(중간숙주 2개)

관련기생충	제1중간숙주	제2중간숙주	감염증	예방법
간디스토마 (간흡충)	쇠우렁 (왜우렁이)	민물고기 (참붕어, 잉어)	황달, 혈변, 장출혈, 간비대	담수어 생식금지
요코가와흡충 (장흡충)	다슬기	담수어 (붕어, 잉어)	복통, 설사, 만성장염, 설사	담수어, 은어 생식금지
광절열두조충 (긴촌충)	물벼룩	연어, 송어	구토, 복통, 설사, 현기증	농어, 연어 등 생식금지
고래회충 (아니사키스)	소갑각류, 크릴새우	고등어, 청어, 오징어	복통, 오심, 구토	해산어류 생식금지
유극악구충	물벼룩	민물고기 (가물치, 메기)	피부종양	담수어(가물치, 메기 등) 생식금지

*요코가와흡충(장흡충)은 섬진강 유역을 중심으로 감염률이 높음

5) 갑각류를 통한 감염증(중간숙주 2개)

관련기생충	제1중간숙주	제2중간숙주	감염증	예방법
폐디스토마(폐흡충)	다슬기	갑각류(게, 가재)	기침, 혈담, 기관지염	게, 가재 생식금지

6) 기타 감염증

톡소플라스마
① 감염경로 : 돼지, 개, 고양이, 사람
② 예방대책 : 돼지고기 생식금지, 고양이 배설물에 의한 식품오염방지
만소니열두조충
① 감염경로 : 물벼룩 → 개구리, 뱀, 조류 → 개, 고양이(종말숙주)
② 예방대책 : 생식금지
※ **사람이 중간숙주 구실을 하는 기생충** : 말라리아 원충

7) 기생충의 예방 관리법

- 분변의 위생적 처리
- 손 세척 및 개인위생관리 철저
- 중간숙주인 육류, 어류 생식금지
- 도축검사 철저
- 오염된 조리기구를 통한 다른 식품오염 주의(교차오염 예방)
- 충분하게 가열 후 섭취
- 정기적인 구충제 복용

3 살균 및 소독의 종류와 방법

1) 살균, 소독의 용어 정의

구분	정의
살균 또는 멸균	강한 살균력을 작용시켜 병원 미생물뿐 아니라 모든 미생물을 사멸시키는 것
소독	병원 미생물을 죽이거나 그 병원성을 약화시켜 감염(증식)력을 없애는 방법 *효과적인 소독 : 안정성, 용해성, 높은 석탄산 계수, 강한 침투성, 낮은 독성, 낮은 가격, 부식이 없을 것 등
방부	미생물의 발육(증식)을 저지 또는 정지시켜 부패나 발효를 방지

※ 미생물에 작용하는 강도 : 방부 〈 소독 〈 살균 또는 멸균

2) 소독방법

(1) 물리적 방법

① 비가열에 의한 방법

구분	내용
자외선 살균법	• 일광소독(실외소독), 자외선 소독(실내소독) • 내부에는 효과를 못 미치고 표면에만 살균효과 • 공기 및 물 소독, 의류 및 침구류 소독 • 자외선 가장 강한 파장 : 파장 2500~2800Å(옴스트롱) 예 공기, 물, 식품, 기구, 용기에 사용
방사선 살균법	식품에 방사선을 방출하는 코발트 60(^{60}Co), 세슘 137(^{137}Cs) 등의 물질을 조사시켜 균을 살균
세균여과법	음료수, 액체식품 등을 세균여과기로 걸러서 제거하는 방법 (소형 바이러스는 작아서 걸러지지 않는 게 단점)
초음파 멸균법	전자파를 이용한 소독방법

② 가열에 의한 방법

구분	내용
건열멸균법	건열멸균기(Dry oven)에 넣고 150~170℃ 정도에서 30분 이상 가열 예 주사바늘, 외과용 기구, 분말, 유리기구, 도자기류
화염멸균법	건열 도자기류 등 불에 타지 않는 물건 소독에 이용. 불꽃에 20초 이상 가열 예 백금선, 유리기구, 도자기류, 금속기구
저온살균법 (LTLT법)	60~65℃에서 30분간 가열 후 급랭 예 우유, 술, 주스, 소스 등에 이용 *영양손실이 적음
고온단시간살균법 (HTST법)	70~75℃에서 15~20초 내에 가열 후 급랭 예 우유, 과즙
초고온순간살균법 (UHT법)	130~140℃에서 2~4초간 가열 후 급랭 예 우유, 과즙
고온장시간살균법	95~120℃에서 30~60분간 가열 예 통조림
유통증기멸균법	100℃ 유통하는 증기 중에서 30~60분간 가열 예 의류, 침구류 소독
고압증기멸균법	고압증기멸균솥(오토클레이브)을 이용하여 121℃(압력 14~15파운드)에서 15~20분간 살균. 멸균효과 우수(아포까지 멸균, 통조림 등의 살균)
간헐멸균법	매회 1회씩 100℃의 유통증기 중에서 24시간마다 15~50분간씩 3회 계속 아포를 형성하는 모든 세균 멸균

구분	내용
자비소독(열탕소독)	끓는 물(100℃)에서 30분간 가열 예 식기, 행주 등의 소독(아포를 죽일 수 없기 때문에 완전멸균 어려움)

(2) 화학적 방법

구분	내용
염소 (차아염소산나트륨)	• 수돗물, 과일, 채소, 음료수, 식기소독에 이용 • 수돗물 소독 시 잔류 염소 : 0.2ppm • 과일, 채소 식기 소독 시 농도 : 50~100ppm
표백분(클로르칼키, 클로르석회)	우물물, 수영장물 등 소독 및 채소, 식기소독에 이용
역성비누(양성비누)	• 과일, 채소, 식기, 조리자의 손 소독에 이용 • 실제 사용농도 : 원액(10%)의 0.01~0.1%, 손 소독: 10% • 유기물이 존재하면 살균효과가 떨어짐
석탄산(3%)	화장실(분뇨), 하수도, 진개 등의 오물 소독에 이용 • 온도상승에 따라 살균력 비례 • 장점 : 살균력이 안정(유기물에도 살균력이 약화되지 않음) • 단점 : 독한 냄새, 강한 독성, 강한 자극성, 금속부식성 있음
크레졸비누(3%)	화장실, 분뇨, 하수도, 진개 등의 오물 소독, 손 소독 • 피부자극은 비교적 약하지만 소독력은 석탄산보다 강하며 냄새도 강함
과산화수소(3%)	자극성이 적어서 피부, 상처 소독, 입안의 상처도 소독 가능
포르말린	포름알데히드를 물에 녹여서 35~37.5%의 수용액으로 만든 것 화장실, 분뇨, 하수도, 진개 등의 오물 소독에 이용
포름알데히드(기체)	병원, 도서관, 거실 등의 소독에 이용
생석회	화장실, 분뇨, 하수도, 진개 등의 오물 소독에 가장 우선적 이용
승홍수(0.1%)	비금속기구 소독에 이용(금속 부식성 있음), 온도상승에 따라 살균력도 비례하여 증가
에틸알코올(70%)	금속기구, 초자기구, 손 소독에 이용
에틸렌옥사이드(기체)	식품 및 의약품 소독에 이용

※ 석탄산계수 = $\frac{\text{(다른)소독약의 희석배수}}{\text{석탄산의 희석배수}}$ (살균력 비교 시 이용)

※ 식기 세척 시 중성세제의 농도 : 0.1~0.2%

(3) 소독약의 구비조건

① 살균력이 강할 것
② 금속부식성이 없을 것
③ 표백성이 없을 것
④ 용해성이 높을 것
⑤ 사용하기 간편하고 저렴하고 경제적일 것
⑥ 침투력이 강할 것
⑦ 인축에 대한 독성이 없을 것

4 식품의 위생적 취급기준

1) 식품 유통기한 표시

식품은 유통기한을 정하여 표시하여야 한다. 다만, 설탕, 아이스크림류, 빙과류, 식용얼음, 과자류 중 껌류(소포장 제품에 한한다)와 제조 · 가공 소금 및 주류(탁주 및 약주를 제외한다)는 유통기한 표시를 생략할 수 있음

(1) 식품 유통기한 표시 예시

유통기한의 표시는 '○○년 ○○월 ○○일까지' '○○○○. ○○. ○○까지' 또는 '○○○○년 ○○월 ○○일까지'로 표시하여야 하고, 유통기한을 일괄표시 장소에 표시하기가 곤란한 경우에는 당해 위치에 유통기한의 표시위치를 명시하여야 한다. 다만, 수입되는 식품 등에 있어서 단순히 수출국의 연, 월, 일의 표시순서가 전단의 표시순서와 다를 경우에는 소비자가 알아보기 쉽도록 연, 월, 일의 표시순서를 예시함

(2) 식품 제조일 표시 예시

제조일을 표시하는 경우에는 '제조일로부터 ○○일까지', '제조일로부터 ○○월까지' 또는 '제조일로부터 ○○년까지'로 표시

(3) 도시락 유통기한 표시 예시

도시락류는 '○○월 ○○일 ○○시까지' 또는 '○○일 ○○시까지'로 표시함

(4) 특별한 조건의 경우 표시

① 자동화 설비 사용 시

제품의 제조·가공과 포장과정이 자동화 설비로 일괄 처리되어 제조시간까지 자동표시할 수 있는 경우에는 '○○월 ○○일 ○○시까지'로 표시함

② 사용 및 보관에 특별한 조건이 필요한 경우

유통기한의 표시는 사용 또는 보존에 특별한 조건이 필요한 경우 이를 함께 표시하여야 한다. 이 경우 냉동 또는 냉장보관·유통하여야 하는 제품은 '냉동보관' 또는 '냉장보관'을 표시하여야 하고, 제품의 품질유지에 필요한 냉동 또는 냉장 온도를 표시함

③ 유통기한이 서로 다른 여러 가지 제품을 함께 포장하는 경우

유통기한이 서로 다른 여러 가지 제품을 함께 포장하였을 경우에는 그중 가장 짧은 유통기한을 표시함

공산품의 유통기한 표시 예시 항목

- 표시사항이 있는 모든 원료 및 제품은 사용 완료 시까지 표시사항을 보관
- 보관방법 : 원래 봉투에 포장된 채로 사용
  오려서 붙이거나 포장지를 별도로 모아 관리
  소분한 원료는 유통기한 스티커 라벨을 붙여서 관리
- 입고되는 모든 식재의 한글 표시사항 확인 : 수입식품에도 꼭 한글 표시사항이 있음
  무표시 사입 식재 보관 금지
- 표시사항이 훼손되거나 유실된 식재 반품
- 공산품 포장지 표시사항 절단, 폐기 주의

2) 위생적인 식품보관 및 선택

종류	내용
채소류	• 채소류는 쉽게 상하기 때문에 관리 철저 • 먼저 들어온 물건을 먼저 사용하는 선입선출하기 • 남은 경우 랩 또는 위생 팩으로 포장하여 신선도를 유지
냉동식품류 (냉동육류, 냉동해물류)	• 냉동보관이 원칙(유통기한 확인 필요) • 냉동식품 상온해동 금지 • 해동 후 재냉동 금지
냉장식품류	• 유통기한이 짧으므로 주의 • 온도의 변화가 심하지 않도록 일정온도 유지 • 개봉한 제품은 당일 소비 원칙 • 사용 후 보관 시 랩이나 위생 팩 포장
과일류	• 바구니 등을 사용하여 별도 보관 • 색이 잘 변하는 과일은 껍질을 벗기거나 남은 경우 레몬, 설탕물 사용 • 열대과일의 경우는 상온 보관 • 수박, 멜론 등은 랩을 사용하여 표면이 마르지 않도록 보관 • 딸기 등은 쉽게 뭉그러지고 상하기 쉬우므로 눌리지 않게 보관
건어물류	• 냉동보관을 원칙으로 함 • 사용량에 따라 위생 팩으로 개별 포장 후 사용(위생관리 및 편리성)
캔류	• 개봉한 캔은 즉시 사용 원칙이며, 남은 캔의 식재료는 용기 변경 • 밀폐용기 보관 시 유통기한을 표시
소스류	• 적정 재고량을 보유하고 유통기한을 수시로 체크 • 물기를 제거한 플라스틱 용기에 적정량 담아 사용
양념류	• 플라스틱 용기에 보관 • 사용하고 습기로 인해 딱딱하게 굳거나 이물질이 섞이지 않도록 뚜껑 덮기 • 물이 묻은 용기의 사용금지

3) 식재료 세척

(1) 세척

- 세척이란 시설, 도구 및 조리장비로부터 더러운 오염물질들을 제거하는 과정
- 살균소독이란 세척표면에서 미생물의 수를 안전한 수준으로 줄이는 과정
- 찌꺼기나 때가 남아 있으면 소독제의 효과가 감소되므로 세척과 살균 · 소독은 2단계로 진행함
- 살균 · 소독을 하여 1차적으로 표면을 깨끗이 세척한 후 살균 · 소독제의 적정한 온도, 농

도, 접촉시간, pH 등을 준수하고 희석액의 농도를 적절히 맞추면 효과적임

(2) 세척제

- 용도에 맞는 세척제를 선택
- 사용방법을 준수하고 세척제를 임의로 섞지 않기(화학반응을 일으켜 세척력 상실 및 유해 가스 발생)
- 세척제는 사용 용도에 따라 1종, 2종, 3종으로 구분
  - 1종 : 채소용 또는 과실용 세척제
  - 2종 : 식기류용 세척제
  - 3종 : 식품의 가공기구용, 조리기구용 세척제

4) 주방 식재료의 위생적 취급 관리

조리과정	내용
검수 및 창고	• 원식재료의 검수 및 관리 필요 • 유통기한 및 신선도를 확인 • 검수대 기준 540Lux 이상 • 식품은 바닥에서 60cm 이상의 높이에 보관 • 보관창고의 온도 : 15~21℃, 습도 : 50~60% 유지 • 적정온도는 1일 3회 이상 확인 및 관리
냉장고	• 유통기한 및 신선도를 확인 • 적정온도는 1일 3회 이상 확인 및 관리 • 냉장고 온도 : 0~10℃ 유지
냉동고	• 냉동고 온도 : −18℃ 이하 유지 • 급냉동고 온도 : −50℃ 정도 유지 • 해동된 식재료 재냉동 사용금지
전처리	• 손 씻기, 칼, 도마, 칼 손잡이 등은 청결하게 세척하고 바닥은 건조상태 유지 • 칼, 도마, 위생장갑은 교차오염을 방지하기 위해 구분하여 용도별로 사용(채소용, 생선용, 육류용, 가공식재용 외) • 식재료 전처리 과정은 25℃ 이하에서 2시간 이내 처리 • 식재료는 내부온도 15℃ 이하로 전처리 • 채소, 과일은 세제로 1차 세척 후 차아염소산용액 50~75ppm 농도에서 5분간 침지 후 물에 헹구기(물 4ℓ당 락스 유효염소 4%인 5~7㎖ 사용) • 세척제 및 살균제 희석방법을 파악한다.(예시 : 차아염소산나트륨(4%) 50ml를 물로 1리터가 되도록 희석한다.)

조리과정	내용
조리 중	• 칼, 도마, 장갑 등은 용도별로 구분 사용 • 바닥은 건조상태 유지 • 조리장의 조도 220Lux 이상 • 작업장이 15℃ 이하의 온도로 유지되는지 수시로 확인 • 개봉한 통조림은 별도의 용기에 냉장 보관(품목명, 원산지, 날짜 표시) • 식품 가열은 중심부 온도가 75℃(패류는 85℃)에서 1분 이상 조리 • 채소 → 육류 → 어류 → 가금류 순서로 손질
조리 후	• 익힌 음식과 날 음식은 별도 냉장 보관 또는 위칸 보관으로 교차오염 방지 • 보관 시 네임택 부착(품목명, 날짜, 시간 등 표시) • 조리된 음식은 5℃ 이하 또는 60℃ 이상에서 보관
정리정돈	• 습기가 많으면 세균이 번식할 우려가 있으므로 물을 뿌려 세제로 1일 2회 청소 • 각 쓰레기통은 지정된 장소에 보관하며 80% 이상 채우지 않고 정리

5) 주방기구의 위생적 취급 관리

주방기구	위해요소 관리
조리시설, 조리기구	• 살균소독제로 세척, 소독 후 사용 • 열탕소독 또는 염소소독으로 세척 및 소독
기계 및 설비	설비 본체 부품 분해 → 부품은 깨끗한 장소로 이동 → 뜨거운 물로 1차 세척 → 스펀지에 세제를 묻혀 이물질 제거 후 씻어내기 *설비부품은 뜨거운 물 또는 200ppm의 차아염소산나트륨 용액에 5분간 담근 후에 세척
싱크대	약알칼리성 세제로 씻고, 70% 알코올을 분무소독
도마	• 약품소독, 열탕소독, 일광소독 가능 • 세제와 락스를 섞어서 세척한 후 60℃ 이상의 열탕 속에서 살균하여 일광에서 건조 • 80℃의 뜨거운 물에 5분간 담근 후 세척 • 200ppm의 차아염소산나트륨 용액에 5분간 담근 후에 세척
칼	• 약품소독, 열탕소독 가능 • 사용 후 세제와 락스를 섞은 물에 씻은 후 끓는 물(100℃)에 담갔다가 건조시켜 사용 • 80℃의 뜨거운 물에 5분간 담근 후 세척하거나 200ppm의 차아염소산나트륨 용액에 5분간 담근 후에 세척
행주	• 열탕소독, 일광소독 가능 • 100℃ 이상에서 30분 이상 삶은 후 일광에서 건조 • 100℃에서 5분 이상 끓여서 자비 소독 • 끓는 물에서 30초 이상 열탕소득(소독횟수 : 1일 1회 이상)
식기	• 세제로 씻은 후 충분히 건조 • 소독횟수 : 1일 1회 이상

주방기구	위해요소 관리
수저	• 열탕소독, 증기소독, 일광소독 가능 • 세제로 깨끗이 씻은 후 여러 번 헹구고 열탕소독(끓는 물 100℃)한 후 건조 • 대나무 재질일 경우 썩지 않도록 건조시켜 사용(소독횟수 : 1일 1회 이상)
기타	• 바닥 균열·파손 시 즉시 보수하여 오물이 끼지 않도록 관리 • 출입문·창문 등에는 방충시설을 설치 • 방충, 방서용 금속망의 굵기는 30메시(mesh)가 적당

*작업종료 후 지정한 인원은 매일 작업시작 전에 작업장의 모든 장비, 용기, 바닥을 물로 청소하고 식품 접촉표면은 염소계 소독제 200ppm을 사용하여 살균한 후 습기를 제거

5 식품첨가물과 유해물질

1) 식품첨가물

식품첨가물이란 식품의 제조, 가공이나 보존을 할 때 필요에 의해 식품에 첨가 또는 혼합하거나 침윤하는 방법으로 식품에 사용되는 물질로, 천연 첨가물(생강, 후추, 소금)과 화학적 합성품(글루타민산나트륨, 사카린)으로 나눌 수 있으며, 식품첨가물은 식품의약품안전처장이 지정한 것만 사용 가능

(1) 식품의 보존성을 높이는 첨가제

① 보존료(방부제) : 식품의 보존성을 높이는 첨가제로 독성이 없고 가격이 저렴하며, 미량 사용으로 효과가 있어야 함

㉠ 데히드로초산, 데히드로초산나트륨 : 버터, 치즈, 마가린에 첨가(0.5g/kg 이하)

㉡ 소르빈산, 소르빈산나트륨, 소르빈산칼륨 : 육제품, 절임식품, 케첩, 장류에 첨가

㉢ 안식향산, 안식향산나트륨 : 과실, 채소류, 청량음료, 간장, 식초에 첨가

㉣ 프로피온산, 프로피온산나트륨, 프로피온산칼륨 : 빵, 생과자류에 첨가

> **참고자료**
> 포름알데히드(메탄올), 염화제이수은(승홍), 불소화합물, 붕산 등은 독성이 강하여 사용이 금지된 보존료이다.

② 살균제(소독제) : 식품의 부패 원인균 또는 감염병 등의 병원균을 강력히 살균하기 위해 사용

㉠ 차아염소산나트륨 : 표백작용도 있음. 물, 식기, 과일(소독, 살균, 표백, 탈취 목적)

㉡ 표백분 : 음료수의 소독, 식품 소독, 식기구 소독

㉢ 에틸렌옥사이드 : 살균작용(잔존량 50ppm 이하)

㉣ 과산화수소 : 최종제품 완성 전에 분해 및 제거

③ 산화방지제(항산화제) : 식품의 산화에 의한 변질현상을 방지하기 위해 사용

㉠ 부틸히드록시아니졸(BHA) : 식용유, 마요네즈, 추잉껌

㉡ 디부틸히드록시톨루엔(BHT) : 식용유, 곡류, 버터류

㉢ 몰식자산프로필(지용성) : 식용유, 버터류

㉣ 에리소르빈산염(수용성) : 색소 산화 방지용으로 사용기준 없음

*천연산화방지제(천연항산화제) : 비타민 E(토코페롤), 비타민 C(아스코르브산), 참기름(세사몰)

(2) 식품의 제조 가공과정에서 필요한 첨가제

① 소포제 : 거품을 없애기 위하여 사용되는 첨가물 **예** 규소수지, 실리콘수지

② 팽창제 : 빵, 과자 등을 만드는 과정에서 가스를 발생시켜 부풀려서 부드럽고 맛이 있으며 소화를 좋게 함

㉠ 천연 팽창제 : 효모(이스트)

㉡ 합성 팽창제 : 명반, 암모늄 명반

㉢ 단미 팽창제 : 탄산암모늄, 탄산수소암모늄, 탄산수소나트륨

③ 식품제조(양조)용 첨가제 : 주류(청주, 맥주, 과실주), 통조림 등의 알코올음료를 만들 때 사용 예) 황산, 황산마그네슘, 황산암모늄, 제1인산칼륨, 수산화나트륨

(3) 식품의 기호성을 높이면서 관능을 만족시키는 첨가제

① 조미료 : 식품 본래의 맛보다 좋은 맛난(감칠) 맛을 부여하기 위해 사용

㉠ 천연조미료 : 글루타민산나트륨(다시마, 된장, 간장), 이노신산(육고기, 가다랑어포), 호박산(조개), 구아닐산(표고버섯)

㉡ 화학조미료 : 구연산나트륨(안정제, 유화제, 당화촉진제), 글리신(향료), 1-글루탐산나트륨(다시마), 5-구아닐산나트륨, d-주석산나트륨

② 감미료 : 식품에 단맛(감미)을 부여하기 위해 사용

㉠ 사카린나트륨 : 설탕 300배

- 사용가능 : 건빵, 생과자, 청량음료수
- 사용불가 : 식빵, 이유식, 백설탕, 포도당, 물엿, 벌꿀

㉡ D-소르비톨 : 설탕의 0.7배(당 알코올로 충치예방)로 시원한 단맛

예 과일통조림, 냉동품

㉢ 아스파탐 : 설탕의 150배, 청량음료, 빵, 과자류

참고자료

사이클라메이트(Cyclamate), 둘신(Dulcin), 에틸렌글리콜(Ethylene glycol), 니트로아닐린(Nitro-aniline) 등은 독성이 강하여 사용이 금지된 감미료이다.

③ 산미료 : 식품에 산미(신맛)를 부여하기 위해 사용

젖산(청주, 장류), 초산(살균작용), 주석산(포도), 구연산, 빙초산

④ 착색료 : 식품의 가공공정에서 상실되는 색을 복원하거나 외관을 보기 좋게 하기 위해 사용

㉠ 천연착색료 : 천연색소, 식물에서 용해되어 나온 색소나 식물·동물에서 추출한 색소

㉡ 합성착색료

- 타르 색소 : 식용색소 녹색, 황색, 적색 1.2.3(분말 청량음료, 아이스크림, 소시지)
- 비타르계 : β-카로틴(치즈, 버터, 마가린), 황산품(과채류, 저장품), 구리클로로필린나트륨(껌, 완두콩, 한천)

타르색소를 사용할 수 없는 식품
- 면류, 김치류, 다류, 묵류, 젓갈류, 단무지, 생과일주스, 천연식품(두부, 유산균 음료, 토마토케첩, 건강보조식품)
- 아우라민(Auramine), 로다민(Rhodamine) 등은 독성이 강하여 사용이 금지된 착색료이다.

⑤ 발색제(색소고정제) : 자체 무색이어서 스스로 색을 나타내지 못하지만, 식품 중의 색소성분과 반응

㉠ 육류 발색제 : 아질산나트륨(아질산염), 질산나트륨, 질산칼륨

㉡ 과채류 발색제 : 황산제1철, 황산제2철, 염화제1철, 염화제2철, 소명반

참고자료
- 아질산나트륨($NaNO_2$), 질산나트륨($NaNO_3$)=질산소다, 질산칼륨(KNO_3)은 소시지, 햄 등의 육류 가공품과 명란젓, 연어알 등의 발색제로 사용된다.
- 과량 복용하면 구토, 무기력, 호흡곤란 등을 유발하며 특히 아질산나트륨($NaNO_2$)은 단백질과 위에서 함께 반응하여 니트로사민(Nitrosamine)이라는 발암물질을 형성하므로 식품첨가제로써 엄격한 규제가 따른다.

⑥ 착향료 : 식품 자체 내의 냄새를 없애거나, 변화시키거나 강화하기 위하여 사용

㉠ 에스테르류 : 카프론산알릴, 초산벤질, 초산부틸, 낙산부틸

㉡ 에스테르 외 : 데실알코올, 시트로네랄, 스트로네롤, 계피알코올

*멘톨(파인애플, 포도맛, 자두맛), 바닐린(바닐라향), 계피알데히드(착향 목적 외에 사용금지)

⑦ 표백제 : 원래 색을 없애거나, 퇴색을 방지하기 위해 흰 것을 더 희게 하는 것

㉠ 산화제 : 과산화수소

㉡ 환원제 : (아)황산염, 무수아황산, 차아황산나트륨, 메타중아황산칼륨

*롱가릿(Rongalite, 론갈리트), (삼)염화질소(NCl_3), 형광표백제 등은 독성이 강하여 사용이 금지된 표백제이다.

(4) 품질유지 또는 품질개량에 사용되는 첨가제

① 소맥분 개량제
- 밀가루의 표백 및 숙성기간을 단축
- 제빵 효과 및 저해물질을 파괴
- 살균

예 과산화벤조일, 브롬산칼륨, 과황산암모늄, 이산화염소

② 품질개량제(결착제)
- 식품의 결착성(점착성) 증대
- 변색 및 변질 방지
- 맛의 조성, 풍미 향상, 조직의 개량

예 복합인산염

③ 유화제(계면활성제) : 혼합이 잘 되지 않는 2종류의 액체를 유화시키기 위하여 사용하는 첨가물

㉠ 합성유화제 : 글리세린지방산에스테르, 소르비탄지방산에스테르, 폴리소르베이트

㉡ 천연유화제 : 레시틴

④ 호료 : 식품에 결착성(점착성) 증가시켜 교질상 미각을 증진

㉠ 천연호료 : 카세인, 구아검, 알긴산, 젤란검, 카라기난

㉡ 합성호료 : 알긴산나트륨, 변성전분, 알긴산암모늄, 알긴산칼슘, 카세인산나트륨

⑤ 피막제 : 과일의 선도를 장시간 유지하게 하기 위하여 표면에 피막을 만들어 호흡작용을 적당히 제한하고, 수분의 증발을 방지하기 위하여 사용하는 첨가물

㉠ 초산비닐수지 : 피막제 이외의 껌 기초제로도 사용

㉡ 천연피막제 : 밀랍, 석유왁스, 카나우바 왁스, 쌀겨 왁스

(5) 영양강화제 및 기타 첨가물

① 영양강화제 : 식품의 영양 강화를 목적으로 사용되는 첨가물 예 비타민, 무기질, 아미노산

② 이형제 : 빵을 빵틀로부터 잘 분리해 내기 위해 사용

예 유동파라핀(잔존량 0.1% 이하 첨가)

③ 껌 기초제 : 껌에 적당한 점성과 탄력성을 갖게 하여 그 풍미를 유지

예 초산비닐수지(피막제로도 사용), 껌 기초제(에스테르껌, 폴리부텐, 폴리이소부틸렌)–껌 기초제 이외로는 사용금지

④ 추출제 : 일종의 용매로서 천연식품 중에서 성분을 용해 추출하기 위해 사용하는 첨가물

예 N–헥산

2) 유해물질

(1) 중금속 유해물질과 중독증상

금속명	주요 중독경로	중독증상
납(Pb)	유약, 먹거리, 통조림, 수도관(음료수관), 기구	빈혈, 복통, 팔과 손의 마비, 뇌중독, 중추신경장애, 혈액장애, 연연, 만성중독 *납 : 최대 허용량 0.5ppm
카드뮴(Cd)	식기, 용기, 공장폐수, 광산폐수, 쌀의 오염, 공해, 도기의 유약성분, 오염된 어패류, 수질오염	이타이이타이병(골연화증), 보행곤란, 뼈의 약화, 신장기능 장애, 단백뇨
수은(Hg)	온도계, 체온계, 압력계, 화학공장 폐수, 물고기, 질이 나쁜 화장품	복통, 구토, 설사, 피부염, 언어장애, 지각마비, 중추신경장애, 홍독성 흥분, 미나마타병
구리(Cu)	식기, 놋쇠, 청동, 식품(코코아, 초콜릿), 조리기구, 상수도관	복통, 구토, 설사, 간 손상(세포의 괴사)으로 손상, 신부전, 호흡곤란, 사망 *구리 : 1회 500mg 이상 섭취 시 중독
비소(As)	화학공장, 방부제, 살충제, 화장품, 의약품, 산성식품	구토, 설사, 호흡중추의 마비, 피부염, 빈혈, 전신경련
아연(Zn)	공장 폐수, 합금, 식기, 용기	복통, 구토, 설사, 소화기계통 염증
크로뮴(Cr)	도금, 합금, 부식	피부 및 뼈 궤양, 비중격천공
주석(Sn)	통조림 식품의 통조림관(통조림 캔)	구토, 복통, 설사, 급성 위장염, 진폐증(규폐)
안티몬(Sb)	식기(법랑제품, 도자기), 약제의 오용	오심, 구토, 복통, 설사, 권태감, 심장마비

예상문제 식품위생관리

01 생육이 가능한 최저수분활성도가 가장 높은 것은?

① 내건성 포자　② 세균
③ 곰팡이　④ 효모

> **수분량에 따른 미생물 순서**
> 세균 〉 효모 〉 곰팡이

02 식품의 변질 및 부패를 일으키는 주원인은?

① 미생물　② 기생충
③ 농약　④ 자연독

> 미생물은 식품의 변질 및 부패를 일으키는 주원인이다.

03 미생물의 생육에 필요한 수분활성도의 크기로 옳은 것은?

① 곰팡이 〈 효모 〈 세균
② 곰팡이 〉 세균 〉 효모
③ 효모 〉 곰팡이 〉 세균
④ 세균 〉 곰팡이 〉 효모

> • 수분 : 미생물의 발육과 증식에는 미생물의 종류에 따라 필요량은 다르나 40% 이상의 수분이 필요하며, 건조식품의 경우 수분함량이 대략 15% 정도라서, 일반 미생물은 발육・증식이 불가능하나 곰팡이는 유일하게 건조식품에서 발육할 수 있다.
> • 수분량에 따른 미생물 순서 : 곰팡이(0.80) 〈 효모(0.88) 〈 세균(0.94)

04 식품의 변화현상에 대한 설명 중 틀린 것은?

① 산패 : 유지식품의 지방질 산화
② 발효 : 화학물질에 의한 유기화합물의 분해
③ 변질 : 식품의 품질 저하
④ 부패 : 단백질과 유기물이 부패미생물에 의해 분해

> 발효는 탄수화물이 미생물의 작용으로 분해된 부패산물로, 여러 가지 유기산 또는 알코올 등 사람에게 유익한 물질로 변화되는 현상이다.

05 미생물의 생육에 필요한 조건과 거리가 먼 것은?

① 수분　② 산소
③ 온도　④ 자외선

> **미생물 생육에 필요한 조건**
> 영양소, 수분, 온도, pH, 산소

06 발육 최적온도가 15~20℃인 균은?

① 저온균　② 중온균
③ 고온균　④ 내열균

> **미생물의 생육에 필요한 최적온도**
> • 저온균(0~20℃) : 최적온도 15~20℃ – 우유, 어패류, 육류, 알류, 곡류
> • 중온균(10~45℃) : 최적온도 25~37℃ – 세균성식중독, 토양세균, 장내세균
> • 고온균(45~70℃) : 최적온도 50~60℃ – 포자형성균

07 중온 세균의 최적 발육온도는?

① 0~10℃　② 17~25℃
③ 25~37℃　④ 50~60℃

> 온도에 따라 균을 분류한다. 저온균은 15~20℃(식품의 부패를 일으키는 부패균), 중온균은 25~37℃(질병을 일으키는 병원균), 고온균은 50~60℃(온천물에 서식하는 온천균)이다.

정답 01. ② 02. ① 03. ① 04. ② 05. ④ 06. ① 07. ③

08 중간숙주 없이 감염이 가능한 기생충은?

① 아니사키스 ② 회충
③ 폐흡충 ④ 간흡충

> **중간숙주가 없는 기생충**
> 회충, 구충, 요충, 편충

09 채소류를 매개로 감염될 수 있는 기생충이 아닌 것은?

① 회충 ② 유구조충
③ 구충 ④ 편충

> **유구조충**
> 돼지로부터 감염된다.

10 채소로부터 감염되는 기생충으로 짝지어진 것은?

① 편충, 동양모양선충
② 폐흡충, 회충
③ 구충, 선모충
④ 회충, 무구조충

> • 채소류 : 회충, 구충(십이지장충), 편충, 요충, 동양모양선충
> • 육류 : 유구조충, 무구조충
> • 민물, 해산물, 어패류 : 간디스토마, 폐디스토마, 광절열두조충, 요코가와흡충, 아니사키스

11 기생충과 인체감염원인 식품의 연결이 틀린 것은?

① 유구조충 – 돼지고기
② 무구조충 – 민물고기
③ 동양모양선충 – 채소류
④ 아니사키스 – 바다생선

> 무구조충은 소로부터 감염된다.

12 기생충과 중간숙주와의 연결이 틀린 것은?

① 구충 – 오리
② 간디스토마 – 민물고기
③ 무구조충 – 소
④ 유구조충 – 돼지

> 구충은 중간숙주가 없이 채소에 묻어 있던 감염형 유충의 구강점막 침입으로 경구감염이 되며 유충이 부착된 채소 취급과 밭에서 맨발 또는 흙 묻은 손에 의해서 피부로 침입하여 폐를 거쳐 소장에서 성장하여 산란하는 경피감염을 일으킨다.

13 오염된 토양에서 맨발로 작업할 경우 감염될 수 있는 기생충은?

① 회충 ② 간흡충
③ 폐흡충 ④ 구충

> 경피로 감염되는 기생충에는 구충(십이지장충)과 말라리아 원충이 있다.

14 인분을 사용한 밭에서 특히 경피적 감염을 주의해야 하는 기생충은?

① 십이지장충 ② 요충
③ 회충 ④ 말레이사상충

> 경피감염 기생충은 구충(십이지장충)으로 인분을 사용한 논밭에서 충란이 부화, 탈피한 유충이 경피침입 또는 경구침입하여 소장 상부에 기생하고 빈혈증, 소화장애 등을 일으킨다.

15 무구조충(민촌충) 감염의 올바른 예방대책은?

① 게나 가재의 가열섭취
② 음료수의 소독
③ 채소류의 가열섭취
④ 소고기의 가열섭취

> 무구조충(민촌충) 예방대책은 소고기의 생식 금지, 분변에 의한 오염을 방지하는 것이다.

16 폐흡충증의 제2중간숙주는?

① 잉어 ② 연어
③ 게 ④ 송어

> **폐디스토마(폐흡충)**
> 다슬기 → 민물 게 · 가재 → 사람

정답 08. ② 09. ② 10. ① 11. ② 12. ① 13. ④ 14. ① 15. ④ 16. ③

17 다음 중 중간숙주의 단계가 하나인 기생충은?

① 간디스토마 ② 폐디스토마
③ 무구조충 ④ 광절열두조충

> 무구조충은 중간숙주가 한 개이다.

18 간흡충증의 제2중간숙주는?

① 잉어 ② 쇠우렁이
③ 물벼룩 ④ 다슬기

> • 간흡충(간디스토마) → 제1중간숙주(왜우렁이) → 제2중간숙주(붕어, 잉어)
> • 폐흡충(폐디스토마) → 제1중간숙주(다슬기) → 제2중간숙주(가재, 게)
> • 광절열두조충 → 제1중간숙주(물벼룩) → 제2중간숙주(연어, 송어)

19 간디스토마는 제2중간숙주인 민물고기 내에서 어떤 형태로 존재하다가 인체에 감염을 일으키는가?

① 피낭유충(metacercaria)
② 레디아(redia)
③ 유모유충(miracidium)
④ 포자유충(sporocyst)

> • 간디스토마(간흡충) : 1중간숙주 → 왜우렁이, 쇠우렁이 & 2중간숙주 → 민물고기, 잉어(참붕어)
> • 전파 : 충란 → 1중간숙주 → 2중간숙주 → 인체감염(피낭유충) → 장관을 통하여 간에 기생

20 다음 중 제1 및 제2 중간숙주가 있는 것은?

① 구충, 요충
② 사상충, 회충
③ 간흡충, 유구조충
④ 폐흡충, 광절열두조충

> • 중간숙주가 없는 기생충 : 회충, 구충(십이지장충), 편충, 요충
> • 중간숙주가 1개인 기생충 : 유구촌충(갈고리촌충), 무구조충(민촌충)
> • 중간숙주가 2개인 기생충 : 폐흡충, 간흡충, 광절열두조충

21 모든 미생물을 제거하여 무균상태로 하는 조작은?

① 소독 ② 살균
③ 멸균 ④ 정균

> • 소독 : 병원미생물을 죽이거나 반드시 죽이지는 못하더라도 그 병원성을 약화시켜서 감염력을 없애는 것이다.
> • 방부 : 미생물의 성장, 증식을 억제하여 식품의 부패와 발효 진행을 억제시키는 것이다.

22 우유의 초고온순간살균법에 가장 적합한 가열온도와 시간은?

① 200℃에서 2초간
② 162℃에서 5초간
③ 150℃에서 5초간
④ 132℃에서 2초간

> • 저온살균법 : 60~65℃에서 30분간 가열 후 급랭. 우유, 술, 주스, 소스
> • 초고온순간살균법 : 130~140℃에서 2~4초간 가열 후 급랭. 우유, 과즙
> • 고온단시간살균법 : 70~75℃에서 15~20초 내에 가열 후 급랭. 우유, 과즙

23 우유의 살균방법으로 130~150℃에서 0.5~5초간 가열하는 것은?

① 저온살균법
② 고압증기멸균법
③ 고온단시간살균법
④ 초고온순간살균법

> • 저온살균법 : 60~65℃에서 30분간 가열(우유살균)
> • 고압증기멸균법 : 121℃에서 15~20분간 살균(통조림살균)
> • 고온단시간살균법 : 70~75℃에서 15~20초간 처리(우유살균)
> • 초고온순간살균법 : 130~140℃에서 2~4초간 살균처리(우유살균)

정답 17. ③ 18. ① 19. ① 20. ④ 21. ③ 22. ④ 23. ④

24 식품취급자가 손을 씻는 방법으로 적합하지 않은 것은?

① 살균효과를 증대시키기 위해 역성비누액에 일반비누액을 섞어 사용한다.
② 팔에서 손으로 씻어 내려온다.
③ 손을 씻은 후 비눗물을 흐르는 물에 충분히 씻는다.
④ 역성비누원액을 몇 방울 손에 받아 30초 이상 문지르고 흐르는 물로 씻는다.

일반 비누액으로 씻은 후 역성비누를 사용한다.

25 식품공전상 표준온도라 함은 몇 ℃인가?

① 5℃ ② 10℃
③ 15℃ ④ 20℃

식품공전상 표준온도는 20℃이다.
- 미온(30~40℃), 상온(15~25℃), 실온(1~35℃), 냉온(-18℃ 이하), 냉장(0~10℃)

26 도마의 사용방법에 관한 설명 중 잘못된 것은?

① 합성세제를 사용하여 43~45℃의 물로 씻는다.
② 염소소독, 열탕살균, 일광소독 등을 실시한다.
③ 식재료 종류별로 전용의 도마를 사용한다.
④ 세척, 소독 후에는 건조시킬 필요가 없다.

- 도마를 위생적으로 처리하기 위하여 세척, 소독 후에는 반드시 건조시켜 보관한다.
- 약품소독, 열탕소독, 일광소독 가능
- 세제와 락스를 섞어서 세척한 후 60℃ 이상의 열탕 속에서 살균하여 일광에서 건조
- 80℃의 뜨거운 물에 5분간 담근 후 세척
- 200ppm의 차아염소산나트륨 용액에 5분간 담근 후에 세척

27 과실류나 채소류 등 식품의 살균 목적 이외에 사용하여서는 아니 되는 살균소독제는?(단, 참깨에는 사용 금지)

① 차아염소산나트륨
② 양성비누
③ 과산화수소수
④ 에틸알코올

- 차아염소산나트륨 : 수돗물, 과일, 야채, 식기 소독에 사용(차아염소나트륨 및 이를 함유하고 있는 제제는 참깨에는 절대 사용금지)
- 양성비누(역성비누) : 과일, 야채, 식기, 조리자의 손 소독에 사용
- 과산화수소수(3%) : 자극성이 약하여 피부 · 상처 소독, 입안의 상처소독에 사용
- 에틸알코올(70%) : 금속기구, 손 소독에 사용

28 식품첨가물의 사용목적이 아닌 것은?

① 식품의 기호성 증대
② 식품의 유해성 입증
③ 식품의 부패와 변질을 방지
④ 식품의 제조 및 품질 개량

식품첨가물이란 식품의 제조, 가공, 보존 등 여러 가지 필요에 의해 식품에 첨가하는 물질이다.

29 식품첨가물에 대한 설명으로 틀린 것은?

① 보존료는 식품의 미생물에 의한 부패를 방지할 목적으로 사용된다.
② 규소수지는 주로 산화방지제로 사용된다.
③ 과산화벤조일(희석)은 밀가루 이외의 식품에 사용하여서는 안 된다.
④ 과황산암모늄은 밀가루 이외의 식품에 사용하여서는 안 된다.

규소수지
거품 생성을 방지하거나 감소시키는 식품첨가물을 말한다.

정답 24. ① 25. ④ 26. ④ 27. ① 28. ② 29. ②

30 과일이나 과채류 채취 후 선도유지를 위해 표면에 막을 만들어 호흡조절 및 수분증발 방지의 목적에 사용되는 것은?

① 품질개량제 ② 이형제
③ 피막제 ④ 강화제

> 피막제는 과일의 선도를 장시간 유지하게 하기 위해 표면에 피막을 만들어 호흡작용을 적당히 제한하고, 수분의 증발을 방지하기 위하여 사용되는 첨가물이다.

31 천연산화방지제가 아닌 것은?

① 세사몰(Sesamol)
② 베타인(Betaine)
③ 토코페롤(Tocopherol)
④ 고시폴(Gossypol)

> **천연산화방지제**
> 비타민 E(토코페롤), 비타민 C(아스코르브산), 참기름(세사몰), 목화씨(고시폴)이 있다.

32 참기름이 다른 유지류보다 산패에 대하여 비교적 안정성이 큰 이유는 어떤 성분 때문인가?

① 레시틴(Lecithin)
② 세사몰(Sesamol)
③ 고시폴(Gossypol)
④ 인지질(Phospholipid)

> 참기름에는 세사몰이 함유되어 있으며, 천연항산화제로 다른 유지보다 산패에 대하여 비교적 안정성이 크다.

33 달걀의 이용이 바르게 연결된 것은?

① 농후제 - 크로켓
② 결합제 - 만두속
③ 팽창제 - 커스터드
④ 유화제 - 푸딩

> **달걀을 이용한 조리**
> - 농후제 : 커스터드, 푸딩, 알찜
> - 결합제 : 전, 크로켓, 만두속, 알찜
> - 팽창제 : 머랭, 엔젤케이크, 콩포트, 마시멜로
> - 유화제 : 마요네즈, 케이크 반죽
> - 성형제 : 지단, 전, 오믈렛, 패티
> - 희석제 : 에그노드, 커스터드
> - 청정제 : 콩소메, 맑은 장국, 커피
> - 간섭제 : 캔디, 셔벗, 아이스크림
> - 내열제 : 아이스크림, 튀김

34 다음 중 국내에서 허가된 인공감미료는?

① 둘신(Dulcin)
② 사카린나트륨(Sodium Saccharin)
③ 사이클라민산나트륨 (Sodium Cyclamate)
④ 에틸렌글리콜(Ethylene Glycol)

> - 허가된 인공감미료 : 사카린나트륨, D-솔비톨, 글리실리진산나트륨, 아스파탐
> - 유해감미료 : 에틸렌글리콜, 니트로아닐린, 둘신, 페릴라틴, 파라니트로올소톨루이딘
> - 살인당, 원폭당 : 사이클라민산나트륨

35 식품첨가물과 사용목적을 표시한 것 중 잘못된 것은?

① 초산비닐수지 - 껌기초제
② 글리세린 - 용제
③ 탄산암모늄 - 팽창제
④ 규소수지 - 이형제

> 규소수지는 거품을 제거하기 위한 소포제로 사용된다.

36 인공감미료에 대한 설명으로 틀린 것은?

① 사카린나트륨은 사용이 금지되었다.
② 식품에 감미를 부여할 목적으로 첨가된다.
③ 화학적 합성품에 해당된다.
④ 천연물 유도체도 포함되어 있다.

> 사카린나트륨은 허용된 감미료이다.

정답 30. ③ 31. ② 32. ② 33. ② 34. ② 35. ④ 36. ①

37 다음 식품첨가물 중 유지의 산화방지제는?

① 소르빈산칼륨 ② 차아염소산나트륨
③ 비타민 E ④ 아질산나트륨

> 비타민 E(산화방지제), 소르빈산칼륨(보존료), 차아염소산나트륨(살균제), 아질산나트륨(육류 발색제)이다.

38 사용목적별 식품첨가물의 연결이 틀린 것은?

① 착색료 : 철클로로필린나트륨
② 소포제 : 초산비닐수지
③ 표백제 : 메타중아황산칼륨
④ 감미료 : 사카린나트륨

> 소포제는 거품을 없애기 위하여 사용되는 첨가물로 규소수지, 실리콘수지 등이 있다.

39 식품의 제조공정 중에 발생하는 거품을 제거하기 위해 사용되는 식품첨가물은?

① 소포제 ② 발색제
③ 살균제 ④ 표백제

> • 발색제 : 식품의 색을 보존하거나 또는 발색하는 데 사용
> • 살균제 : 식품의 부패 병원균을 강력히 살균하는 데 사용
> • 표백제 : 색을 없애거나, 흰 것을 더 희게 하기 위해 사용

40 인산을 함유하는 복합지방질로서 유화제로 사용되는 것은?

① 레시틴 ② 글리세롤
③ 스테롤 ④ 글리콜

> **유화제**
> 레시틴, 폴리소르베이트, 글리세린지방산에스테르, 솔비탄지방산에스테르이다.

41 식육 및 어육제품의 가공 시 첨가되는 아질산염과 제2급 아민이 반응하여 생기는 발암물질은?

① 벤조피렌(Benzopyrene)
② PCB(Polychlorinated biphenyl)
③ 엔-니트로사민(N-nitrosamine)
④ 말론알데히드(Malonaldehyde)

> 육색소(헤모글로빈+미오글로빈)의 신선한 고기육색을 유지하고자 육류발색제로 가공하면서 아질산염과 제2급 아민과 반응해 엔-니트로사민(N-nitrosamine)이 발생한다.

42 육류의 발색제로 사용되는 아질산염이 산성 조건에서 식품 성분과 반응하여 생성되는 발암성 물질은?

① 지질 과산화물(aldehyde)
② 벤조피렌(benzopyrene)
③ 니트로사민(nitrosamine)
④ 포름알데히드(formaldehyde)

> • 발색제 : 무색이어서 스스로 색을 나타내지 못하지만, 식품 중의 색소성분과 반응하여 그 색을 고정(보존)하거나 발색하는 데 사용한다.
> • 육류 발색제 : 아질산나트륨(아질산염) → 니트로사민(발암물질) 생성
> • 과채류 발색제 : 황산 제1철, 황산 제2철, 염화 제1철, 염화 제2철

43 식육 및 어육 등의 가공육제품의 육색을 안전하게 유지하기 위하여 사용되는 식품첨가물은?

① 아황산나트륨 ② 질산나트륨
③ 몰식자산프로필 ④ 이산화염소

> • 아황산나트륨(Na_2SO_3) : 가공육류의 보존료 또는 방부제로 사용된다.
> • 질산나트륨($NaNO_3$), 질산칼륨, 아질산나트륨 : 육색소(헤모글로빈+미오글로빈)의 신선한 고기육색을 유지하고자 가공육류를 만들 때 발색제(햄, 소시지, 어류제품 등)로 사용된다.
> • 몰식자산프로필(Propyl Gallate) : 버터, 마가린, 유지방, 식용유지 등의 항산화제로 사용된다.
> • 이산화염소(ClO_2) : 물소독, 밀가루, 녹말 등의 표백 및 개선에 사용된다.

정답 37. ③ 38. ② 39. ① 40. ① 41. ③ 42. ③ 43. ②

44 미생물의 발육을 억제하여 식품의 부패나 변질을 방지할 목적으로 사용되는 것은?

① 안식향산나트륨
② 호박산이나트륨
③ 글루타민산나트륨
④ 유동파라핀

- 호박산이나트륨 : 식품에 맛난 맛을 부여하기 위해 사용
- 글루타민산나트륨 : 식품에 맛난 맛을 부여하기 위해 사용
- 유동파라핀 : 빵을 빵틀로부터 잘 분리해 내기 위해 사용

45 열경화성 합성수지제 용기의 용출시험에서 가장 문제가 되는 유독물질은?

① Methanol(CH_3OH)
② 아질산염(NO_2)
③ Formaldehyde(HCHO)
④ 연단(Pb_3O_4)

포름알데히드는 살균성이 있어서 방부제로 사용되며, 멜라민 합성수지제 식기에 남아 있는 포름알데히드의 유독물질로 피부・점막에 염증 등의 문제를 일으킨다.

46 식품첨가물 중 보존료의 목적을 가장 잘 표현한 것은?

① 산도 조절
② 미생물에 의한 부패 방지
③ 산화에 의한 변패 방지
④ 가공과정에서 파괴되는 영양소 보충

보존료(방부제)
식품 중의 미생물이 발육하는 것을 억제하여 부패를 예방하고, 선도를 유지하기 위해 사용한다.
예 데히드로초산나트륨, 프로피온산나트륨, 안식향산나트륨, 소르빈산나트륨

47 소시지 등 가공육 제품의 육색을 고정하기 위해 사용하는 식품첨가물은?

① 발색제 ② 착색제
③ 강화제 ④ 보존제

- 발색제 : 식품 중의 색소와 작용해서 색을 안정시키거나 발색을 촉진시키는 식품첨가물로 소시지 등 가공육 제품에 사용
- 착색제 : 식품의 가공공정에서 변질 및 변색되는 식품색을 복원하기 위해 사용
- 강화제 : 가공식품 중 부족한 영양소를 보충하거나 제조, 보존 중에 손실된 비타민, 무기질, 아미노산 등의 영양소를 제품에 보충하기 위해 사용
- 보존제 : 동식물성 유기물이 미생물의 작용에 의해 부패하는 것을 막기 위해 사용

48 식품첨가물의 주요 용도의 연결이 옳은 것은?

① 삼이산화철 - 표백제
② 이산화티타늄 - 발색제
③ 명반 - 보존료
④ 호박산 - 산도 조절제

삼이산화철(착색제), 이산화티타늄(착색제), 명반(팽창제, 매염제)

49 우리나라에서 간장에 사용할 수 있는 보존료는?

① 프로피온산(Propionic acid)
② 이초산나트륨(Sodium diacetate)
③ 안식향산(Benzoic acid)
④ 소르빈산(Sorbic acid)

보존료(방부제) 종류 : 데히드로초산(나트륨), 소르빈산(칼륨), 안식향산(나트륨), 프로피온산 등
- 프로피온산(칼슘, 나트륨) : 치즈, 빵, 과자, 초콜릿 등
- 이초산나트륨 : 구운 제품, 스낵식품, 육류제품, 수프와 혼합수프 등
- 안식향산(나트륨) : 간장, 식초, 과실주스(비가열제품 제외), 탄산음료(탄산수 제외) 등
- 소르빈산 : 햄, 소시지, 어육제품, 케첩, 오징어채 등
- 데히드로 초산, 데히드로 나트륨 : 치즈, 버터, 마가린 등

정답 44. ① 45. ③ 46. ② 47. ① 48. ④ 49. ③

50 다음 중 사용이 허가된 산미료는?

① 구연산 ② 계피산
③ 말톨 ④ 초산에틸

- 산미료 : 식품에 신맛(구연산, 살구, 감귤)을 부여하기 위하여 사용되는 첨가물로, 허가된 산미료는 구연산, 주석산, 젖산, 초산, 빙초산 등이 있다.
- 착향료 : 계피산, 말톨, 초산에틸
- 정미료(조미료) : 식품에 맛난 맛을 부여하기 위해 사용한다.

예 글루탐산나트륨(다시마, 된장, 간장), 호박산(조개), 구아닌산(표고버섯)

51 과실 주스에 설탕을 섞은 농축액 음료수는?

① 탄산음료 ② 스쿼시(Squash)
③ 시럽(Syrup) ④ 젤리(Jelly)

스쿼시
증류수나 소다수 등의 액체를 혼합한 설탕을 넣은 과일 원료의 농축물이다.

52 염지에 의해서 원료육의 미오글로빈으로부터 생성되며 비가열 식육제품인 햄 등의 고정된 육색을 나타내는 것은?

① 니트로소헤모글로빈 (Nitrosohemoglobin)
② 옥시미오글로빈(Oxymyoglobin)
③ 니트로소미오글로빈 (Nitrosomyoglobin)
④ 메트미오글로빈(Metmyoglobin)

니트로소미오글로빈은 적색을 띠고, 염지에 의해서 원료육의 미오글로빈으로부터 생성되며, 비가열 식육제품인 햄 등에 고정된 육색을 나타낸다.

53 과채, 식육 가공 등에 사용하여 식품 중 색소와 결합하여 식품 본래의 색을 유지하게 하는 식품첨가물은?

① 식용타르색소 ② 천연색소
③ 발색제 ④ 표백제

발색제는 과채, 식육의 색소를 안정화시켜 변색하고 식품 본래의 색을 곱게 유지시킨다.

54 카드뮴이나 수은 등의 중금속 오염 가능성이 가장 큰 식품은?

① 육류 ② 어패류
③ 식용유 ④ 통조림

- 수은은 오염된 물, 토양, 식물, 어패류 등에 의해 수은에 중독되어 인체 신경계통에 문제를 일으켜 미나마타병이 발생한다.
- 오염된 어패류 및 화학비료를 사용한 토양과 작물 등에 의해 카드뮴에 중독되면 골다공증을 일으켜 이타이이타이병이 발생한다.

55 통조림관의 주성분으로 과일이나 채소류 통조림에 의한 식중독을 일으키는 것은?

① 주석 ② 아연
③ 구리 ④ 카드뮴

통조림 식품의 유해성 금속물질은 납, 주석이다. 주석은 통조림관을 만드는 데 사용되는 금속물질이다. 주요 증상은 구역질, 복통, 설사, 구토, 권태감 등이다.

56 중금속에 관한 설명으로 옳은 것은?

① 해독에 사용되는 약을 중금속 길항약이라고 한다.
② 중금속과 결합하기 쉽고 체외로 배설하는 약은 없다.
③ 중독증상으로 대부분 두통, 설사, 고열을 동반한다.
④ 무기중금속은 지질과 결합하여 불용성 화합물을 만들고 산화작용을 나타낸다.

중금속은 체내에 흡수되면 배출이 바로 되지 않고 단백질과 결합하여 불용성 화합물을 만들어 부식시킨다. 소화기장애, 신장장애, 빈혈, 중추신경장애 증상이 나타나는데 원인은 수은, 납, 구리 등이다. 해독하기 위하여 중금속 길항약(다이머카프롤(BAL), 에틸렌디아민테트라아세트산(EDTA), D-페니실아민, 디플록사민)은 중금속과 결합하기 쉽고 몸 밖으로 배출 및 해독을 시킨다.

정답 50. ① 51. ② 52. ③ 53. ③ 54. ② 55. ① 56. ①

57 과거 일본 미나마타병의 집단발병원인이 되는 중금속은?

① 카드뮴 ② 납
③ 수은 ④ 비소

> 1953년 일본 미나마타현에 있는 공장에서 사용한 유기수은(건전지, 제지공업, 농약 등)의 일부가 폐수와 함께 흘러나와 하천, 해수, 해산물 순서로 더욱 높은 농도로 농축되어 이것을 다량 섭취한 어민들에게서 수은 중독인 미나마타병을 일으켰다.

58 중금속과 중독 증상의 연결이 잘못된 것은?

① 카드뮴 - 신장기능장애
② 크롬 - 비중격천공
③ 수은 - 홍독성 흥분
④ 납 - 섬유화현상

> 납(Pb) 중독 증상에는 연중독, 뇨(소변) 중에 코프로포피린 검출, 권태, 체중 감소 등이 있다.

59 카드뮴 만성 중독의 주요 3대 증상이 아닌 것은?

① 빈혈 ② 폐기종
③ 신장기능장애 ④ 단백뇨

> 빈혈은 적혈구의 양이나 수가 부족하여 헤모글로빈이 결핍된 상태를 일컫는다. 적혈구 및 헤모글로빈은 인체의 구석구석에 산소를 공급하는데 빈혈 환자들이 겪는 어지러움은 머리에 산소 공급량이 적기 때문이다.

60 만성 중독 시 비점막 염증, 피부궤양, 비중격천공 등의 증상을 나타내는 것은?

① 수은 ② 벤젠
③ 카드뮴 ④ 크롬

> 크롬은 만성 중독 시 비점막 염증, 피부궤양, 비중격천공 등의 증상을 나타낸다.

정답 57. ③ 58. ④ 59. ① 60. ④

제 3 절 주방위생관리

1 주방위생 위해요소

1) 방충 · 방서 및 소독

- 위생관리를 철저히 하여 해충이 번식할 수 있는 장소, 해충이 먹을 수 있는 음식이 없도록 물리적인 환경 조성
- 모든 문은 자동으로 닫히는 것이 좋고, 문틀의 아랫부분이나 윗부분 모두 틈이 없도록 하고 문밖에는 신발 흙털이개 구비
- 구제업체와 협력하여 해충을 구제함
- 급식소는 항상 깨끗하게 청소하고 소독
- 쓰레기는 쌓아두지 않고 뚜껑 있는 쓰레기통에 밀봉하여 보관
- 쓰레기통은 물로 헹군 뒤 75%의 물과 25%의 표백제를 혼합한 용액으로 소독
- 화학적 방역으로 해충을 구제하며, 강한 독성으로 인하여 보관 관리를 철저히 함
- 조리장에서 사용할 살충제는 독성물질에 경고표시를 부착하고 주의사항과 정확한 사용법을 명기
- 살충제는 청소세제나 화학소독제, 식재료와 별도로 보관
- 해충이 침입할 수 있는 장소나 구멍, 배수구 등은 철저히 봉합

2) 작업위생관리

〈주방 교차오염 방지〉

- 바닥으로 인한 오염방지를 위해 60cm 이상 높이에서 작업 실시
- 칼, 도마, 조리도구 등을 용도별로 구분하여 수시로 교체, 소독, 세척하여 교차오염을 방지한다.
- 앞치마, 고무장갑 등은 구분하여 사용해서 교차오염의 발생을 방지하고, 작업 종료 시마다 세척, 소독
- 조리장에 음식물과 음식물쓰레기의 방치 금지

- 조리장 출입구에 발소독판 시설 구비
- 조리사의 손을 소독할 수 있도록 손소독기 구비
- 위생관리 담당자는 주기적으로 위생점검을 실시하여 위생점검일지에 결과를 기록하여 관리

〈전처리〉

- 전처리구역에서 외포장 제거와 다듬기 작업 실시
- 해동에는 냉장해동(10℃ 이하), 전자레인지 해동, 유수해동이 있음
- 해동된 식품은 즉시 사용하고 사용 후 남은 식재료는 재동결하지 않음

〈조리〉

- 식품별 특성에 맞는 가열온도 및 시간 기준, 재가열 온도 및 시간 기준, 튀김유 온도기준을 설정 관리
- 냉장식품은 15℃를 넘지 않도록 소량씩 취급하고, 처리 후 냉장고에 보관

〈완제품관리〉

- 조리된 음식은 28℃ 이하의 경우 조리 후 2~3시간 이내 섭취 완료
- 보온 유지 시 5시간 이내 섭취 완료
- 5℃ 이하 유지 음식은 조리 후 24시간 이내 섭취 완료

〈배식〉

- 냉장식품 5℃, 온장식품 60℃ 이상으로 온도관리
- 식기, 수저, 컵 등은 세척·소독 후 별도의 보관함에 보관하며, 외부에 비치할 경우에는 별도의 덮개를 사용하여 배식 전까지 보관
- 위생장갑 및 집게, 국자를 사용하고 배식 중인 음식과 조리 완료된 음식을 혼합하여 배식하지 않음

〈폐기물 관리〉

- 폐기물의 처리용기는 침출수 및 냄새가 누출되지 않도록 세척 및 소독
- 폐기물 · 폐수처리 시설은 작업장과 격리된 곳에 설치 운영하며, 관리기록 유지

〈세척 및 소독〉

세제 · 소독제, 세척 및 소독용 기구나 용기는 정해진 장소에서 보관하고 관리되어야 함

3) 조리기구의 위생관리

(1) 조리기구의 관리

장비, 봉기 및 도구는 청소가 쉬운 디자인이고, 표면 재질은 비독성이면서 세제와 소독약품에 잘 견디고 녹슬지 않는 것으로 구입

행주의 위생관리	• 젖은 행주와 마른행주를 구분하여 사용 • 반드시 열탕소독 또는 염소소독한 후 건조하여 사용 • 행주는 여러 개 준비하여 반복사용하지 않음 • 중성세제 사용하여 1일 1회 주기적으로 소독실시 • 사용한 행주는 흐르는 물에 3회 정도 세척 · 소독한 후 40℃ 정도의 먹는 물로 세제를 씻어냄 • 행주 전용냄비로 100℃에서 10분간 삶은 후 청결한 장소에서 건조
칼 · 도마 · 식기의 위생관리	• 칼 · 도마 · 식기류를 사용한 후에는 40℃ 정도의 흐르는 물(먹는 물)로 세척 · 건조하여 보관 • 칼은 자외선 살균기에서 30~60분간 소독 보관 • 도마를 사용한 후에 살균 소독하여 보관하고 정기적으로 열탕소독 실시 • 도마는 중성세제를 사용하여 1일 1회 이상 소독 • 식기류는 전기 소독고 또는 60cm 높이의 선반에 덮개를 덮어 보관
기기류 (식품절단기, 가스그리들 등)의 위생관리	• 1일, 1주 주기적으로 소독을 실시하고 중성세제 사용 • 자주 분해해서 세척, 살균 후 사용
목제 기구	• 세균이 잔존할 가능성이 높으므로 충분히 건조하여 위생적으로 사용 • 항균기능을 가진 제품이어도 반드시 살균하여 사용

2 식품안전관리인증기준(HACCP)

1) HACCP의 정의

식품의 원재료부터 제조, 가공, 보존, 유통, 조리단계의 전 과정을 거쳐 최종소비자가 섭취하기 전까지의 각 단계에서 발생할 우려가 있는 위해요소를 사전에 방지하기 위하여 각 과정을 중점적으로 관리하여 식품의 안전성을 확보하기 위한 과학적인 위생관리체계이다.

2) HACCP의 준비단계 5절차

순서	내용
절차 1	**HACCP 팀구성** HACCP 팀장, 팀원, 위원회, 중요관리점(CCP) 모니터링 담당자, 해당 공정 현장 종사자
절차 2	**제품설명서 작성** 해당제품의 안전성관련 특성을 알리기 위해 작성
절차 3	**제품의 용도 확인** 해당 식품의 의도된 사용방법 및 대상 소비자 파악
절차 4	**공정흐름도 작성** 원료의 입고에서부터 완제품 출하까지 모든 공정단계들을 파악하고, 각 공정별 주요 가공조건의 개요를 기재하여 제품의 생산 시스템을 이해
절차 5	**공정흐름도 현장 확인** 작성한 공정흐름도가 실제 현장에서의 작업공정과 일치하는지를 검증하는 과정

3) HACCP의 기본단계 7원칙

순서	내용
원칙 1	위해요인 분석
원칙 2	중요관리점(CCP) 결정
원칙 3	중요관리점에 대한 한계기준 설정
원칙 4	중요관리점 모니터링체계 확립
원칙 5	개선조치방법 수립
원칙 6	검증절차 및 방법 수립
원칙 7	문서화, 기록 유지방법 설정

4) HACCP 대상 식품(식품위생법 시행규칙 제62조)

1. 수산가공식품류의 어육가공품류 중 어묵 · 어육소시지
2. 기타수산물가공품 중 냉동 어류 · 연체류 · 조미가공품
3. 냉동식품 중 피자류 · 만두류 · 면류
4. 과자류, 빵류 또는 떡류 중 과자 · 캔디류 · 빵류 · 떡류
5. 빙과류 중 빙과
6. 음료류[다류(茶類) 및 커피류는 제외한다]
7. 레토르트식품
8. 절임류 또는 조림류의 김치류 중 김치(배추를 주원료로 하여 절임, 양념혼합과정 등을 거쳐 이를 발효시킨 것이거나 발효시키지 아니한 것 또는 이를 가공한 것에 한한다)
9. 코코아가공품 또는 초콜릿류 중 초콜릿류
10. 면류 중 유탕면 또는 곡분, 전분, 전분질원료 등을 주원료로 반죽하여 손이나 기계 따위로 면을 뽑아내거나 자른 국수로서 생면 · 숙면 · 건면
11. 특수용도식품
12. 즉석섭취 · 편의식품류 중 즉석섭취식품

12의2. 즉석섭취 · 편의식품류의 즉석조리식품 중 순대

13. 식품제조 · 가공업의 영업소 중 전년도 총 매출액이 100억 원 이상인 영업소에서 제조 · 가공하는 식품

3 작업장 교차오염 발생요소

1) 교차오염

오염되지 않은 식재료나 음식이 오염된 식재료, 기구, 종사자와의 접촉으로 인해 미생물이 혼입되어 오염되는 것

2) 교차오염이 발생되는 원인

- 손을 깨끗이 씻지 않고, 맨손으로 식품을 취급하는 경우
- 식품 쪽으로 기침을 하는 경우
- 바닥, 트렌치(trench), 생선과 채소 및 과일 준비코너, 행주를 위생적으로 관리하지 않을 경우

3) 교차오염 예방관리

- 일반구역과 청결구역을 설정하여 전처리, 조리, 기구세척 등을 별도의 구역에서 이행

일반작업구역	검수구역, 전처리구역, 식재료 저장구역, 세정구역
청결작업구역	조리구역, 배선구역, 식기보관구역

- 시설 용도에 따른 위생관리 : 칼, 도마 등의 기구나 용기는 용도별로 구분하여 전용으로 사용

냉장 · 냉동 시설	세척 및 살균을 최대한 자주 실시 식자재와 음식물이 직접 닿는 랙이나 내부표면, 용기는 매일 세척 및 살균
상온창고	바닥은 항상 건조상태 유지하고 선입선출 원칙을 준수
화장실	유리창, 벽면, 천장 환기팬 등의 먼지 제거

- 반드시 손을 세척 · 소독한 후에 식품 취급 작업을 하며, 조리용 고무장갑도 세척 · 소독하여 사용
- 세척용기는 어육류, 채소류를 구분하여 사용하고 사용 전후에 충분히 세척 · 소독한 후 사용
- 식품 취급 작업은 물이 튀지 않게 바닥에서 60cm 이상의 높이에서 실시
- 반지, 팔찌 등의 장신구 착용금지
- 핸드폰 사용 시, 코풀기, 재채기, 식재료 취급 후, 화장실 다녀온 후 반드시 손을 씻어 청결 유지
- 사람(man), 재료(material), 기계(machine), 공정(method)을 철저히 관리하여 교차오염 방지

4) 주방 쓰레기의 관리

- 쓰레기통은 흡습성이 없으며 단단하고 내구성이 있는 것을 구입
- 충분한 수량을 비치하여 일반용, 주방용, 음식물쓰레기 등으로 분리하여 사용
- 모든 쓰레기통은 반드시 뚜껑을 덮어 사용
- 일반 및 음식물 쓰레기 수거를 용이하게 하기 위해 전용 운반도구를 이용
- 쓰레기 처리 장소는 식품 저장 창고와 분리하고 환기가 잘되는 곳 선정

예상문제 주방위생관리

01 HACCP의 7가지 원칙에 해당하지 않는 것은?
① 위해요소 분석
② 중요관리점(CCP) 결정
③ 개선조치방법 수립
④ 회수명령의 기준 설정

02 도마의 사용방법에 관한 설명 중 잘못된 것은?
① 합성세제를 사용하여 43~45℃의 물로 씻는다.
② 염소소독, 열탕소독, 자외선살균 등을 실시한다.
③ 식재료 종류별로 전용의 도마를 사용한다.
④ 세척, 소독 후에는 건조시킬 필요가 없다.

03 다음의 설명에 해당하는 것은?

식품의 원재료부터 제조, 가공, 보존, 유통, 조리의 모든 단계에서 위해물질이 식품에 혼입되거나 오염되는 것을 사전에 방지하기 위하여 각 과정을 중점적으로 관리하는 기준

① 식품안전관리인증기준
② 식품 RECALL제도
③ 식품 CODEX 기준
④ ISO인증제도

04 HACCP의 7원칙에 해당하지 않는 것은?
① 식품 CODEX 기준
② 식품 RECALL제도
③ 식품안전관리인증기준
④ ISO인증제도

05 HACCP 제도의 7원칙 중 1원칙은 위해요소 분석, 2원칙은 중요관리점 결정이다. 3원칙은 무엇인가?
① 모니터링 ② 검증
③ 한계기준 설정 ④ ISO인증제도

06 HACCP의 의무적용대상이 아닌 것은?
① 어묵류 ② 껌류
③ 빙과류 ④ 특수용도식품

07 주방의 일반 작업 구역은?
① 조리구역 ② 전처리구역
③ 배선구역 ④ 식기보관구역

08 교차오염이 발생하는 경우가 아닌 것은?
① 전처리 과정에서 세심한 청결상태를 유지
② 조리된 음식은 냉장고 아래칸에 보관
③ 도마는 흰색으로 한 가지로 깨끗하게 보관
④ 바쁜 조리시간에는 조리용 장화로 화장실을 다녀온 후 작업

09 행주의 사용방법에 대한 설명 중 잘못된 것은?
① 1일 1회 소독
② 열탕소독, 일광소독
③ 세척, 소독 후에는 건조시킬 필요 없음
④ 흰색 면이 이상적이며 마른행주와 젖은 행주를 구분하여 사용

정답 01. ④ 02. ④ 03. ① 04. ③ 05. ③ 06. ② 07. ② 08. ① 09. ③

10 방충 · 방서 및 소독의 방법으로 적합하지 않은 것은?

① 물리적 방역 ② 화학적 방역
③ 생화학적 방역 ④ 친환경 방역

방충 · 방서 및 소독의 방법
- 물리적 방법 : 해충의 서식지를 제거·발생하지 못하도록 환경 조성
- 화학적 방법 : 약제를 살포하여 해충을 구제하는 방법. 단시간에 효과적이고 경제적
- 생물학적 방법 : 천적생물을 사용하는 방법으로 서식지를 제거

11 다음 중 HACCP에 대한 설명이 아닌 것은?

① HACCP의 7원칙 중 원칙 4단계는 모니터링체계 확립
② HACCP의 7원칙 중 원칙 2단계는 중요관리점 결정
③ HACCP의 7원칙 중 원칙 1단계는 위해요소 분석, 문서화, 기록 유지방법의 확인
④ HACCP의 7원칙 중 원칙 3단계는 중요관리점에 대한 한계기준 설정

12 기존 위생관리방법과 비교하여 HACCP의 특징에 대한 설명으로 적합한 것은?

① 가능성 있는 모든 위해요소를 규명하고 중점적으로 관리
② 가공식품 위주로 위생 관리
③ 특수용도 식품은 제외 관리
④ 위생문제가 발생되면 사후에 가능한 빠르게 대처관리

HACCP은 기존의 위생관리와 비교하여 가능성 있는 전 과정을 안전하게 관리하는 위생체계

13 HACCP의 7원칙에 해당하지 않는 것은?

① 위해요소 분석
② 공정흐름도 현장 확인
③ 중요관리점 결정
④ 개선조치방법 수립

HACCP 7원칙 12절차 중 '공정흐름도 현장 확인'은 준비단계 5절차

14 식품의 위생적인 준비를 위한 조리장의 관리로 잘못된 것은?

① 조리장에 찌꺼기를 방치하지 않음
② 조리장의 해충구제는 적절한 약제를 이용하여 1회 실시
③ 조리장 출입구에 발판 소독제를 설치
④ 조리사의 손소독기를 설치

15 조리기구의 재질 중 열전도율이 커서 열을 전달하기 위한 조리기구 소재는 무엇인가?

① 유리 ② 도자기
③ 석면 ④ 알루미늄

알루미늄은 열전도율이 우수한 금속으로 냄비나 조리기 등의 소재로 사용됨

16 교차오염이 발생하는 원인이 아닌 것은?

① 맨손으로 식품 취급
② 손을 깨끗하게 씻지 않을 경우
③ 식품 쪽으로 기침을 할 경우
④ 도마를 색으로 구분하여 사용

17 교차오염 예방을 위한 작업구분 중 청결 작업구간은?

① 검수구역 ② 조리구역
③ 전처리구역 ④ 세정구역

교차오염 예방
- 일반작업구역 : 검수구역, 전처리구역, 식재료 저장구역, 세정구역
- 청결작업구역 : 조리구역, 배선구역, 식기보관구역

정답 10. ④ 11. ③ 12. ① 13. ② 14. ② 15. ④ 16. ④ 17. ②

18 조리장의 입지 조건으로 적당하지 않은 것은?

① 조리장은 단층보다 지하의 조용한 곳
② 채광, 환기, 건조, 통풍이 잘되는 곳
③ 화장실에는 비누와 1회용 타월 혹은 건조기 설치
④ 양질의 음료수 공급과 배수가 용이한 곳

19 식품위해요소 중점관리기준 7원칙에 해당하는 것은?

가. HACCP 팀을 구성
나. 중요관리점을 설정
다. 직원교육과정을 설정
라. 검증절차 및 방법 수립

① 가, 나, 다　　② 가, 다
③ 나, 라　　④ 가, 나, 다, 라

정답 18. ① 19. ③

제 4 절 식중독 관리

1 세균성 식중독

세균성 식중독이란, 급성위장염을 주된 증상으로 나타내는 건강장애로, 오염된 식품, 첨가물, 기구, 용기, 포장 등이나 살아 있는 세균이나 세균이 생산한 독소가 함유된 식품을 섭취하여 일으키는 설사나 복통 등의 급성위장염 증상의 질병을 말한다.

세균성 식중독은 감염형, 독소형, 중간형 등이 있으며, 이는 다음과 같다.

- 감염형 : 살모넬라균, 장염비브리오균, 병원성 대장균
- 독소형 : 포도상구균(내열성), 보툴리누스균(포자형성)
- 중간형 : 웰치균 등

1) 살모넬라 식중독

- 잠복기 : 상황에 따라 다르지만, 일반적으로 12~24시간
- 원인식품 : 육류, 어패류 및 가공품, 가금류, 달걀, 우유
- 감염원 : 5~10월에 많이 발생. 감염경로는 가축, 가금류, 곤충, 쥐, 하수 및 하천 등
- 증상 : 구역질, 구토, 설사, 복통, 두통과 급격한 발열 등
- 예방법 : 식육의 생식금지, 청결한 조리기구 사용, 60℃ 이상에서 30분간 가열

2) 장염비브리오

- 잠복기 : 10~18시간으로 평균 12시간
- 원인식품 : 해수세균으로 어패류와 생선회나 초밥 등의 생식이 주원인이 됨
- 감염원 : 5~11월에 발생, 7~9월 중 집중적으로 발생
- 증상 : 복통, 구역질, 구토, 설사, 발열 등
- 예방법 : 저온저장, 조리기구 및 손 등의 소독, 어패류의 생식금지, 가열살균 섭취

3) 병원성 대장균

- 병원성 대장균에는 장관출혈성 대장균(EHEC), 장독소형 대장균(ETEC), 장관병원성 대장균(EPEC), 장관조직 침입성 대장균(EHEC)이 있다.
- 감염원 : 균이 증식된 식품이 중독의 원인이 될 수 있음
- 원인식품 : 햄, 치즈, 소시지, 야채, 분유 등이 원인식품이 될 수 있고, 유아의 경우 오염된 우유 등이 원인식품이 될 수 있음
- 잠복기와 증상은 장관출혈성 대장균은 2~6일의 잠복기와 열은 없으나 설사, 복통 등이 나타나고, 장독소성 대장균은 6~48시간의 잠복기와 구토, 발열, 설사, 복통 등. 장관병원성 대장균과 장관조직 침입성 대장균은 잠복기가 일정치 않으며, 설사, 복통, 발열 등의 증상이 나타남
- 예방법은 사람 간 전염이 쉬우므로, 주위환경을 청결히 하고 분변에 의한 식품오염 방지가 중요함

4) 포도상구균

- 잠복기 : 3시간
- 감염원 : 황색포도상구균으로 화농성 질환의 대표적인 원인균으로 120℃에서 20분간 강하게 끓여도 파괴되지 않는 강한 균이다.
- 원인식품 : 난제품, 우유 및 유제품, 떡, 빵, 도시락, 김밥, 육제품
- 증상 : 구토, 설사, 복통
- 예방법 : 화농성 질환자는 식품취급 금지, 조리식품 저온저장, 조리 시 청결유지

5) 보툴리누스균

- 잠복기 : 12~36시간으로 잠복기가 가장 길다.
- 감염원 : 토양, 호수, 하천, 바다 흙, 동물의 분변 등에서 감염되며 열에 의해 파괴됨
- 원인식품 : 살균되지 않은 통조림제품, 야채, 과일, 육류 등에서 감염
- 증상 : 구토, 설사, 복통, 메스꺼움 등과 신경마비증상, 치사율은 40%
- 예방법 : 음식물을 완전하게 가열처리하고, 위생적인 보관과 섭취 전 충분한 가열

6) 웰치균

- 잠복기 : 8~20시간
- 감염원 : 분변을 통한 식품의 감염, 열에 강한 균
- 육류와 어패류 및 가공품, 식물성 단백질, 튀김두부
- 증상 : 수양성 설사, 점혈변, 복통
- 예방법 : 식품의 가열조리 섭취, 저장 시 급격한 냉각유지, 분변의 오염방지

2 자연독 식중독

자연독은 천연물질 속에 들어 있는 독성물질로 동물성 식중독과 식물성 식중독으로 나눌 수 있지만, 그 범위는 매우 넓다. 자연에 존재하는 독이 있는 동·식물의 식자재를 사용해서 잘못된 조리과정으로 만든 음식을 섭취하여 식중독이 일어날 경우, 이를 자연독 식중독이라 할 수 있다.

1) 동물성 식중독

① 복어

- 복어의 유독성분 : 테트로도톡신(tetrodotoxin)으로 난소에 가장 많고, 간, 내장, 피부에 들어 있다.
- 독성이 강하고 열에 강하여 치사율이 높으며, 식후 30분~5시간 만에 발병
- 증상 : 구토, 입술과 혀의 마비현상, 지각이상, 운동장애, 호흡장애, 보행곤란 등
- 예방 : 전문 조리사가 요리하고, 난소, 간, 내장 부위는 먹지 않도록 한다.

② 조개류

- 섭조개(홍합), 대합, 검은 조개 중독. 삭시톡신(saxitoxin)이란 독성물질로, 식후 30분~3시간 잠복기. 증상은 입술, 혀, 사지마비 등이 나타남
- 모시조개, 굴, 바지락 중독. 베네루핀(venerupin)이란 독성물질로, 잠복기는 24~48시간. 증상은 권태감, 두통, 구토, 변비 등이 나타남

2) 식물성 식중독

① 독버섯 중독

오래전부터 우리나라에서 여러 종류의 버섯을 식용으로 하고 있지만, 독이 있는 버섯이 많으며, 이를 구별하기 어려워 독버섯에 의한 식중독이 동·식물에 의한 식중독의 대부분을 차지하고, 사망자 또한 높은 비율을 차지하고 있다.

독버섯의 종류에는 화경버섯, 굽은외대버섯, 미치광이버섯, 광대버섯, 독깔대기버섯, 파리버섯, 알광대버섯 등이 있다.

독성물질은 무스카린, 무스카리딘, 코린, 팔린, 뉴린 등이 있으며, 증상은 위장장애형, 콜레라증상형, 신경계증상형 등이 있다.

② 감자 중독

감자의 발아부위와 녹색 부분으로 솔라닌(solanine)이라고 하는 독성물질로 구토, 복통, 설사증상과 혀가 굳어져 언어장애를 일으키기도 함

예방법은 감자의 발아 부위와 녹색 부위를 완전히 제거하고 서늘한 곳에 보관함

③ 기타 유독물질중독

- 청매와 살구씨 : 아미그달린(Amygdalin)
- 독미나리 : 시큐톡신(Cicutoxin)
- 피마자 : 리신(Ricin)
- 목화씨(면실유) : 고시폴(Gossypol)
- 맥각 : 에르고톡신(Ergotoxin)
- 미치광이풀, 가지독말풀 : 히오시아민(Hyoscyamine), 아트로핀(Atropine)

3 화학적 식중독

유독한 화학물질에 오염된 식품을 섭취하여 중독증상을 일으키는 것을 화학적 식중독(chemical food poisoning)이라 한다.

화학적 식중독은 급성중독과 같이 구토, 설사, 복통, 경련 등의 증상이 나타나며, 소량이지만 연속해서 섭취했을 경우 체내에 축적되어 만성중독을 일으키기도 한다.

화학적 식중독의 원인으로는 중금속, 농약, 방사선물질 등의 환경에 의한 중독과 식품첨가물, 용기와 포장재 및 기구 등이 되기도 한다.

식품에 화학물질이 혼입되는 경우는 다음과 같다.

- 제조, 가공과정에서 혼입되는 유해물질
- 제조, 가공 및 저장 중에 생성되는 유해물질
- 기구, 용기 및 포장재 등으로부터 용출, 이행되는 유해물질
- 환경오염에 의한 유해물질
- 고의 또는 오용에 의한 유해물질
- 기타 원인에 의한 유해물질

1) 제조, 가공과정 중에 혼입되는 유해물질

① 조제분유 중독

② 미강유 중독

③ 기구, 용기, 포장재 등에 기인하는 유해 · 유독물질

2) 제조, 가공 및 저장 중에 생성되는 유해물질

① 지질의 산화생성물

② N-nitrosamine

③ 트랜스지방

3) 고의 또는 오용에 의한 식중독

① 보존료–붕산(H_3BO_3), 불소화합물, 승홍($HgCl_2$), Formaldehyde(HCHO) 등

② 표백제–론갈리트(롱가릿), 삼염화질소, 형광표백제

③ 유해성 인공감미료

④ 증량제–산성백토, 벤토나이트, 탄산칼슘, 탄산마그네슘, 규산알미늄, 규조토, 석회

4 곰팡이 식중독

급성 또는 만성의 생리적 · 병리적 장해를 유발하는 유독물질군을 곰팡이독(Mycotoxin)이라 하며, Mycotoxin을 경구적으로 섭취하여 일어나는 급성 · 만성의 건강장해를 총칭하여 곰팡이 중독증(Mycotoxicosis)이라 한다.

우리나라는 곡류가 주식이고, 여름철엔 기후가 고온다습하여 곰팡이 번식에 적합하여 Mycotoxin의 위험성이 높으므로 주의가 필요하다. 곰팡이독에는 아플라톡신 중독, 맥각 중독, 황변미 중독 등이 있으며, 곰팡이 중독증의 특징은 다음과 같다.

- 급성 곰팡이독의 경우 계절적인 경향이 있다. 예를 들면, Fusarium 독소균에 의한 중독은 추울 때, Penicillium 및 Aspergillus 독소의 중독은 고온다습할 때 많이 발생한다.
- 항생물질 투여나 약제요법을 실시하여도 별 효과가 없다.
- 사람 간, 동물 간, 동물과 사람 간에 직접 이행되지 않으므로 감염형은 아니다.

1) 아플라톡신 중독

① 아스퍼질러스 플래버스(Aspergillus flavus) 곰팡이가 원인균으로 쌀, 보리, 옥수수 등의 탄수화물 곡류나 땅콩 등에 발생하여 형광성 독소를 생산하는데, 이를 아플라톡신(aflatoxin)이라고 한다.

② 곶감과 된장 · 간장을 담글 때 많이 발생하며, 간암을 유발

③ 독소 : 아플라톡신(간장독)은 간출혈, 담광증식, 신장출혈 등의 증상이 나타나고 강한 발암 물질이다.

2) 맥각 중독

① 보리나 호밀에 번식하는 맥각균에 의해 발생하는 맥각균이 균핵을 형성한다.

② 맥각 중독은 의약품의 맥각 과용 또는 오용으로 일어나는 만성중독, 중축, 뇌척수 증상, 경련 또는 건성괴저 등이 특징이며, 만성중독은 구토, 두통, 감각이상, 난청 등 유발

③ 독소

- 에르고톡신(Ergotoxin) : 간장독
- 에르고타민(Ergotamin) : 교감신경 차단 작용
- 에르고메트린(Ergometrine) : 자궁수축작용

3) 황변미 중독

① 곰팡이에 의해 오염되고 변질된 쌀이 황색으로 변하는데, 이를 황변미라 하며 이에 의한 중독을 황변미 중독이라 한다.

② 원인식품 : 저장미, 동남미 쌀에 많이 나타남

③ 독소

- 시트리닌(Citrinin) 황변미 : 신장독을 유발
- 아일란디톡신(Islanditoxin) 황변미 : 간장독으로서 간암, 간경변증을 유발
- 시트레오비리딘(Citreoviridin) : 신경독, 척추운동신경세포 기능 억제 등을 유발

예상문제 식중독 관리

01 식품과 독성분의 연결이 틀린 것은?

① 복어 - 테트로도톡신
② 미나리 - 시큐톡신
③ 섭조개 - 베네루핀
④ 청매 - 아미그달린

• 삭시톡신(Saxitoxin) : 섭조개
• 베네루핀 : 모시조개, 굴, 바지락

02 호염성의 성질을 가지고 있는 식중독 세균은?

① 황색포도상구균
② 병원성 대장균
③ 장염비브리오
④ 리스테리아 모노사이토제네스

장염비브리오 식중독은 해안지방 및 바닷물 등에 사는 호염성 세균으로 그람음성간균이다.

03 발아한 감자와 청색 감자에 많이 함유된 독성분은?

① 리신 ② 엔테로톡신
③ 무스카린 ④ 솔라닌

감자의 껍질이 녹색으로 변하면서 솔라닌이라는 독성물질이 생성되고, 솔라닌을 많이 섭취하면 전신 마비 증상이 나타남

04 복어와 모시조개 섭취 시 식중독을 유발하는 독성물질을 순서대로 나열한 것은?

① 엔테로톡신(enterotoxin), 사포닌(saponin)
② 테트로도톡신(tetrodotoxin), 베네루핀(venerupin)
③ 테트로도톡신(tetrodotoxin), 듀린(dhurrin)
④ 엔테로톡신(enterotoxin), 아플라톡신(aflatoxin)

• 복어 독은 테트로도톡신으로 신경에 작용하고, 난소, 내장에 많으며, 끓여도 파괴되지 않는다.
• 모시조개의 독성물질은 베네루핀으로 식중독을 일으킨다.

05 곰팡이 독소와 독성을 나타내는 곳을 잘못 연결한 것은?

① 아플라톡신(aflatoxin) - 신경독
② 오크라톡신(ochratoxin) - 간장독
③ 시트리닌(citrinin) - 신장
④ 스테리그마토시스틴(sterigmatocystin) - 간장독

• 곰팡이독인 아플라톡신(Aflatoxin)은 Aspergillus flavus 생산 발암성 물질이다.
• 산패한 호두, 땅콩, 캐슈넛, 피스타치오 등의 견과류에서 발생된다.
• 간 손상과 간암을 일으키며, 오염된 농작물(쌀, 옥수수 등)에 주의하여 섭취해야 한다.

06 식품과 독성분의 연결이 틀린 것은?

① 독보리 - 테물린(temuline)
② 섭조개 - 삭시톡신(saxitoxin)
③ 독버섯 - 무스카린(muscarine)
④ 매실 - 베네루핀(venerupin)

• 매실 - 아미그달린
• 모시조개, 굴, 바지락 - 베네루핀

정답 01. ③ 02. ③ 03. ④ 04. ② 05. ① 06. ④

07 살모넬라균에 의한 식중독의 특징 중 틀린 것은?

① 장독소(enterotoxin)에 의해 발생한다.
② 잠복기는 보통 12~24시간이다.
③ 주요 증상은 메스꺼움, 구토, 복통, 발열이다.
④ 원인식품은 대부분 동물성 식품이다.

> 살모넬라균 식중독 특징
> - 최적 증식온도는 35~37℃이다.
> - 열에 대한 저항력이 약하여 대개 62~65℃에서 30분 정도 가열하면 사멸되며, 물이나 토양, 곤충, 동물 분변, 익히지 않은 고기 등 환경에 널리 존재한다. 특히 가금류와 돼지에 널리 존재하며, 미국 등지에서 새싹·땅콩버터 등의 농산물에서도 살모넬라가 원인으로 발생
> - 잠복기가 짧은 것이 특징. 위장염, 구토, 발열(38~40℃), 복통, 설사를 일으킨다.

08 식물성 자연독 성분이 아닌 것은?

① 무스카린(muscarine)
② 테트로도톡신(tetrodotoxin)
③ 솔라닌(solanine)
④ 고시폴(gossypol)

> 테트로도톡신(tetrodotoxin)
> 복어의 독소이다.

09 독미나리에 함유된 유독성분은?

① 무스카린(muscarine)
② 솔라닌(solanine)
③ 아트로핀(atropine)
④ 시큐톡신(cicutoxin)

> - 무스카린(muscarine) : 독버섯
> - 테트로도톡신(tetrodotoxin) : 복어의 독소
> - 솔라닌(solanine) : 감자
> - 고시폴(gossypol) : 목화씨

10 장염비브리오 식중독균(V. parahaemolyticus)의 특징으로 틀린 것은?

① 해수에 존재하는 세균이다.
② 3~4%의 식염농도에서 잘 발육한다.
③ 특정조건에서 사람의 혈구를 용혈시킨다.
④ 그람양성균이며 아포를 생성하는 구균이다.

> 장염비브리오 식중독은 해안지방 및 바닷물 등에 사는 호염성 세균으로 그람음성간균이다.

11 화학물질에 의한 식중독으로 일반 중독증상과 시신경의 염증으로 실명의 원인이 되는 물질은?

① 납 ② 수은
③ 메틸알코올 ④ 청산

12 세균성 식중독에 속하지 않는 것은?

① 노로바이러스 식중독
② 비브리오 식중독
③ 병원성대장균 식중독
④ 장구균 식중독

> - 노로바이러스 감염증 : 노로바이러스에 의한 유행성 바이러스성 위장염이다.
> - 세균성 식중독 : 살모넬라 식중독, 비브리오 식중독, 병원성대장균 식중독, 웰치균 식중독, 캠필로박터균 식중독 등

13 바지락 속에 들어 있는 독성분은?

① 베네루핀(venerupin)
② 솔라닌(solanine)
③ 무스카린(muscarine)
④ 아마니타톡신(amanitatoxin)

> - 아마니타톡신 : 독버섯
> - 솔라닌 : 싹난 부위 감자
> - 베네루핀 : 모시조개, 굴, 바지락(동물성 식품)

14 다음 중 잠복기가 가장 짧은 식중독은?

① 황색포도상구균 식중독
② 살모넬라균 식중독
③ 장염비브리오 식중독
④ 웰치균 식중독

정답 07. ① 08. ② 09. ④ 10. ④ 11. ③ 12. ① 13. ① 14. ①

> • 살모넬라 : 12~24시간
> • 장염비브리오 : 10~18시간
> • 장구균(포도상구균) : 3시간
> • 웰치균 : 12~36시간

15 60℃에서 30분간 가열하면 식품 안전에 위해가 되지 않는 세균은?

① 살모넬라균
② 클로스트리디움 보툴리늄균
③ 황색포도상구균
④ 장구균

> 살모넬라균 예방법은 식육의 생식을 금하고, 60℃에서 30분간 가열하면 안전하다.

16 식품과 자연독의 연결이 맞는 것은?

① 독버섯-솔라닌(solanine)
② 감자-무스카린(muscarine)
③ 살구씨-파세오루나틴(phaseolunatin)
④ 목화씨-고시폴(gossypol)

> • 독버섯 : 무스카린
> • 감자 : 솔라닌
> • 살구씨 : 시안화합물

17 알레르기성 식중독을 유발하는 세균은?

① 병원성 대장균(E. coli 0157:H7)
② 모르가넬라 모르가니(Morganella morganii)
③ 엔테로박터 사카자키(Enterobacter sakazakii)
④ 비브리오 콜레라(Vibrio cholera)

> • 병원성 대장균 : 설사, 복통, 발열 등
> • 비브리오 : 복통, 구역질, 구토, 설사, 발열 등
> • 모르가넬라 모르가니 : 알레르기

18 섭조개에서 문제를 일으킬 수 있는 독소 성분은?

① 테트로도톡신(tetrodotoxin)
② 셉신(sepsine)
③ 베네루핀(venerupin)
④ 삭시톡신(saxitoxin)

> • 섭조개 : 삭시톡신
> • 베네루핀 : 모시조개, 굴, 바지락

19 식품에 오염된 미생물이 증식하여 생성한 독소에 의해 유발되는 대표적인 식중독은?

① 황색포도상구균 식중독
② 살모넬라균 식중독
③ 장염비브리오 식중독
④ 리스테리아 식중독

> 황색포도상구균은 독소형 식중독으로 장독소가 생산되고 이 독소는 엔테로톡신이다. 내열성이 강해서 가열해도 잘 파괴되지 않는다. 식품 취급자의 피부 화농성 질환으로부터 오염된다.

20 화학물질에 의한 식중독으로 일반 중독증상과 시신경의 염증으로 실명의 원인이 되는 물질은?

① 납　② 수은
③ 메틸알코올　④ 청산

> • 납 : 복통, 구토, 설사, 중추신경장애
> • 수은 : 구토, 복통, 설사, 경련, 미나마타병
> • 청산 : 호흡작용 저지

21 세균의 장독소(Enterotoxin)에 의해 유발되는 식중독은?

① 황색포도상구균 식중독
② 살모넬라 식중독
③ 복어 식중독
④ 장염비브리오 식중독

> • 황색포도상구균 식중독 : 화농성 질환의 원인균이며, 장독소가 엔테로톡신이다.
> • 살모넬라 식중독 : 가금류, 달걀, 돼지고기, 새싹 등에서 발생된다.
> • 복어 식중독 : 복어독은 테트로도톡신으로 100℃에서 가열해도 파괴되지 않는다.
> • 장염비브리오 식중독 : 여름철 생선류, 조개류 등에서 발생. 해수세균 장염비브리오균

정답 15. ① 16. ④ 17. ② 18. ④ 19. ① 20. ③ 21. ①

22 사시, 동공확대, 언어장애 등 특유의 신경마비증상을 나타내며 비교적 높은 치사율을 보이는 식중독 원인균은?

① 클로스트리디움 보툴리늄균
② 황색포도상구균
③ 병원성 대장균
④ 바실러스 세레우스균

> 클로스트리디움 보툴리늄균은 독소형 식중독으로 신경독소를 생성하고, 치사율이 높다. 신경계 마비증상이 주증상이며, 사시, 동공확대, 언어장애, 구토 등의 증상이 나타날 수 있다.

23 동물성 식품에서 유래하는 식중독 유발 유독성분은?

① 아마니타톡신(Amanitatoxin)
② 솔라닌(Solanine)
③ 베네루핀(Venerupin)
④ 시큐톡신(Cicutoxin)

> • 아마니타톡신 : 독버섯
> • 솔라닌 : 싹난 부위 감자
> • 베네루핀 : 모시조개, 굴, 바지락(동물성 식품)
> • 시큐톡신 : 독미나리

24 감자의 부패에 관여하는 물질은?

① 솔라닌(Solanine)
② 셉신(Sepsine)
③ 아코니틴(Aconitine)
④ 시큐톡신(Cicutoxin)

> 감자가 썩기 시작하면 셉신이라는 독성물질이 발생하며 섭취 시 심한 중독증상을 일으킨다.

25 곰팡이에 의해 생성되는 독소가 아닌 것은?

① 아플라톡신(Aflatoxin)
② 시트리닌(Citrinin)
③ 엔테로톡신(Enterotoxin)
④ 파툴린(Patulin)

> 엔테로톡신은 장독소로 화농성질환의 원인균이며, 황색포도상구균 식중독이다.

26 식품에 오염된 미생물이 증식하여 생성한 독소에 의해 유발되는 대표적인 식중독은?

① 황색포도상구균 식중독
② 살모넬라균 식중독
③ 장염비브리오 식중독
④ 리스테리아 식중독

> 황색포도상구균은 독소형 식중독으로 장독소가 생산되고 이 독소는 엔테로톡신이다. 내열성이 강해서 가열해도 잘 파괴되지 않는다. 식품 취급자의 피부 화농성 질환으로부터 오염된다.

27 황색포도상구균에 의한 독소형 식중독과 관계되는 독소는?

① 장독소　② 간독소
③ 혈독소　④ 암독소

> 황색포도상구균과 장독소에 의해 구토, 복통, 설사 등의 증상이 나타난다.

정답 22. ① 23. ③ 24. ② 25. ③ 26. ① 27. ①

제 5 절 식품위생 관계법규

1 식품위생법

1) 총칙

(1) 식품위생의 정의

식품, 첨가물, 기구, 용기, 포장을 대상으로 하는 음식에 관한 위생

(2) 식품위생법의 목적

- 식품으로 인한 위생상의 위해를 방지
- 식품영양의 질적 향상 도모하여 식품에 관한 올바른 정보 제공
- 국민보건 향상과 증진에 이바지함

(3) 식품위생법의 용어 정의

식품	의약품을 제외한 모든 음식물
식품첨가물	식품을 제조・가공・조리 또는 보존하는 과정에서 감미(甘味), 착색(着色), 표백(漂白) 또는 산화방지 등을 목적으로 식품에 사용되는 물질
화학적 합성품	화학적 수단으로 원소(元素) 또는 화합물에 분해반응 외의 화학반응을 일으켜서 얻은 물질
기구	식품 또는 식품첨가물에 직접 닿는 기계・기구나 그 밖의 물건
용기・포장	식품 또는 식품첨가물을 넣거나 싸는 것으로서 식품 또는 식품첨가물을 주고받을 때 함께 건네는 물품
위해	식품, 식품첨가물, 기구 또는 용기・포장에 존재하는 위험요소로서 인체의 건강을 해치거나 해칠 우려가 있는 것
영업	식품 또는 식품첨가물을 채취・제조・가공・조리・저장・소분・운반 또는 판매하거나 기구 또는 용기・포장을 제조・운반・판매하는 업(농업과 수산업에 속하는 식품 채취업은 제외한다)
식품위생	식품, 식품첨가물, 기구 또는 용기・포장을 대상으로 하는 음식에 관한 위생
집단급식소	영리를 목적으로 하지 아니하면서 특정 다수인에게 계속하여 음식물을 공급하는 급식시설 1회 50명 이상에게 식사를 제공하는 급식소

식품이력추적관리	식품을 제조·가공단계부터 판매단계까지 각 단계별로 정보를 기록·관리하여 그 식품의 안전성 등에 문제가 발생할 경우 그 식품을 추적하여 원인을 규명하고 필요한 조치를 할 수 있도록 관리하는 것
식중독	식품 섭취로 인하여 인체에 유해한 미생물 또는 유독물질에 의하여 발생하였거나 발생한 것으로 판단되는 감염성 질환 또는 독소형 질환
집단급식소에서의 식단	급식대상 집단의 영양섭취기준에 따라 음식명, 식재료, 영양성분, 조리방법, 조리인력 등을 고려하여 작성한 급식계획서

(4) 식품 등의 취급

누구든지 판매를 목적으로 식품 또는 식품첨가물을 채취·제조·가공·사용·조리·저장·소분·운반 또는 진열을 할 때에는 깨끗하고 위생적으로 하여야 한다. 영업에 사용하는 기구 및 용기·포장은 깨끗하고 위생적으로 다루어야 한다.

식품, 식품첨가물, 기구 또는 용기·포장의 위생적인 취급에 관한 기준

- 식품 등을 취급하는 원료보관실·제조가공실·조리실·포장실 등의 내부는 항상 청결하게 관리
- 식품 등의 원료 및 제품 중 부패·변질이 되기 쉬운 것은 냉동·냉장시설에 보관·관리
- 식품 등의 보관·운반·진열 시에는 식품 등의 기준 및 규격이 정하고 있는 보존 및 유통기준에 적합하도록 관리하여야 하고, 이 경우 냉동·냉장시설 및 운반시설은 항상 정상적으로 작동시킴
- 식품 등의 제조·가공·조리 또는 포장에 직접 종사하는 사람은 위생모를 착용하는 등 개인위생관리를 철저히 해야 함
- 식품 등을 제조·가공하여 최소판매 단위로 포장된 식품 또는 식품첨가물을 허가를 받지 아니하거나 신고를 하지 아니하고 판매의 목적으로 포장을 뜯어 분할하여 판매하여서는 아니 됨
- 식품 등을 제조·가공·조리에 직접 사용되는 기계·기구 및 음식기는 사용 후에 세척·살균하는 등 항상 청결하게 유지·관리, 어류·육류·채소류를 취급하는 칼·도마는 각각 구분하여 사용
- 유통기한이 경과된 식품 등을 판매하거나 판매의 목적으로 진열·보관하면 안 됨

2) 식품과 식품첨가물

(1) 위해식품 등의 판매 등 금지

아래의 사항에 해당하는 경우 판매하거나 판매할 목적으로 채취·제조·수입·가공·사용·조리·저장·소분·운반 또는 진열하여서는 아니 된다.

위해식품의 판매 금지 대상이 되는 식품 및 식품첨가물

- 썩었거나 상하였거나 설익은 것
- 유독 · 유해물질이 들어 있거나 묻어 있는 것으로 인체에 건강을 해할 우려가 없다고 식품의약품안전처장이 인정하는 것은 예외
- 병원미생물에 오염되었거나 우려가 있는 것
- 불결하거나 다른 물질이 혼입 또는 첨가된 것
- 영업의 허가를 받지 않거나 신고하지 않은 자가 제조 · 가공한 것
- 수입이 금지된 것이나 수입신고를 하지 않고 수입한 것
- 질병에 걸린 동물의 고기 · 뼈 · 젖 · 장기 또는 혈액 등
- 기준과 규격이 고시되지 않은 화학적 합성품
- 기준과 규격에 맞지 않는 식품 및 식품첨가물
- 표시기준에 맞지 않는 식품 및 식품첨가물
- 제품검사를 받아야 하는 제품 중 제품검사 합격표시가 없는 것

(2) 병든 동물 고기 등의 판매 등 금지(식품위생법)

- 누구든지 총리령으로 정하는 질병에 걸렸거나 걸렸을 염려가 있는 동물이나 그 질병에 걸려 죽은 동물의 고기 · 뼈 · 젖 · 장기 또는 혈액을 식품으로 판매하거나 판매할 목적으로 채취 · 수입 · 가공 · 사용 · 조리 · 저장 · 소분 또는 운반하거나 진열하여서는 안 된다.

  *병육 등의 판매를 금지하는 질병(우역, 돼지열병, 양두, 뉴캣슬병, 가금콜레라, 조류인플루엔자, 비저, 살모넬라병, 파스튜렐라병, 패혈증, 구간낭충, 선모충증, 요독증)

「축산물 위생관리법 시행규칙」[별표 3] 도축하는 가축 및 그 식육의 검사기준(제9조 제3항)

총리령 제1611호 일부개정 2020. 04. 16. 검사관은 가축의 검사 결과 다음에 해당되는 가축에 대해서는 도축을 금지하도록 하여야 한다.

(1) 다음의 가축질병에 걸렸거나 걸렸다고 믿을 만한 역학조사 · 정밀검사 결과나 임상증상이 있는 가축

㉮ 우역(牛疫) · 우폐역(牛肺疫) · 구제역(口蹄疫) · 탄저(炭疽) · 기종저(氣腫疽) · 불루텅병 · 리프트계곡열 · 럼프스킨병 · 가성우역(假性牛疫) · 소유행열 · 결핵병(結核病) · 브루셀라병 · 요네병(전신증상을 나타낸 것만 해당한다) · 스크래피 · 소 해면상뇌증(海綿狀腦症 : BSE) · 소류코시스(임상증상을 나타낸 것만 해당한다) · 아나플라즈마병(아나플라즈마 마지나레만 해당한다) · 바베시아병(바베시아 비제미나 및 보비스만 해당한다) · 타이레리아병(타이레리아 팔마 및 에눌라타만 해당한다)

㉯ 돼지열병 · 아프리카돼지열병 · 돼지수포병(水疱病) · 돼지텟센병 · 돼지단독 · 돼지일본뇌염

㉰ 양두(羊痘) · 수포성구내염(水疱性口內炎) · 비저(鼻疽) · 말전염성빈혈 · 아프리카마역(馬疫) · 광견병(狂犬病)

㉱ 뉴캣슬병 · 가금콜레라 · 추백리(雛白痢) · 조류(鳥類)인플루엔자 · 닭전염성후두기관염 · 닭전염성기관지염 · 가금티프스

㉲ 현저한 증상을 나타내거나 인체에 위해를 끼칠 우려가 있다고 판단되는 파상풍・농독증・패혈증・요독증・황달・수종・종양・중독증・전신쇠약・전신빈혈증・이상고열증상・주사반응(생물학적제제에 의하여 현저한 반응을 나타낸 것만 해당한다)
(2) 강제로 물을 먹였거나 먹였다고 믿을 만한 역학조사・정밀검사 결과나 임상증상이 있는 가축

3) 기구와 용기・포장

- 유독・유해물질이 들어 있거나 묻어 있어 인체의 건강을 해칠 우려가 있는 기구 및 용기・포장과 식품 또는 식품첨가물에 직접 닿으면 해로운 영향을 끼쳐 인체의 건강을 해칠 우려가 있는 기구 및 용기・포장을 판매하거나 판매할 목적으로 제조・수입・저장・운반・진열하거나 영업에 사용하여서는 아니 됨
- 판매하거나 영업에 사용하는 기구 및 용기・포장에 관하여 식품의약품안전처장이 고시함(제조방법에 관한 기준, 기구 및 용기・포장과 그 원재료에 관한 규격)
- 수출할 기구 및 용기・포장과 그 원재료에 관한 기준과 규격은 수입자가 요구하는 기준과 규격을 따를 수 있음
- 기준과 규격이 정하여진 기구 및 용기・포장은 그 기준에 따라 제조하여야 하며, 그 기준과 규격에 맞지 아니한 기구 및 용기・포장은 판매하거나 판매할 목적으로 제조・수입・저장・운반・진열하거나 영업에 사용하여서는 아니 됨

4) 공전 및 검사

(1) 공전

식품의약품안전처장은 식품・식품첨가물의 기준・규격・기구 및 용기・포장의 기준・규격 등의 공전을 작성・보급

(2) 위해평가

- 식품의약품안전처장은 국내외에서 유해물질이 함유된 것으로 알려지는 등 위해의 우려가 제기되거나 의심되는 경우에는 그 식품 등의 위해요소를 신속히 평가하여 그것이 위해식품 등인지를 결정

- 위해평가가 끝나기 전까지 국민건강을 위하여 예방조치가 필요한 식품 등에 대하여는 판매하거나 판매할 목적으로 채취 · 제조 · 수입 · 가공 · 사용 · 조리 · 저장 · 소분 · 운반 또는 진열하는 것을 일시적으로 금지할 수 있음

(3) 위해평가 대상

- 국제식품규격위원회 등 국제기구 또는 외국 정부가 인체의 건강을 해칠 우려가 있다고 인정하여 판매하거나 판매할 목적으로 채취 · 제조 · 수입 · 가공 · 사용 · 조리 · 저장 · 소분 · 운반 또는 진열을 금지하거나 제한한 식품 등
- 국내외의 연구 · 검사기관에서 인체의 건강을 해칠 우려가 있는 원료 또는 성분 등이 검출된 식품 등
- 소비자단체 또는 식품 관련 학회가 위해평가를 요청한 식품 등
- 식품위생심의위원회가 인체의 건강을 해칠 우려가 있다고 인정한 식품 등
- 새로운 원료 · 성분 또는 기술을 사용하여 생산 · 제조 · 조합되거나 안전성에 대한 기준 및 규격이 정하여지지 아니하여 인체의 건강을 해칠 우려가 있는 식품

위해평가에서 평가하여야 할 위해요소

- 잔류농약, 중금속, 식품첨가물, 잔류 동물용 의약품, 환경오염물질 및 제조 · 가공 · 조리과정에서 생성되는 물질 등 화학적 요인
- 식품 등의 형태 및 이물(異物) 등 물리적 요인
- 식중독 유발 세균 등 미생물적 요인

위해평가 과정

- 위해요소의 인체 내 독성을 확인하는 위험성 확인과정
- 위해요소의 인체노출 허용량을 산출하는 위험성 결정과정
- 위해요소가 인체에 노출된 양을 산출하는 노출평가과정
- 위험성 확인과정, 위험성 결정과정 및 노출평가과정의 결과를 종합하여 해당 식품 등이 건강에 미치는 영향을 판단하는 위해도결정과정

(4) 식품위생감시원

식품위생감시원의 인력 확보가 곤란하다고 인정될 경우에는 식품위생행정에 종사하는 자 중 소정의 교육을 2주 이상 받은 자에 대하여 그 식품위생행정에 종사하는 기간 동안 식품위생감시

원의 자격을 인정할 수 있음

식품위생감시원의 직무
- 식품 등의 위생적인 취급에 관한 기준의 이행 지도
- 수입 · 판매 또는 사용 등이 금지된 식품 등의 취급 여부에 관한 단속
- 「식품 등의 표시 · 광고에 관한 법률」에 따른 표시 또는 광고기준의 위반 여부에 관한 단속
- 출입 · 검사 및 검사에 필요한 식품 등의 수거
- 시설기준의 적합 여부의 확인 · 검사
- 영업자 및 종업원의 건강진단 및 위생교육의 이행 여부의 확인 · 지도
- 조리사 및 영양사의 법령 준수사항 이행 여부의 확인 · 지도
- 행정처분의 이행 여부 확인
- 식품 등의 압류 · 폐기 등
- 영업소의 폐쇄를 위한 간판 제거 등의 조치
- 영업자의 법령 이행 여부에 관한 확인 · 지도

5) 영업

(1) 영업의 종류(시행령 제21조)

1. 식품제조 · 가공업	식품을 제조 · 가공하는 영업
2. 즉석판매제조 · 가공업	식품을 제조 · 가공업소에서 최종 소비자에게 직접 판매하는 영업
3. 식품첨가물제조업	
4. 식품운반업	• 직업 마실 수 있는 유산균음료(살균유산균 음료 포함) • 어류 · 조개류 및 그 가공품 등 부패 · 변질되기 쉬운 식품을 전문적으로 운반하는 영업
5. 식품소분 · 판매업	① 식품소분업 ② 식품판매업
6. 식품보존업	① 식품조사처리업 ② 식품냉동 · 냉장업
7. 용기 · 포장류제조업	① 용기 · 포장지 제조업 ② 옹기류제조업
8. 식품접객업	① 휴게음식점영업 : 주로 다류(茶類), 아이스크림류 등을 조리 · 판매하거나 패스트푸드점, 분식점 형태의 영업 등 음식류를 조리 · 판매하는 영업으로서 음주행위가 허용되지 아니하는 영업
	② 일반음식점영업 : 음식류를 조리 · 판매하는 영업으로서 식사와 함께 부수적으로 음주행위가 허용되는 영업

8. 식품접객업	③ 단란주점영업 : 주로 주류를 조리·판매하는 영업으로서 손님이 노래를 부르는 행위가 허용되는 영업
	④ 유흥주점영업 : 주로 주류를 조리·판매하는 영업으로서 유흥종사자를 두거나 유흥시설을 설치할 수 있고 손님이 노래를 부르거나 춤을 추는 행위가 허용되는 영업
	⑤ 위탁급식영업 : 집단급식소를 설치·운영하는 자와의 계약에 따라 그 집단급식소에서 음식류를 조리하여 제공하는 영업
	⑥ 제과점영업 : 주로 빵, 떡, 과자 등을 제조·판매하는 영업으로서 음주행위가 허용되지 아니하는 영업

(2) 영업 허가 및 신고업종

구분	업종	기관
영업 허가	식품조사처리업	식품의약품안전처장
	단란주점영업과 유흥주점영업	특별자치시장·특별자치도지사, 시장·군수·구청장
영업 신고	즉석판매제조·가공업	특별자치시장·특별자치도지사, 시장·군수·구청장
	식품운반업	
	식품소분·판매업	
	식품냉동·냉장업	
	용기·포장류제조업	
	휴게음식점영업, 일반음식점영업, 위탁급식영업 및 제과점영업	

(3) 건강진단

- 건강진단을 받은 결과 타인에게 위해를 끼칠 우려가 있는 질병이 있다고 인정된 자는 그 영업에 종사하지 못함
- 영업자는 건강진단을 받지 아니한 자나 건강진단 결과 타인에게 위해를 끼칠 우려가 있는 질병이 있는 자를 그 영업에 종사시키지 못함

건강진단 대상자

- 식품 또는 식품첨가물(화학적 합성품 또는 기구 등의 살균·소독제는 제외한다)을 채취·제조·가공·조리·저장·운반 또는 판매하는 일에 직접 종사하는 영업자 및 종업원
- 건강진단을 받아야 하는 영업자 및 그 종업원은 영업 시작 전 또는 영업에 종사하기 전에 미리 건강진단을 받아야 함

영업에 종사하지 못하는 질병의 종류

- 제1군감염병(콜레라, 장티푸스, 파라티푸스, 세균성이질, 장출혈성대장균감염증, A형간염)
- 결핵(비감염성인 경우는 제외한다)
- 피부병 또는 그 밖의 화농성(化膿性) 질환
- 후천성면역결핍증(2020.9.25. 시행)

(4) 식품위생교육

① 식품위생교육대상 : 대통령령으로 정하는 영업자 및 유흥종사자를 둘 수 있는 식품접객업 영업자의 종업원은 매년 식품위생에 관한 교육을 받아야 함

- 부득이한 사유로 미리 식품위생교육을 받을 수 없는 경우 영업을 시작한 뒤에 식품의약품안전처장이 정하는 바에 따라 식품위생교육을 받을 수 있음
- 교육을 받아야 하는 자가 영업에 직접 종사하지 아니하거나 두 곳 이상의 장소에서 영업을 하는 경우에는 종업원 중에서 식품위생에 관한 책임자를 지정하여 영업자 대신 교육을 받게 할 수 있다. 다만, 집단급식소에 종사하는 조리사 및 영양사(영양사 면허를 받은 사람)가 식품위생에 관한 책임자로 지정되어 교육을 받은 경우에는 식품위생교육을 받은 것으로 봄
- 조리사, 영양사, 위생사면허를 받은 자가 식품접객업을 하는 경우 식품위생교육을 받지 않아도 됨

② 위생교육시간

식품제조 · 가공업, 즉석판매제조 · 가공업, 식품첨가물제조업	8시간
식품운반업 식품소분 · 판매업(식품소분업, 식품판매업(식용얼음판매업, 식품자동판매기영업, 유통전문판매업, 집단급식소 식품판매업, 기타 식품판매업) 식품보존업(식품조사처리업, 식품냉동 · 냉장업) 용기 · 포장류제조업(용기 · 포장지제조업, 옹기류제조업)	4시간
식품접객업(휴게음식점영업, 일반음식점영업, 단란주점영업, 유흥주점영업, 위탁급식영업, 제과점영업)	6시간
집단급식소를 설치 · 운영하려는 자	6시간

(5) 식품 등의 이물 발견보고 등

- 금속성 이물, 유리조각 등 섭취과정에서 인체에 직접적인 위해나 손상을 줄 수 있는 재질 또는 크기의 물질
- 기생충 및 그 알, 동물의 사체 등 섭취과정에서 혐오감을 줄 수 있는 물질
- 그 밖에 인체의 건강을 해칠 우려가 있거나 섭취하기에 부적합한 물질로서 식품의약품안전처장이 인정하는 물질
- 이물 발견 시 식품의약품안전처장, 시 · 도지사 또는 시장 · 군수 · 구청장에게 보고

(6) 위생등급

우수업소	식품의약품안전처장 또는 특별자치시장 · 특별자치도지사 · 시장 · 군수 · 구청장	식품 등의 제조 · 가공업 식품첨가물제조업
모범업소	특별자치시장 · 특별자치도지사 · 시장 · 군수 · 구청장	식품접객업(일반음식점) 또는 집단급식소

(7) 식품안전관리인증기준 대상 식품

식품안전관리인증기준 – 식품의 원료관리 및 제조 · 가공 · 조리 · 소분 · 유통의 모든 과정에서 위해한 물질이 식품에 섞이거나 식품이 오염되는 것을 방지하기 위하여 각 과정의 위해요소를 확인 · 평가하여 중점적으로 관리하는 기준

식품안전관리인증기준 대상 식품	
• 수산가공식품류의 어육가공품류 중 어묵 · 어육소시지 • 기타수산물가공품 중 냉동 어류 · 연체류 · 조미가공품 • 냉동식품 중 피자류 · 만두류 · 면류 • 과자류, 빵류 또는 떡류 중 과자 · 캔디류 · 빵류 · 떡류 • 빙과류 중 빙과 • 음료류(다류(茶類) 및 커피류는 제외) • 레토르트식품	• 절임류 또는 조림류의 김치류 중 김치 • 코코아가공품 또는 초콜릿류 중 초콜릿류 • 면류 중 유탕면 또는 곡분, 전분, 전분질 원료 등을 주원료로 반죽하여 손이나 기계 따위로 면을 뽑아내거나 자른 국수로서 생면 · 숙면 · 건면 • 특수용도식품 • 즉석섭취 · 편의식품류 중 즉석섭취식품 • 즉석섭취 · 편의식품류의 즉석조리식품 중 순대 • 식품제조 · 가공업의 영업소 중 전년도 총 매출액이 100억 원 이상인 영업소에서 제조 · 가공하는 식품

6) 조리사 및 영양사

	조리사	영양사
업종	• 집단급식소 운영자와 대통령령으로 정하는 식품접객업자(복어 조리 판매)	• 집단급식소 운영자는 영양사를 두어야 함
예외	• 집단급식소 운영자나 식품접객영업자 자신이 조리사로서 직접 음식물을 조리하는 경우 • 1회 급식인원 100명 미만의 산업체인 경우 • 영양사가 조리사의 면허를 받은 경우	• 집단급식소 운영자 자신이 영양사로서 직접 영양 지도를 하는 경우 • 1회 급식인원 100명 미만의 산업체인 경우 • 조리사가 영양사의 면허를 받은 경우
업무	• 집단급식소에서의 식단에 따른 조리 업무(식재료의 전처리에서 조리·배식 등의 전 과정을 말한다.) • 구매식품의 검수 지원 • 급식설비 및 기구의 위생·안전 실무 • 그 밖의 조리실무에 관한 사항	• 집단급식소에서의 식단 작성, 검식(檢食) 및 배식관리 • 구매식품의 검수(檢受) 및 관리 • 급식시설의 위생적 관리 • 집단급식소의 운영일지 작성 • 종업원에 대한 영양 지도 및 식품위생교육
기타	• 식품위생 수준 및 자질의 향상을 위하여 필요한 경우 조리사와 영양사에게 교육 • 결격사유 - 정신질환자, 감염병환자(B형간염환자는 제외), 마약이나 그 밖의 약물 중독자, 조리사 면허의 취소처분을 받고 그 취소된 날부터 1년이 지나지 아니한 자	

2 농수산물의 원산지 표시법

1) 총칙

(1) 농수산물의 원산지 표시법에 관한 법의 목적(법 제1조)

- 농산물·수산물이나 그 가공품 등에 대하여 적정하고 합리적인 원산지 표시를 하도록 하여 소비자의 알권리를 보장
- 공정한 거래를 유도함으로써 생산자와 소비자를 보호하는 것을 목적

(2) 용어의 정의

농산물	농업활동으로 생산되는 산물(농업 : 농작물 재배업, 축산업, 임업 및 이들과 관련된 산업)
수산물	어업활동으로부터 생산되는 산물(어업 : 수산동식물을 포획・채취하거나 양식하는 산업, 염전에서 바닷물을 자연증발시켜 처리하는 염산업 및 관련 사업)
농수산물	농산물과 수산물
원산지	농산물이나 수산물이 생산・채취・포획된 국가・지역이나 해역
통신판매	통신판매란 전자상거래로 판매되는 경우

(3) 원산지 표시 대상

① 유통질서의 확립과 소비자의 올바른 선택을 위하여 필요하다고 인정하여 농림축산식품부장관과 해양수산부장관이 공동으로 고시한 농수산물 또는 그 가공품

② 「대외무역법」에 따라 산업통상자원부장관이 공고한 수입 농수산물 또는 그 가공품. 다만, 「대외무역법 시행령」에 따라 원산지 표시를 생략할 수 있는 수입 농수산물 또는 그 가공품은 제외

③ 농수산물 가공품의 원조에 대한 원산지 표시 대상 중 물, 식품첨가물, 주정(酒精) 및 당류(당류를 주원료로 하여 가공한 당류가공품을 포함한다)는 배합비율의 순위와 표시대상에서 제외함

④ 원료 농수산물의 명칭을 제품명 또는 제품명의 일부로 사용하는 경우에는 그 원료 농수산물이 같은 항에 따른 원산지 표시대상이 아니더라도 그 원료 농수산물의 원산지를 표시해야 함.(다만, 원산지 표시대상이 아닌 경우, 부분 단서에 따른 식품첨가물, 주정 및 당류의 원료로 사용된 경우, 표시기준에 따라 원재료명 표시를 생략할 수 있는 경우)

⑤ 농수산물이나 그 가공품을 조리하여 판매・제공하는 경우(조리에는 날것의 상태로 조리하는 것을 포함하며, 판매・제공에는 배달을 통한 판매・제공을 포함)

> **원산지 표시 품목**
> - 쇠고기(식육 · 포장육 · 식육가공품을 포함)
> - 돼지고기(식육 · 포장육 · 식육가공품을 포함)
> - 닭고기(식육 · 포장육 · 식육가공품을 포함)
> - 오리고기(식육 · 포장육 · 식육가공품을 포함)
> - 양고기(식육 · 포장육 · 식육가공품을 포함)
> - 염소(유산양을 포함, 고기(식육 · 포장육 · 식육가공품을 포함)
> - 밥, 죽, 누룽지에 사용하는 쌀(쌀가공품을 포함하며, 쌀에는 찹쌀, 현미 및 찐쌀을 포함)
> - 배추김치(배추김치가공품을 포함한다)의 원료인 배추(얼갈이배추와 봄동 배추를 포함)와 고춧가루
> - 두부류(가공두부, 유바는 제외), 콩비지, 콩국수에 사용하는 콩(콩가공품을 포함)
> - 넙치, 조피볼락, 참돔, 미꾸라지, 뱀장어, 낙지, 명태(황태, 북어 등 건조한 것은 제외), 고등어, 갈치, 오징어, 꽃게 및 참조기(해당 수산물가공품을 포함)
> - 조리하여 판매 · 제공하기 위하여 수족관 등에 보관 · 진열하는 살아 있는 수산물

(4) 원산지 표시를 하여야 하는 자

- 휴게음식점, 일반음식점영업, 위탁급식영업, 단체급식소

3 제조물책임법

1) 총칙

(1) 제조물책임법의 목적

- 제조물의 결함으로 발생한 손해에 대한 제조업자 등의 손해배상책임을 규정
- 피해자 보호를 도모하고 국민생활의 안전 향상과 국민경제의 건전한 발전에 이바지함이 목적

(2) 제조물책임법의 용어

<table>
<tr><th>제조물</th><th colspan="2">제조되거나 가공된 동산</th></tr>
<tr><td rowspan="4">결함</td><td colspan="2">제조상·설계상 또는 표시상의 결함이 있거나 그 밖에 통상적으로 기대할 수 있는 안전성이 결여되어 있는 것</td></tr>
<tr><td>제조상의 결함</td><td>제조업자가 제조물에 대하여 제조상·가공상의 주의의무를 이행하였는지에 관계없이 제조물이 원래 의도한 설계와 다르게 제조·가공됨으로써 안전하지 못하게 된 경우</td></tr>
<tr><td>설계상의 결함</td><td>조업자가 합리적인 대체설계(代替設計)를 채용하였더라면 피해나 위험을 줄이거나 피할 수 있었음에도 대체설계를 채용하지 아니하여 해당 제조물이 안전하지 못하게 된 경우</td></tr>
<tr><td>표시상의 결함</td><td>제조업자가 합리적인 설명·지시·경고 또는 그 밖의 표시를 하였더라면 해당 제조물에 의하여 발생할 수 있는 피해나 위험을 줄이거나 피할 수 있었음에도 이를 하지 아니한 경우</td></tr>
<tr><td>제조업자</td><td colspan="2">• 제조물의 제조·가공 또는 수입을 업(業)으로 하는 자
• 제조물에 성명·상호·상표 또는 그 밖에 식별(識別) 가능한 기호 등을 사용하여 자신을 가목의 자로 표시한 자 또는 가목의 자로 오인(誤認)하게 할 수 있는 표시를 한 자</td></tr>
</table>

(3) 제조물 책임

- 제조업자는 제조물의 결함으로 생명·신체 또는 재산에 손해를 입은 자에게 그 손해를 배상해야 함
- 제조물의 제조업자를 알 수 없는 경우에 그 제조물을 영리 목적으로 판매·대여 등의 방법으로 공급한 자는 손해를 배상

(4) 결함 등의 추정

- 피해자가 제조물을 공급할 당시 해당 제조물에 결함이 있었고 그 제조물의 결함으로 인하여 손해가 발생한 것으로 추정함
- 제조업자가 제조물의 결함이 아닌 다른 원인으로 인하여 그 손해가 발생한 사실을 증명한 경우에는 그러하지 아니함

예상문제 식품위생 관계법규

01 영업을 하려는 자가 받아야 하는 식품위생에 관한 교육시간으로 옳은 것은?

① 식품제조 · 가공업 : 36시간
② 식품운반업 : 12시간
③ 단란주점영업 : 6시간
④ 옹기류제조업 : 4시간

식품위생에 관한 교육시간
- 식품제조 · 가공업 : 8시간
- 식품운반업 : 4시간
- 단란주점영업 : 4시간 → 6시간으로 변경
- 옹기류제조업 : 4시간

02 식품 등의 표시기준상 영양성분에 대한 설명으로 틀린 것은?

① 한 번에 먹을 수 있도록 포장 · 판매되는 제품은 총 내용량을 1회 제공량으로 한다.
② 영양성분함량은 식물의 씨앗, 동물의 뼈와 같은 비가식 부위도 포함하여 산출한다.
③ 열량의 단위는 킬로칼로리로 표시한다.
④ 탄수화물에는 당류를 구분하여 표시하여야 한다.

03 식품위생법상 영업신고를 하여야 하는 업종은?

① 유흥주점영업
② 즉석판매제조 · 가공업
③ 식품조사처리업
④ 단란주점영업

영업허가
- 업종 : 식품조사처리업(식품의약품안전처)/ 단란주점영업, 유흥주점영업(특별자치시장 · 특별자치도지사, 시장 · 군수 · 구청장 영업신고 - 허가 업종 이외에 영업업종은 신고업종(*허가업종만 외우면 됨)

04 식품위생법상에 명시된 식품위생감시원의 직무가 아닌 것은?

① 과대광고 금지의 위반 여부에 관한 단속
② 조리사 및 영양사의 법령 준수사항 이행 여부 확인 및 지도
③ 생산 및 품질관리일지의 작성 및 비치
④ 시설기준 적합 여부의 확인 및 검사

식품위생감시원의 직무
- 식품 등의 위생적인 취급에 관한 기준의 이행 지도
- 수입 · 판매 또는 사용 등이 금지된 식품 등의 취급 여부에 관한 단속
- 표시 또는 광고기준의 위반 여부에 관한 단속
- 출입 · 검사 및 검사에 필요한 식품 등의 수거
- 시설기준의 적합 여부의 확인 · 검사
- 영업자 및 종업원의 건강진단 및 위생교육의 이행 여부의 확인 · 지도
- 조리사 및 영양사의 법령 준수사항 이행 여부의 확인 · 지도
- 행정처분의 이행 여부 확인
- 식품 등의 압류 · 폐기 등
- 영업소의 폐쇄를 위한 간판 제거 등의 조치
- 영업자의 법령 이행 여부에 관한 확인 · 지도

05 식품위생법상 허위표시 · 과대광고로 보지 않는 것은?

① 수입신고한 사항과 다른 내용의 표시 및 광고
② 식품의 성분과 다른 내용의 표시 및 광고
③ 인체의 건전한 성장 및 발달과 건강한 활동을 유지하는 데 도움을 준다는 표현의 표시 및 광고
④ 외국어의 사용 등으로 외국제품으로 혼동할 우려가 있는 표시 및 광고

정답 01. ③ 02. ② 03. ② 04. ③ 05. ③

공인된 사항의 표시는 허위표시, 과대광고, 비방광고 및 과대포장의 범위에 해당되지 않음

06 식품위생법에서 사용하는 '표시'에서 용어의 정의는?

① 식품, 식품첨가물에 기재하는 문자, 숫자를 말한다.
② 식품, 식품첨가물에 기재하는 문자, 숫자 또는 도형을 말한다.
③ 식품, 식품첨가물, 기구 또는 용기, 포장에 기재하는 문자, 숫자를 말한다.
④ 식품, 식품첨가물, 기구 또는 용기, 포장에 기재하는 문자, 숫자 또는 도형을 말한다.

'표시'란 식품, 식품첨가물, 기구 또는 용기, 포장에 기재하는 문자, 숫자 또는 도형을 의미

07 수출을 목적으로 하는 식품 또는 식품첨가물의 기준과 규격은 식품위생법의 규정 외에 어떤 기준과 규격에 의할 수 있는가?

① 수입자가 요구하는 기준과 규격
② 국립검역소장이 정하여 고시한 기준과 규격
③ FDA의 기준과 규격
④ 산업통상자원부장관의 별도 허가를 득한 기준과 규격

08 다음 중 식품위생법상 식품위생의 대상은?

① 식품, 약품, 기구, 용기, 포장
② 조리법, 조리시설, 기구, 용기, 포장
③ 조리법, 단체급식, 기구, 용기, 포장
④ 식품, 식품첨가물, 기구, 용기, 포장

식품위생의 정의
식품, 첨가물, 기구, 용기, 포장을 대상으로 하는 음식에 관한 위생

09 식품접객업소의 조리판매 등에 대한 기준 및 규격에 의한 요리용 칼 · 도마, 식기류의 미생물 규격은? (단, 사용 중의 것은 제외한다)

① 살모넬라 음성, 대장균 양성
② 살모넬라 음성, 대장균 음성
③ 황색포도상구균 양성, 대장균 음성
④ 황색포도상구균 음성, 대장균 양성

10 식품위생법상 식품 등의 위생적 취급에 관한 기준으로 틀린 것은?

① 식품 등의 보관 · 운반 · 진열 시에는 식품 등의 기준 및 규격이 정하고 있는 보존 및 유통기준에 적합하도록 관리하여야 한다.
② 식품 등의 제조 · 가공 · 조리에 직접 사용되는 기계 · 기구 및 음식기는 세척 · 살균하는 등 한상 청결하게 유지 · 관리하여야 하며, 어류 · 육류 · 채소류를 취급하는 칼 · 도마는 공통으로 사용한다.
③ 식품 등의 제조 · 가공 · 조리 또는 포장에 직접 종사하는 자는 위생모를 착용하는 등 개인위생관리를 철저히 하여야 한다.
④ 제조 · 가공(수입품 포함)하여 최소판매 단위로 포장된 식품 또는 식품첨가물을 영업허가 또는 신고하지 아니하고 판매의 목적으로 포장을 뜯어 분할하여 판매하여서는 아니 된다.

정답 06. ④ 07. ① 08. ④ 09. ② 10. ②

11 식품위생법상 용어의 정의에 대한 설명 중 틀린 것은?

① "집단급식소"라 함은 영리를 목적으로 하는 급식시설을 말한다.
② "식품"이라 함은 의약으로 섭취하는 것을 제외한 모든 음식물을 말한다.
③ "표시"라 함은 식품, 식품첨가물, 기구 또는 용기 포장에 기재하는 문자, 숫자 또는 도형을 말한다.
④ "용기 · 포장"이라 함은 식품을 넣거나 싸는 것으로서 식품을 주고받을 때 함께 건네는 물품을 말한다.

> **집단급식소**
> 영리를 목적으로 하지 않고 계속적으로 특정 다수인에게 음식물을 공급하는 기숙사 · 학교 · 후생기관 등의 비영리 급식시설로, 상시 1회 급식인원 50인 이상인 곳

12 판매가 금지되는 동물의 질병을 결정하는 기관은?

① 보건소 ② 관할시청
③ 보건복지부 ④ 관할경찰서

> "보건복지부령이 정하는 질병"이라 함은 리스테리아병 · 살모넬라병 · 파스튜렐라병 · 구간낭충 · 선모충증 등이다.

13 식품위생법상 소비자식품위생감시원의 직무가 아닌 것은?

① 식품접객업을 하는 자에 대한 위생관리 상태 점검
② 유통 중인 식품 등의 허위표시 또는 과대광고 금지 위반 행위에 관한 관할 행정관청에의 신고 또는 자료 제공
③ 식품위생감시원이 행하는 식품 등에 대한 수거 및 검사 지원
④ 영업장소에 대한 위생관리상태를 점검하고, 개선사항에 대한 권고 및 불이행 시 위촉기관에 보고

> **식품위생감시원의 직무**
> - 식품 등의 위생적인 취급에 관한 기준의 이행 지도
> - 수입 · 판매 또는 사용 등이 금지된 식품 등의 취급 여부에 관한 단속
> - 표시 또는 광고기준의 위반 여부에 관한 단속
> - 출입 · 검사 및 검사에 필요한 식품 등의 수거
> - 시설기준의 적합 여부의 확인 · 검사
> - 영업자 및 종업원의 건강진단 및 위생교육의 이행 여부의 확인 · 지도
> - 조리사 및 영양사의 법령 준수사항 이행 여부의 확인 · 지도
> - 행정처분의 이행 여부 확인
> - 식품 등의 압류 · 폐기 등
> - 영업소의 폐쇄를 위한 간판 제거 등의 조치
> - 영업자의 법령 이행 여부에 관한 확인 · 지도

14 식품위생법상 조리사를 두어야 할 영업이 아닌 것은?

① 지방자치단체가 운영하는 집단급식소
② 복어조리 판매업소
③ 식품첨가물 제조업소
④ 병원이 운영하는 집단급식소

> **조리사 및 영양사를 두어야 할 영업**
> - 식품접객업 중 복어를 조리판매하는 영업
> - 국가지방단체, 학교, 병원, 사회복지시설
> - 정부투자기관, 지방공기업법에 의한 지방공사 및 지방공단
> - 특별법에 의하여 설립된 법인 다만, 영양사가 조리사 면허를 받은 경우 별도의 조리사를 두지 않아도 된다.

15 업종별 시설기준으로 틀린 것은?

① 휴게음식점에는 다른 객석에서 내부가 보이도록 하여야 한다.
② 일반음식점의 객실에는 잠금장치를 설치할 수 있다.
③ 일반음식점의 객실 안에는 무대장치, 우주볼 등의 특수조명시설을 설치하여서는 아니 된다.
④ 일반음식점에는 손님이 이용할 수 있는 자동반주장치를 설치하여서는 아니 된다.

정답 11. ① 12. ③ 13. ④ 14. ③ 15. ②

16 조리사가 타인에게 면허를 대여하여 사용하게 한 때 1차 위반 시 행정처분기준은?

① 업무정지 1월 ② 업무정지 2월
③ 업무정지 3월 ④ 면허취소

> **행정처분(영업정지 1월은 30일을 기준한다.)**
> • 소화기 계통의 전염병이 있는 자가 영업에 종사할 경우(영업정지 15일)
> • 영업행위제한 위반(시정명령 → 영업정지 15일 → 영업정지 1월)
> • 조리사(영양사)를 두지 않은 경우(시정명령 → 영업정지 7일 → 영업정지 15일)

17 판매의 목적으로 식품 등을 제조 · 가공 · 소분 · 수입 또는 판매한 영업자는 해당 식품이 식품 등의 위해와 관련이 있는 규정을 위반하여 유통 중인 당해 식품 등을 회수하고자 할 때 회수계획을 보고해야 하는 대상이 아닌 것은?

① 시 · 도지사
② 식품의약품안전처장
③ 보건소장
④ 시장 · 군수 · 구청장

18 식품위생법에 명시된 목적이 아닌 것은?

① 위생상의 위해 방지
② 건전한 유통 · 판매 도모
③ 식품영양의 질적 향상 도모
④ 식품에 관한 올바른 정보 제공

> **식품위생법의 목적**
> 식품으로 인한 위생상의 위해 방지, 식품영양의 질적 향상 도모, 국민보건 향상과 증진에 이바지함

19 식품위생법상 영업에 종사하지 못하는 질병의 종류가 아닌 것은?

① 비감염성 결핵 ② 세균성이질
③ 장티푸스 ④ 화농성질환

> **영업에 종사하지 못하는 질병**
> • 제1종 전염병 중 소화기계 전염병(장티푸스, 콜레라, 파라티푸스, 페스트, 세균성이질 등)
> • 결핵(비전염성은 제외)
> • 피부병, 기타 화농성질환(포도상구균)
> • B형 감염(비활동성 감염은 제외)
> • 후천성면역결핍증(성병에 관한 건강진단을 받아야 하는 영업에 종사하는 자에 한함)

20 식품위생법상 출입 · 검사 · 수거에 대한 설명 중 틀린 것은?

① 관계 공무원은 영업소에 출입하여 영업에 사용하는 식품 또는 영업시설 등에 대하여 검사를 실시한다.
② 관계 공무원은 영업상 사용하는 식품 등을 검사를 위하여 필요한 최소량이라 하더라도 무상으로 수거할 수 없다.
③ 관계 공무원은 필요에 따라 영업에 관계되는 장부 또는 서류를 열람할 수 있다.
④ 출입 · 검사 · 수거 또는 열람하려는 공무원은 그 권한을 표시하는 증표를 지니고 이를 관계인에 내보여야 한다.

> 출입 · 검사 · 수거 등에 관한 사항 중 행정응원의 절차, 비용부담방법, 그 밖의 필요한 사항은 검사를 실시하는 담당공무원이 절차나 비용부담 방법 등을 임의로 정할 수 없으며 대통령령으로 정함

21 식품위생법상 식품위생 수준의 향상을 위하여 필요한 경우 조리사에게 교육받을 것을 명할 수 있는 자는?

① 관할시장
② 보건복지부장관
③ 식품의약품안전처장
④ 관할 경찰서장

정답 16. ② 17. ③ 18. ② 19. ① 20. ② 21. ③

22 식품위생법의 정의에 따른 "기구"에 해당하지 않는 것은?

① 식품 섭취에 사용되는 기구
② 식품 또는 식품첨가물에 직접 닿는 기구
③ 농산품 채취에 사용되는 기구
④ 식품 운반에 사용되는 기구

- 기구 : 식품 또는 식품첨가물에 직접 닿는 기계 · 기구나 그 밖의 물건
- 용기 · 포장 : 식품 또는 식품첨가물을 넣거나 싸는 것으로서 식품 또는 식품첨가물을 주고받을 때 함께 건네는 물품

23 즉석판매제조 · 가공업소 내에서 소비자에게 원하는 만큼 덜어서 직접 최종 소비자에게 판매하는 대상 식품이 아닌 것은?

① 된장 ② 식빵
③ 우동 ④ 어육제품

24 식품위생법상 조리사가 식중독이나 그 밖에 위생과 관련한 중대한 사고 발생의 직무상 책임에 대한 1차 위반 시 행정처분기준은?

① 시정명령 ② 업무정지 1개월
③ 업무정지 2개월 ④ 면허취소

25 보건복지부령이 정하는 위생등급기준에 따라 위생관리상태 등이 우수한 집단급식소를 우수업소 또는 모범업소로 지정할 수 없는 자는?

① 식품의약품안전처장
② 보건환경연구원장
③ 시장
④ 군수

- 우수업소의 지정 : 식품의약품안전처장 또는 특별자치도지사, 시장, 군수, 구청장
- 모범업소의 지정 : 특별자치도지사, 시장, 군수, 구청장

26 식품위생법상 식중독 환자를 진단한 의사는 누구에게 이 사실을 제일 먼저 보고하여야 하는가?

① 보건복지부장관
② 경찰서장
③ 보건소장
④ 관할 시장 · 군수 · 구청장

27 조리사 면허 취소에 해당하지 않는 것은?

① 식중독이나 그 밖에 위생과 관련한 중대한 사고 발생에 직무상의 책임이 있는 경우
② 면허를 타인에게 대여하여 사용하게 한 경우
③ 조리사가 마약이나 그 밖의 약물에 중독된 경우
④ 조리사 면허의 취소처분을 받고 그 취소된 날부터 2년이 지나지 아니한 경우

- 조리사가 식중독 기타 위생상 중대한 사고를 발생할 경우(면허 취소)
- 업무정지 기간 내에 영업할 경우(면허 취소)
- 면허증을 타인에게 대여하여 이를 사용하게 할 경우 (업무정지 2월 → 업무정지 3월 → 면허 취소)

28 식품위생법상 식품 등의 위생적인 취급에 관한 기준이 아닌 것은?

① 식품 등을 취급하는 원료보관실 · 제조가공실 · 조리실 · 포장실 등의 내부는 항상 청결하게 관리하여야 한다.
② 식품 등의 원료 및 제품 중 부패 · 변질되기 쉬운 것은 냉동 · 냉장시설에 보관 · 관리하여야 한다.
③ 유통기한이 경과된 식품 등을 판매하거나 판매의 목적으로 전시하여 진열 · 보관하여서는 아니 된다.
④ 모든 식품 및 원료는 냉장 · 냉동시설에 보관 · 관리하여야 한다.

정답 22. ③ 23. ④ 24. ② 25. ② 26. ④ 27. ④ 28. ④

> 식품 등의 원료 및 제품 중 부패 · 변질되기 쉬운 것은 냉동 · 냉장 시설에 보관 · 관리

29 식품위생법상 허위표시, 과대광고, 비방광고 및 과대포장의 범위에 해당하지 않는 것은?

① 허가 · 신고 또는 보고한 사항이나 수입신고한 사항과 다른 내용의 표시 · 광고
② 제조방법에 관하여 연구하거나 발견한 사실로서 식품학 · 영양학 등의 분야에서 공인된 사항의 표시
③ 제품의 원재료 또는 성분과 다른 내용의 표시 · 광고
④ 제조연월일 또는 유통기한을 표시함에 있어서 사실과 다른 내용의 표시 · 광고

> 식품학 · 영양학 등에서 공인된 내용 외의 표시 및 광고(문헌을 이용하여 정확하게 명시하는 경우는 제외)

30 식품위생법상 "식품을 제조 · 가공 또는 보존하는 과정에서 식품에 넣거나 섞는 물질 또는 식품을 적시는 등에 사용하는 물질"로 정의된 것은?

① 식품첨가물 ② 화학적 합성품
③ 항생제 ④ 의약품

31 식품접객업 조리장의 시설기준으로 적합하지 않은 것은? (단, 제과점영업소와 관광호텔업 및 관광공연장업의 조리장의 경우는 제외한다.)

① 조리장은 손님이 그 내부를 볼 수 있는 구조로 되어야 한다.
② 조리장 바닥에 배수구가 있는 경우에는 덮개를 설치하여야 한다.
③ 조리장 안에는 조리시설, 세척시설, 폐기물 용기 및 손 씻는 시설을 각각 설치하여야 한다.
④ 폐기물 용기는 수용성 또는 친수성 재질로 된 것이어야 한다.

> 폐기물 용기는 오물 악취 등이 누출되지 않도록 뚜껑이 있는 내수서 재질로 된 것이어야 함

32 식품접객업 중 주로 주류를 조리 · 판매하는 영업으로서 유흥종사자를 두지 않고 손님이 노래를 부르는 행위가 허용되는 영업은?

① 휴게음식점영업
② 일반음식점영업
③ 단란주점영업
④ 유흥주점영업

> **단란주점영업**
> 주류 및 안주를 조리, 판매하는 영업으로 손님이 노래를 부르는 것이 허용

33 식품위생행정을 주로 담당하는 부처는?

① 행정안전부
② 식품의약품안전처
③ 산업통상자원부
④ 과학기술정보통신부

> 식품의약품안전처장은 수거한 식품 등의 검사에 관한 사무를 행하게 하기 위하여 그에 필요한 시설을 갖춘 기관을 식품위생검사기관으로 지정

34 식품 등의 표시기준상 열량표시에서 몇 kcal 미만을 "0"으로 표시할 수 있는가?

① 2kcal ② 5kcal
③ 7kcal ④ 10kcal

> 영양성분법 세부 표시방법에서 열량의 단위는 킬로칼로리(kcal)로 표시. 그 값을 그대로 표시하거나 그 값에 가장 가까운 5kcal 단위로 표시하여야 함. 이 경우 5kcal 미만의 경우는 "0"으로 표시할 수 있음

정답 29. ② 30. ① 31. ④ 32. ③ 33. ② 34. ②

제 6 절 공중보건학

1 공중보건학의 개념

1) 공중보건 개념

(1) 공중보건의 개념

① 세계보건기구(WHO)의 정의 : 지역사회에서 사회적 노력을 통하여 질병을 예방하고 생명을 연장하여 건강을 증진하는 기술과 과학

② 윈슬로우(C.E.A Winslow)의 정의 : 공중보건이란 조직적인 지역사회의 공동노력을 통하여 질병을 예방하고 생명을 연장시키며, 신체적 · 정신적 효율을 증진시키는 과학

세계보건기구(WHO)	창설 : 1948년 4월 7일 유엔의 전문기관으로 창설
	위치 : 스위스 제네바
	우리나라 가입 : 1949년 6월 65번째 회원국으로 가입
	역할 : 중앙검역소로서의 업무를 수행하고 연구 자료를 제공 유행병 및 감염병에 대해 후원 회원국의 공중보건 행정을 강화하고 확장하도록 노력

(2) 건강(Health)의 정의

단순한 질병이나 허약의 부재상태만을 의미하는 것이 아니고 육체적, 정신적, 사회적으로 모두 완전한 상태

(3) 공중보건의 대상 및 범위

공중보건의 대상	개인이 아닌 지역사회의 인간집단, 더 나아가서 지역 전체(시 · 군 · 구)
공중보건의 범위	감염병예방학, 환경위생학, 산업보건학, 식품위생학, 모자보건학, 정신보건학, 보건통계학, 학교보건학 등과 같이 광범위하고 다양
공중보건의 역할	환경적 위생 개선, 개인의 위생 교육, 질병의 조기진단과 치료를 위한 의료 및 간호봉사의 조직화, 적실한 생활수준을 보장받을 수 있는 사회제도 구축 및 발전

(4) 공중보건 목적 및 평가지표

공중보건의 목적	질병예방, 건강증진, 수명(생명)연장
공중보건의 평가지표	가장 대표적 지표 : 영아사망률 대표지표 3요소 : 영아사망률, 조사망률(보통사망률), 비례사망지수(50세 이상 사망지수) 기타 지표 : 질병이환율, 모성사망률, 평균수명, 사인별사망률 국가의 건강지표 : 평균수명, 조사망률(보통사망률), 비례사망지수

*영아사망률 : 생후 12개월 미만의 아이로, 영아는 환경악화나 비위생적인 환경에 가장 예민한 시기이므로 영아사망률은 국가의 보건수준을 파악하는 지표

2) 보건행정

(1) 보건행정의 정의

- 공중보건의 목적(질병예방, 건강증진, 생명연장)을 달성하기 위해서 행해지는 기술행정
- 효율적인 보건행정을 위해 보건교육, 보건관계법규, 보건봉사의 3대 방향을 적용・시행한다.

(2) 보건행정의 특징

- 보건행정은 일반 행정에 기술행정을 가미하여 일반 행정보다는 기술행정 중심
- 지방 보건행정조직은 조직편제상 행정안전부 산하에 속하지만 보건에 관한 사항만은 보건복지부에서 관할

(3) 보건행정의 분류

① 일반보건행정 : 보건복지부에서 담당하며 일반주민을 대상으로 한다. 기생충질환, 각종 감염병 등에 대한 예방대책을 관장

예방보건행정	각종 급성 감염병에 대한 방역대책, 결핵, 나병, 기생충질환, 성병, 성인병의 예방과 대책을 담당
모자보건행정	모자보건의 증진과 가족계획의 지도 연구, 국민영양을 개선 지도
위생행정	환경위생행정의 종합계획의 수립과 조정, 생활환경 중 질병 요인을 없앨 목적으로 행하는 상수도 관리, 분뇨처리, 위생업 관리 등과 육류, 우유를 비롯한 기타 식품의 공급과 감독, 공해에 관한 계획과 감독 등을 담당
의무행정	의료행정의 계획수립과 조정, 의료요원의 훈련과 수립계획, 인사, 면허와 자격시험에 관한 사항, 병원 및 보건소에 대한 육성지도, 시설의 보급과 정비를 관장

약무행정	약무행정의 계획수립과 조정, 의약품, 의료기구 등의 생산과 판매에 관한 지도 및 감시, 약제사 면허에 관한 사항, 마약, 독극물, 각성제 등을 단속 지도

② **근로보건행정** : 각 산업체에서 근무하는 근로자를 대상. 작업환경의 질적 향상, 산업재해 예방, 근로자의 건강유지 및 증진, 근로자의 복지시설 관리 및 안전교육 등의 문제 담당

③ **학교보건행정** : 교육부에서 담당하며, 학교급식 등에 관한 사항을 규정함으로써 학교급식 등을 통한 학생의 심신의 건전한 발달을 도모하고 나아가 국민식생활 개선

2 환경위생 및 환경오염 관리

1) 환경위생

(1) 환경위생의 정의

- 환경위생은 인간의 신체발육, 건강 및 생존에 유해한 영향을 끼치거나 끼칠 가능성이 있는 인간의 물리적 생활환경에 있어서의 모든 요소를 통제하는 것
- 쾌적하고 건강한 생활을 영위할 수 있도록 인간의 건강 및 생존에 영향을 주는 물리적 생활환경의 모든 요소를 통제하고 개선하는 것

(2) 환경요소의 분류

자연환경	기후(기온 · 기습 · 기류 · 일광 · 기압) · 공기 · 물 등
인위적 환경	채광 · 조명 · 환기 · 냉방 · 상하수도 · 오물처리 · 곤충 구제 · 공해
사회적 환경	교통 · 인구 · 종교

2) 자연환경

(1) 일광(파장의 순서 : *자외선 → 가시광선 → 적외선)

자외선 = 건강선 = 생명선		• 1,900~4,000Å 일광의 3분류 중 파장이 가장 짧다. • 2,500~2,800Å 범위의 것이 살균력이 가장 강해서 소독에 이용
	장점	• 비타민 D의 형성을 촉진하여 구루병의 예방 가능 • 결핵균 · 디프테리아균 · 기생충 등의 사멸에 효과적 • 피부결핵 및 관절염 치료에 효과적 • 혈액의 재생기능 촉진시키고 신진대사 촉진
	단점	• 피부홍반, 색소침착 등을 일으키며, 심할 경우 피부암 • 결막염, 설안염 등을 유발
가시광선		• 3,900~7,800Å 사이의 파장으로 지상에 가장 많이 도달하는 복사에너지 • 눈의 망막을 자극하여 색채와 명암을 구분
적외선 = 열선		• 파장이 가장 길며(7,800Å 이상), 열선이므로 지상에 열을 주어 기온을 좌우하는 역할(온실효과 유발) • 일사병과 백내장은 이 광선을 너무 많이 받을 때 생기는 것 • 심할 경우 혈관 확장, 홍반, 피부온도의 상승으로 두통, 현기증, 열경련 발생

(2) 온열요소

감가 온도 4요소	감각 온도 3요소	기온	• 쾌적온도 : 18±2℃ • 지상 1.5m 건구온도계로 측정 • 최고온도 오후 2시, 최저온도 일출 전
		기습	• 쾌적습도 : 40~70% • 건조하면 호흡기질환, 습하면 피부질환 유발
		기류	• 쾌적기류 : 1초당 1m 이동할 때(쾌감기류)
	복사열		• 대류를 통해 열이 전달되지 않고 직접 이동하는 열

① 기온역전현상 : 상부기온이 하부기온보다 높을 때, 일반적으로는 고도가 상승할수록 기온이 하강하지만 대기가 안정화되어 공기의 수직 확산이 일어나지 않는 경우 발생 [예 스모그(매연성 성분과 안개가 혼합된 대기오염)일 때 발생]

② 불쾌지수(Discomfort Index) : 기온과 습도에 따라 사람이 불쾌감을 느끼는 정도. 불쾌지수(D · I)가 70이면 10% 정도의 주민이 불쾌감을 느낌. 75이면 50%의 사람이, 80이면 거의 모든 사람이, 86 이상이면 견딜 수 없는 상태

③ 불감기류 : 공기가 0.2~0.5m/sec로 약하게 이동하여, 공기의 흐름이 감지되지 않는 것

(3) 공기

지구를 덮고 있는 공기의 층을 대기라 하며, 대기의 하층부분을 구성하고 있는 기체

① 공기의 조성(0, 1기압)

질소 78% 〉 산소 21% 〉 아르곤 0.9% 〉 탄산가스 0.03~0.04%

질소(N_2)	• 78%(약 4/5)로 공기 중에 가장 많이 조성 • 정상기압에서 인체에 무해 • 고압하에서는 잠함병(잠수병), 저압하에서는 고산병 유발
산소(O_2)	• 21%(약 1/5)로 호흡에 매우 중요 • 산소가 10% 이하일 때는 호흡곤란, 7% 이하일 때는 질식사
이산화탄소(CO_2)	• 0.03~0.04% : 10% 이상일 때는 질식사, 7% 이상일 때는 호흡곤란 • 탄소의 불완전 연소 시에 발생하는 무색, 무미, 무취, 무자극 기체 • 혈중헤모글로빈과 결합력이 산소보다 250배 이상 강해 산소결핍 유도 • 실내공기오염의 지표(8시간 기준 서한량은 0.1% =1,000ppm) *군집독-다수인이 밀집한 곳(극장, 강연장 등)의 실내공기는 화학적 조성이나 물리적 조성의 변화로 인하여 불쾌감, 두통, 현기증, 구토 등의 생리적 이상을 일으키는데 이러한 현상
기타 원소	• 아황산가스(SO_2) : 실외공기(대기오염)의 지표로 사용(호흡곤란, 농작물피해, 금속을 부식, 호흡기계 점막의 염증 유발) • 아르곤(Ar) : 공기 중에 0.9% 존재. 대기 중에 질소, 산소 다음 세 번째로 많음

② 공기의 자정작용

- 공기 자체의 희석작용
- 강우, 강설 등에 의한 세정작용
- 산소(O_2), 과산화수소(H_2O_2), 오존(O_3)에 의한 산화작용
- 일광(자외선)에 의한 살균작용
- 이산화탄소(CO_2)와 산소(O_2)의 교환작용

(4) 물

- 물은 인체의 60~70%를 차지하고 있으며, 성인 하루필요량은 1~2.5ℓ 정도
- 인체 내 물의 10%가 상실되면 신체기능에 이상이 오고, 20% 이상을 상실하면 생명이 위험해짐. 수인성감염병, 각종 기생충 질환, 우치와 반상치 등의 질병을 일으키는 원인

① 물과 수인성 질병

- 물이 오염되어 질병을 유발하는 경우 대부분 소화기계 감염병에 해당
- 물속의 세균은 수중에서는 증가하지 않고 점차 감소하지만 사멸되기까지는 감염력을 가짐

수인성 감염병의 특징	• 환자발생이 폭발적이다. • 2차 환자발생률이 낮다. • 감염병 유행지역과 음료수 사용지역이 일치한다. • 계절에 관계없이 발생 • 성・연령・직업・생활수준에 따른 발생 빈도에 차이가 없다.
수인성 감염병의 종류	콜레라, 장티푸스, 파라티푸스, 세균성이질, 유행성 간염, 살모넬라감염증, 장비브리오균감염증, 장출혈성대장균감염증

② 물과 기타 질병

우치, 충치	불소가 없거나 적게 함유된 물의 장기 음용 시에 발생
반상치	불소가 많은 물의 음용 시에 발생
청색아(blue baby)	질산염이 많이 함유된 물의 음용 시에 발생
설사	황산마그네슘($MgSO_4$)이 다량 함유된 물의 음용 시에 발생

③ 음용수의 소독

음용수의 수질기준	일반 세균	1mℓ 중 100을 넘지 아니할 것
	대장균	대장균은 50mℓ 중에서 검출되지 아니할 것
물의 소독	• 100℃에서 끓이거나 염소소독(수도) 또는 표백분소독(우물) • 우물은 화장실과 최저 20m 이상, 하수관이나 배수로 등으로부터 3m 이상 떨어지도록 • 염소 소독 시의 잔류염소는 0.2ppm을 유지	

음료수 판정기준	
• 대장균은 50mℓ 중에서 검출되지 아니할 것	• 염소이온은 250mℓ/ℓ를 넘지 아니할 것
• 일반세균 수는 1cc 중 100을 넘지 아니할 것	• 암모니아성 질소는 0.5mℓ/ℓ를 넘지 아니할 것
• 무색투명하고 색도 5도, 탁도 2도 이하일 것	• 망간산칼륨 소비량은 10mℓ/ℓ를 넘지 아니할 것
• 소독으로 인한 맛, 냄새 이외의 냄새와 맛이 없을 것	• 증발잔유물은 500mℓ/ℓ를 넘지 아니할 것
• 수소이온농도(pH)는 5.5~8.5이어야 할 것	• 페놀은 0.005mℓ/ℓ 이하일 것
• 시안은 0.01mℓ/ℓ를 넘지 아니할 것	• 경도 300ml/ℓ 이하일 것
• 수은은 0.001mℓ/ℓ를 넘지 아니할 것	
• 질산성 질소는 10mℓ/ℓ를 넘지 아니할 것	

④ 물의 자정작용

- 지표면의 물이 미생물이나 불순물의 물리적, 화학적 및 생물학적 작용으로 안정되어 무해화되는 과정
- 종류 : 침전작용, 희석작용, 자외선에 의한 살균작용, 산화작용, 수중생물에 의한 식균작용

3) 인위적 환경

(1) 채광 · 조명

① 채광

채광	자연조명을 뜻하며 태양광선을 이용하는 것
	• 창의 방향은 남향 • 창의 면적은 방바닥 면적의 1/5~1/7 또는 20~30%, 벽면적의 70%가 적당 • 실내 각 점의 개각은 4~5°, 입사각은 28° 이상이 적당 • 창의 높이는 높을수록 밝으며 천장인 경우에는 보통 창의 3배나 밝은 효과

② 조명

조명	인공광을 이용한 것으로, 간접조명, 반간접조명, 직접조명	
	인공조명 시 고려할 점	• 조도는 작업상 충분할 것 • 광색은 주광색에 가까울 것 • 유해가스 발생이 없을 것 • 조도는 균등하며, 광원은 좌상방에 위치할 것 • 발화나 폭발위험이 없을 것 • 취급이 간편하고 값이 쌀 것
	• 주방 : 조리장의 조(명)도는 50~100럭스(Lux) • 일반사무실 : 700~1,500럭스(Lux)	

③ 부적당한 조명에 의한 피해

- 가성근시(조도가 낮을 때)
- 안정피로(조도 부족이나 눈부심이 심할 때)
- 안구진탕증(부적당한 조명에서 안구가 좌, 우, 상, 하로 흔들리는 현상 : 탄광부)
- 전광성 안염 · 백내장(순간적으로 과도한 조명 : 용접, 고열작업자)
- 작업능률 저하 및 재해 발생

(2) 환기: 자연환기와 인공환기

자연환기	• 실내외의 온도차 · 풍력 · 기체의 확산에 의하여 오염된 실내공기를 자연적으로 환기하는 것 • 일반적으로 실내외의 온도차가 5℃ 이상에서 이루어짐 • 중성대 : 들어오는 공기는 하부로, 나가는 공기는 상부로 이루어지는데 그 중간에 압력이 0인 지대를 중성대(중성대가 천장 가까이에 있으면 환기량이 크다.)라 함
인공환기	• 기계력(환풍기 · 후드장치 등)을 이용한 환기 • 다수인이 밀집한 공간에서 주로 이루어짐(강당, 극장, 밀폐된 사무실 등) • 조리장은 가열조작과 수증기 때문에 고온다습하므로 1시간에 2~3회 정도의 환기가 필요함(환기창은 5% 이상, 이산화탄소 – 실내공기오염지표)

(3) 냉 · 난방

- 냉방 : 실내온도 26℃ 이상 시 필요하며, 외부와의 온도차는 5~7℃ 이내가 적당
- 난방 : 실내온도 10℃ 이하에서 필요

(4) 상 · 하수도

① 상수도의 처리과정 : 침전 → 여과 → 소독

침전	보통침전	• 완속침전법 : 물의 흐름으로 조정하여 침전시킴 • 일반적으로 많은 시간과 넓은 장소가 필요
	약품침전	• 급속침전법 : 황산알루미늄(응집제) 등의 약품을 사용 • 침전되지 않는 부유물에 응집제를 주입하여 침전
여과	완속여과	보통 침전 시 : 사면대치법으로 모래판을 이용
	급속여과	약품 침전 시 : 역류세척법으로 도시에서 사용
소독	• 일반적으로 염소소독을 하며 이때 잔류염소량은 0.2ppm을 유지 • 수영장 제빙용수, 감염병 발생 시 : 0.4ppm	

② 하수도 및 처리과정

하수처리 구조	• 운반하는 시설로서 합류식, 분류식, 혼합식 등의 구조 • 합류식은 가정하수 · 산업폐수 등의 인간용수를 천수(눈 · 비)와 함께 처리하는 방법이며, 시설비가 적고, 하수관이 자연 청소되며 수리와 청소가 용이	
하수처리과정	예비처리 → 본처리 → 오니처리	
	예비처리	침전과정(보통침전, 약품침전)
	본처리	호기성처리(활성오니법 : 가장 진보적인 방법)
	오니처리	혐기성처리(부패조처리법, 임호프탱크법)
하수의 위생검사 (폐수의오염지표)	BOD	사상건조법, 소화법(가장 진보적), 소각법, 퇴비법 등
	COD	생물학적 산소요구량 : 유기물량이 30ppm 이하
	DO	화학적 산소요구량 : 유기물이 산회될 때 소비된 산소량
	SS	용존산소량 : 용존산소가 5ppm 이상일 것

(5) 오물처리

분뇨처리	• 화장실 · 운반 · 종말처리의 3단계 • 분뇨의 종말처리 방법으로는 가온식 소화처리의 경우 28℃에서 1개월 정도, 무가온식 종말처리 시에는 2개월 이상 실시 • 토비로 사용할 경우에는 충분한 부숙기간(여름 : 1개월, 겨울 : 3개월)	
진개처리	• 가정에서 나오는 진개(주개와 잡개를 분류하여 2분 처리) • 공장 및 공공건물의 진개	
	매립법	매립 시는 진개의 두께가 2m를 초과하지 말아야 하며, 복토의 두께는 60cm~1m 정도가 적당
	소각법	가장 위생적인 방법이나 대기오탁의 원인
	비료화법 (퇴비화법)	유기물이 많은 쓰레기를 발효시켜 비료로 이용

(6) 위생해충 및 쥐의 구제(구충 · 구서)

구충 · 구서의 일반원칙	• 발생원 및 서식처 제거 • 광범위하게 한번에 실시 • 발생 초기에 실시 • 생태, 습성에 따라 실시

4) 환경오염

환경오염의 종류	• 대기오염 • 수질오염 • 소음, 진동, 악취, 산업폐수, 오염, 방사선오염
환경오염의 특성	• 다양화 : 산업기술이 다양해짐에 따라 그 종류와 원인이 많아짐 • 누적화 : 공장이나 인구의 집중으로 환경오염의 누적화 현상 • 다발화 : 대도시 주변의 공장이나 인구의 집중으로 도시소음이 빈번 • 광역화 : 산업개발이 무계획적으로 확대됨에 따라 도시, 농촌의 구분 없이 환경오염이 확대

(1) 대기오염

대기오염원	공장, 자동차의 배기가스, 가정의 굴뚝, 매연, 공사장의 분진
대기오염물질	아황산가스, 일산화탄소, 질소산화물, 옥시탄트(광화학 스모그 현상)분진 · 자동차배기가스와 각종 입자상 · 가스상 물질
대기오염의 피해	• 인체에 대한 영향(호흡기계 질병 유발) • 식물의 고사(유황 산화물) • 자연환경 악화(산성비, 오존층의 파괴, 온실효과, 지구온난화) • 재산적 · 경제적 손실(금속물질의 부식, 건축물의 부식 등)

(2) 수질오염

수은(Hg) 중독	• 미나마타병(증상 : 지각이상, 언어장애, 시력약화 등) • 공장폐수에 함유된 수은에 의한 중독
카드뮴(Cd) 중독	• 이타이이타이병(증상 : 골연화증, 신경기능장애, 단백뇨 등) • 아연, 납, 광산의 폐수에 의한 농작물로 카드늄 섭취에 의한 중독
PCB 중독	• 미강유 제조 시 가열매체인 PCB의 혼입으로 발생 • 식욕부진, 구토, 체중감소, 흑피증 등

3 역학 및 감염병 관리

1) 질병 발생의 감염병 관리

(1) 감염병 발생의 3대 요인

감염원 (병원체, 병원소)	• 질적·양적으로 질병을 일으킬 수 있을 정도로 충분 • 병원체 : 세균, 바이러스 리케차, 진균, 기생충 등 • 병원소 : 인간, 동물, 토양, 먼지 등 • 감염원 대책 : 환자, 보균자 격리
환경 (감염경로)	• 병원체에 감염될 수 있는 환경조건이 구비되어야 가능 • 개달물 : 물, 우유, 식품, 공기, 토양 등을 제외한 모든 비활성 매체로 환자가 사용한 의복, 침구, 완구, 책 등 • 감염경로 대책 : 소독을 철저히
숙주의 감수성	• 병원체에 대한 면역성이 없고, 감수성*이 있어야 함 • 숙주 감수성 대책 : 면역성을 키우고 예방접종 실시

*감수성 : 숙주에 침입한 병원체에 대항하여 감염이나 발병을 저지할 수 없는 상태

(2) 질병의 종류

① 원인별 분류

선천성 (양친에게 감염, 유전)	비감염성 질병	혈우병, 정신분열, 정신박약, 색맹
	감염성 질병	매독, 두창, 풍진
병원성 미생물 감염	각종 감염병	
부적절한 식습관	비만증, 관상동맥, 고혈압, 당뇨병, 심장질환, 빈혈 등	
공해로 인한 질병	미나마타병, 이타이이타이병, 기관지천식, 폐기종 등	

② 침입경로에 따른 분류

호흡기계 침입 (비말감염, 진애감염)	디프테리아	인후, 코 등의 상피조직에 국소적 염증, 호흡곤란을 일으키는 것이 특징
	백일해	9세 이하의 소아에 많이 발생하며, DPT를 이용
	천연두(두창)	겨울에 유행하며 발열, 전신 발진, 두통 등이 특징으로 선진국에서는 근절된 감염병
	유행성 이하선염	이하선이나 고환에 염증을 일으킨다. 예방접종은 없으며, 환자의 격리가 중요
	풍진	유행성 이하선염과 비슷하며, 특히 임신 초기에 이환되면 기형아를 낳을 가능성이 있는 질병
	성홍열	직접 호흡접촉으로 인하여 일어나며 편도선염, 발진, 고열이 특징 환자의 격리가 필요
소화기계 침입 (경구감염)	장티푸스	우리나라에서 가장 발병률이 높은 감염병으로 고열이 특징 환자 및 보균자 색출, 환자관리, 분뇨, 물, 음식물, 파리 구제 등 환경위생의 관리, 철저한 예방접종
	콜레라	심한 위장 장애가 특징이며, 예방은 장티푸스와 같음
	세균성이질	대장 점막에 궤양을 일으켜 발열, 점액성 혈변 장티푸스와 동일하지만 예방접종이 없음
	파라티푸스	장티푸스와 증세가 비슷하지만 경과기간이 짧음
	소아마비	중추 신경계의 마비가 특징이다. 철저한 환경위생과 예방접종 중요(=폴리오, 급성 회백수염)
	유행성 간염	황달이 특징이다. 분변을 통하여 음식물에 오염되어 경구적으로 침입하거나 수혈을 통해 감염
경피침입	일본뇌염, 페스트, 발진티푸스, 매독, 나병	

③ 검역 감염병

외래감염병의 국내침입을 막기 위해 정해진 검역 질병[콜레라, 페스트, 황열, 중증급성호흡기증후군(SARS), 동물인플루엔자인체감염증(MERS), 신종인플루엔자감염증, 에볼라바이러스병, 그 밖의 감염병으로 외국에서 국내 유입우려가 있거나 외국으로 번질 우려가 있는 감염병]

- 콜레라 : 120시간(5일)
- 페스트 : 144시간(6일)
- 황열 : 144시간(6일)
- 중증급성호흡기증후군(SARS) : 10일
- 동물인플루엔자인체감염증 : 10일
- MERS 신종인플루엔자 : 최대잠복기까지

④ 인수공통감염병

사람과 사람 이외의 동물 사이에서 동일한 병원체에 의해 발생하는 감염병 중 보건복지부장관이 고시하는 감염병

- 결핵 : 소
- 탄저 · 비저 : 양, 말
- 광견병(공수병) : 개 · 고양이 · 너구리 · 오소리 외
- 페스트 : 쥐
- 살모넬라증 · 돈단독 · 선모충
- 야토병 : 다람쥐, 쥐, 토끼
- 브루셀라 : 소, 양, 돼지
- Q열(Q Fever) : 포유류, 절지동물, 진드기

⑤ 법정 감염병의 분류 및 종류와 기준

1. 법정 감염병의 분류 및 종류

분류	제1급 감염병(17종)	제2급 감염병(20종)	제3급 감염병(26종)	제4급 감염병(23종)
감염병의 종류	가. 에볼라바이러스병 나. 마버그열 다. 라싸열 라. 크리미안콩고출혈열 마. 남아메리카출혈열 바. 리프트밸리열 사. 두창 아. 페스트 자. 탄저 차. 보툴리눔독소증 카. 야토병 타. 신종감염병증후군 파. 중증급성호흡기증후군(SARS) 하. 중동호흡기증후군(MERS) 거. 동물인플루엔자 인체감염증 너. 신종인플루엔자 더. 디프테리아	가. 결핵 나. 수두 다. 홍역 라. 콜레라 마. 장티푸스 바. 파라티푸스 사. 세균성이질 아. 장출혈성대장균감염증 자. A형간염 차. 백일해 카. 유행성이하선염 타. 풍진 파. 폴리오 하. 수막구균 감염증 거. b형헤모필루스인플루엔자 너. 폐렴구균 감염증 더. 한센병 러. 성홍열	가. 파상풍 나. B형간염 다. 일본뇌염 라. C형간염 마. 말라리아 바. 레지오넬라증 사. 비브리오패혈증 아. 발진티푸스 자. 발진열 차. 쯔쯔가무시증 카. 렙토스피라증 타. 브루셀라증 파. 공수병 하. 신증후군출혈열 거. 후천성면역결핍증(AIDS) 너. 크로이츠펠트-야콥병(CJD) 및 변종크로이츠펠트-야콥병(vCJD) 더. 황열 러. 뎅기열	가. 인플루엔자 나. 매독 다. 회충증 라. 편충증 마. 요충증 바. 간흡충증 사. 폐흡충증 아. 장흡충증 자. 수족구병 차. 임질 카. 클라미디아감염증 타. 연성하감 파. 성기단순포진 하. 첨규콘딜롬 거. 반코마이신내성장알균(VRE) 감염증 너. 메티실린내성황색포도알균(MRSA) 감염증 더. 다제내성녹농균(MRPA) 감염증

분류	제1급 감염병(17종)	제2급 감염병(20종)	제3급 감염병(26종)	제4급 감염병(23종)
감염병의 종류		머. 반코마이신내성황색포도알균(VRSA) 감염증 버. 카바페넴내성장내세균속 균종(CRE) 감염증	머. 큐열 버. 웨스트나일열 서. 라임병 어. 진드기매개뇌염 저. 유비저 처. 치쿤구니야열 커. 중증열성혈소판감소증후군(SFTS) 터. 지카바이러스 감염증	러. 다제내성아시네토박터바우마니균(MRAB) 감염증 머. 장관감염증 버. 급성호흡기감염증 서. 해외유입기생충감염증 어. 엔테로바이러스감염증 저. 사람유두종바이러스 감염증
감시	전수	전수	전수	표본
신고주기	즉시	24시간 이내	24시간 이내	7일 이내

2. 법정 감염병의 분류기준

법정 감염병 분류	분류기준
제1급 감염병	생물테러감염병 또는 치명률이 높거나 집단 발생의 우려가 커서 발생 또는 유행 즉시 신고하고 음압격리가 필요한 감염병
제2급 감염병	전파가능성을 고려하여 발생 또는 유행 시 24시간 이내에 신고하고 격리가 필요한 감염병
제3급 감염병	발생 또는 유행 시 24시간 이내에 신고하고 발생을 계속 감시할 필요가 있는 감염병
제4급 감염병	제1급~제3급 감염병 외에 유행 여부를 조사하기 위해 표본감시 활동이 필요한 감염병

2) 질병 발생의 감염병 관리감수성 대책

(1) 면역력 증가

질병이 체내에 침입하면 방어할 수 있는 능력을 키워주는 것

(2) 면역의 종류

선천적 면역	종속면역, 인종면역, 개인 특이성		
후천적 면역	능동면역	자연능동면역	질병 감염 후 획득한 면역
		인공능동면역	예방접종으로 획득한 면역
	수동면역	자연수동면역	모체로부터 얻은 면역
		인공수동면역	병을 앓고 난 후 혈청제제의 접종으로 획득되는 면역

예상 문제 공중보건학

01 WHO 보건헌장에 의한 건강의 정의는?

① 질병이 걸리지 않은 상태
② 육체적으로 편안하며 쾌적한 상태
③ 육체적, 정신적, 사회적 안녕의 완전한 상태
④ 허약하지 않고 심신이 쾌적하며 식욕이 왕성한 상태

건강의 정의
단순한 질병이나 허약의 부재상태만을 의미하는 것이 아니고 육체적, 정신적, 사회적으로 모두 완전한 상태

02 국가의 보건수준이나 생활수준을 나타내는 데 가장 많이 이용되는 지표는?

① 병상이용률
② 의료보험 수혜자 수
③ 영아사망률
④ 조출생률

공중보건의 평가지표
- 대표적 지표 – 영아사망률
- 대표지표 3요소 – 영아사망률, 조사망률, 비례사망지수
- 국가의 건강지표 – 평균수명 조사망률(보통사망률), 비례사망지수

03 세계보건기구(WHO)의 중요 기능이 아닌 것은?

① 개인의 정신보건 향상
② 회원국에 대한 기술지원 및 자료공급
③ 전문가 파견에 의한 기술자문 활동
④ 국제적인 보건사업의 지휘 및 조정

세계보건기구의 주요 기능
- 국제적인 보건사업의 지휘 및 조정
- 회원국에 대한 기술지원 및 자료 공급
- 전문가 파견에 의한 기술 자문활동

04 건강의 3요소와 거리가 먼 것은?

① 환경 ② 개인의 생활습관
③ 유전 ④ 피부색

건강의 3요소
환경, 유전, 개인의 생활습관

05 법정 3군감염병이 아닌 것은?

① 결핵 ② 세균성이질
③ 한센병 ④ 에이즈

법정 3군감염병
말라리아, 결핵, 한센병, 성병, 성홍열, 탄저병, 공수병, 인플루엔자, 비브리오패혈증, 발진티푸스, 후천성면역결핍증

06 접촉감염지수가 가장 높은 질병은?

① 유행성이하선염 ② 홍역
③ 성홍열 ④ 디프테리아

07 소음으로 인한 피해와 거리가 먼 것은?

① 불쾌감 및 수면장애
② 작업능률 저하
③ 위장기능 저하
④ 맥박과 혈압의 저하

08 모성사망률에 관한 설명으로 옳은 것은?

① 임신, 분만과 관계되는 질병 및 합병증에 의한 사망률
② 임신 4개월 이후의 사태아 분만율
③ 임신 중에 일어난 모든 사망률

정답 01. ③ 02. ③ 03. ① 04. ④ 05. ② 06. ② 07. ④ 08. ①

④ 임신 28주 이후 사산과 생후 1주 이내 사망률

영아사망률
생후 12개월 미만의 아이로, 영아는 환경악화나 비위생적인 환경에 가장 예민한 시기이므로 영아사망률은 국가의 보건수준을 파악하는 지표

09 진개처리법과 가장 거리가 먼 것은?

① 매립법 ② 소각법
③ 비료화법 ④ 활성슬러지법

진개처리 방법
매립법, 소각법, 비료화법(퇴비화법)

10 직업병과 관련 원인의 연결이 틀린 것은?

① 잠함병 - 자외선
② 난청 - 소음
③ 진폐증 - 석면
④ 미나마타병 - 수은

직업병의 종류

고열환경	열중증(열경련증 · 열허탈증 · 열쇠약증 · 열사병)
저온환경	참호족염, 동상, 동창
고압환경	잠함병
저압환경	고산병
조명불량	안구진탕증 · 근시 · 안정피로
소 음	직업성 난청
분 진	진폐증 - 규폐증(유리규산), 석면폐증(석면), 활석폐증(활석)
방사선	조혈기능장애, 피부점막의 궤양과 암 형성, 생식기 장애
납(Pb)중독	연연, 연빈혈, 연산통, 뇨중의 코프로피린 검출
수은(Hg)중독	미나마타병(언어장애, 신장독, 위장장애, 보행곤란)
크롬(Cr)중독	비염, 인두염, 기관지염
카드늄(Cd) 중독	이타이이타이병(폐기종, 신장애, 단백뇨, 골연화)

11 고온작업환경에서 작업할 경우 말초혈관의 순환장애로 혈관신경의 부조절, 심박출량 감소가 생길 수 있는 열중증은?

① 열허탈증 ② 열경련
③ 열쇠약증 ④ 울열증

12 먹는 물에서 다른 미생물이나 분변오염을 추측할 수 있는 지표는?

① 증발잔류량 ② 탁도
③ 경도 ④ 대장균

음용수 판정기준(먹는 물 판정기준)
- 대장균은 50mℓ 중에서 검출되지 아니할 것(*대장균-분변오염의 지표)
- 일반세균 수는 1cc 중 100을 넘지 아니할 것
- 무색투명하고 색도 5도, 탁도 2도 이하일 것
- 소독으로 인한 맛, 냄새 이외의 냄새와 맛이 없을 것
- 수소이온농도(pH)는 5.5~8.5이어야 할 것
- 시안은 0.01mℓ/ℓ를 넘지 아니할 것
- 수은은 0.001mℓ/ℓ를 넘지 아니할 것

13 다음 중 병원체가 세균인 질병은?

① 폴리오 ② 백일해
③ 발진티푸스 ④ 홍역

세균성(bacteria)전염병
- 소화기계 전염병 : 콜레라, 세균성이질, 장티푸스, 파라티푸스 등
- 호흡기계 전염병 : 결핵, 나병, 성홍열, 백일해 등

14 기온역전현상의 발생 조건은?

① 상부기온이 하부기온보다 낮을 때
② 상부기온이 하부기온보다 높을 때
③ 상부기온과 하부기온이 같을 때
④ 안개와 매연이 심할 때

기온역전현상
상부기온이 하부기온보다 높을 때, 일반적으로는 고도가 상승할수록 기온이 하강하지만 대기가 안정화되어 공기의 수직 확산이 일어나지 않는 경우 발생
예 스모그(매연성 성분과 안개가 혼합된 대기오염)일 때 발생

정답 09. ④ 10. ① 11. ① 12. ④ 13. ② 14. ②

15 세균성이질을 앓고 난 아이가 얻는 면역에 대한 설명으로 옳은 것은?

① 인공면역을 획득한다.
② 수동면역을 획득한다.
③ 영구면역을 획득한다.
④ 면역이 거의 획득되지 않는다.

> • 인공 수동면역 : 병을 앓고 난 후 혈청제제의 접종으로 획득되는 면역
> • 세균성이질 : 소화기계 감염병으로 면역성이 형성되지 않음

16 쥐와 관계가 가장 적은 감염병은?

① 페스트
② 신증후군출혈열(유행성출혈열)
③ 발진티푸스
④ 렙토스피라증

> 쥐
> 페스트, 서교증, 재귀열, 발진열, 유행성출혈열, 쯔쯔가무시병, 와일씨병

17 다수인이 밀집한 장소에서 발생하며 화학적 조성이나 물리적 조성의 큰 변화를 일으켜 불쾌감, 두통, 권태, 현기증, 구토 등의 생리적 이상을 일으키는 현상은?

① 빈혈　② 일산화탄소 중독
③ 분압현상　④ 군집독

> 군집독의 원인으로는 산소 부족, 이산화탄소 증가, 고온, 고습, 기류 상태에서 유해 가스 및 취기 등에 의해 복합적으로 발생

18 작업장의 조명 불량으로 발생될 수 있는 질환이 아닌 것은?

① 안구진탕증　② 안정피로
③ 결막염　④ 근시

> 조명 불량 시
> 안구진탕증, 근시, 안정피로

19 하수 오염도 측정 시 생화학적 산소요구량(BOD)을 결정하는 가장 중요한 인자는?

① 물의 경도　② 수중의 유기물량
③ 하수량　④ 수중의 광물질량

> 하수의 위생검사(폐수의 오염지표)
> • 생물화학적 산소요구량(BOD) 측정 : 유기물량이 30ppm 이하
> • 용존산소량(DO) 측정 : 용존산소가 5ppm 이상일 것
> • 화학적 산소요구량(COD) : 유기물이 산화될 때 소비된 산소량
> • 부유물질(SS) : 현탁물질입자로 70ppm 이하

20 하천수에 용존산소가 적다는 것은 무엇을 의미하는가?

① 유기물 등이 잔류하여 오염도가 높다.
② 물이 비교적 깨끗하다.
③ 오염과 무관하다.
④ 호기성 미생물과 어패류의 생존에 좋은 환경이다.

21 실내공기의 오염지표로 사용하는 기체와 그 서한량이 바르게 짝지어진 것은?

① CO - 0.1%　② SO_2 - 0.01%
③ CO_2 - 0.1%　④ NO_2 - 0.01%

> 이산화탄소(CO_2)
> 실내공기 오염을 판정하는 지표로 사용되며 허용한계는 0.1%(1,000ppm)

22 다음 설명 중 맞는 것은?

① 사람은 호흡 시 산소를 체외로 배출하고, 이산화탄소를 체내로 흡입한다.
② 수중에서 작업하는 사람은 이상기압으로 인해 참호족에 걸린다.
③ 조리장에서 작업 시 적절한 환기가 필요하다.
④ 정상공기는 주로 수소와 이산화탄소로 구성되어 있다.

정답 15. ④ 16. ③ 17. ④ 18. ③ 19. ② 20. ① 21. ③ 22. ③

23 소음의 측정단위인 dB(decibel)은 무엇을 나타내는 단위인가?

① 음압 ② 음속
③ 음파 ④ 음역

> 소음이란 일상생활을 영위하는 시끄러운 소리 또는 듣기 싫은 소리(90dB(데시벨) 이상에서는 난청을 일으킴(데시벨-음압)

24 자외선의 작용과 거리가 먼 것은?

① 피부암 유발 ② 안구진탕증 유발
③ 살균작용 ④ 비타민 D 형성

> 자외선은 비타민 D의 형성을 촉진하여 구루병을 예방할 수 있으며, 일광의 살균력은 대체로 자외선 때문이다. 특히 2,500 ~2,800Å(옴스트롱) 범위의 자외선이 살균력이 가장 강함

25 환자나 보균자의 분뇨에 의해서 감염될 수 있는 경구감염병은?

① 장티푸스 ② 결핵
③ 인플루엔자 ④ 디프테리아

> **경구감염병(소화기계 침입)**
> 장티푸스, 콜레라, 세균성이질, 파라티푸스, 유행성간염

26 과량조사 시에 열사병의 원인이 될 수 있는 것은?

① 마이크로파 ② 적외선
③ 자외선 ④ 엑스선

> **적외선**
> 파장이 가장 길며(7,800Å 이상), 열선이므로 지상에 열을 주어 기온을 좌우하며, 일사병과 백내장은 이 광선을 너무 많이 받을 때 생김

27 칼슘(Ca)과 인(P)이 소변 중으로 유출되는 골연화증 현상을 유발하는 유해 중금속은?

① 납 ② 카드뮴
③ 수은 ④ 주석

> 카드뮴중독 : 이타이이타이병(증상: 골연화증)

28 실내 공기오염의 지표로 이용되는 기체는?

① 산소 ② 이산화탄소
③ 일산화탄소 ④ 질소

29 감염병 중에서 비말감염과 관계가 먼 것은?

① 백일해 ② 디프테리아
③ 발진열 ④ 결핵

> **호흡기계 전염병 (비말감염)**
> 디프테리아, 결핵, 천연두(두창), 성홍열, 백일해, 유행성이하선염, 풍진

30 환경위생의 개선으로 발생이 감소되는 감염병과 가장 거리가 먼 것은?

① 장티푸스 ② 콜레라
③ 이질 ④ 인플루엔자

31 우리나라의 법정 감염병이 아닌 것은?

① 말라리아
② 유행성이하선염
③ 매독
④ 기생충

32 수인성 전염병의 역학적 유행특성이 아닌 것은?

① 환자 발생이 폭발적이다.
② 잠복기가 짧고 치명률이 높다.
③ 성별과 나이에 거의 무관하게 발생한다.
④ 급수지역과 발병지역이 거의 일치한다.

> **수인성 전염병의 특징**
> • 환자 발생이 폭발적
> • 2차 환자발생률이 낮음
> • 전염병 유행지역과 음료수 사용지역이 일치
> • 계절에 관계없이 발생
> • 성 · 연령 · 직업 · 생활수준에 따른 발생 빈도에 차이가 없다.

정답 23. ① 24. ② 25. ① 26. ② 27. ② 28. ② 29. ③ 30. ④ 31. ④ 32. ②

33 지역사회나 국가사회의 보건수준을 나타낼 수 있는 가장 대표적인 지표는?

① 모성사망률 ② 평균수명
③ 질병이환율 ④ 영아사망률

34 자외선에 의한 인체 건강 장해가 아닌 것은?

① 설안염 ② 피부암
③ 폐기종 ④ 결막염

35 고열장해로 인한 직업병이 아닌 것은?

① 열경련 ② 일사병
③ 열쇠약 ④ 참호족

> **고열환경**
> 열중증(열경련증 · 열허탈증 · 열쇠약증 · 열사병)

36 감수성지수(접촉감염지수)가 가장 높은 감염병은?

① 폴리오
② 홍역
③ 백일해
④ 디프테리아

> **감수성지수**
> 미감염자에게 병원체가 침입했을 때 발병하는 비율을 의미하는 것으로 감수성이 높으면 면역성이 낮으므로 질병이 발생되기 쉽다.
> • 천연두, 홍역 – 95% • 백일해 – 60~90%
> • 성홍열 – 40% • 디프테리아 – 10%
> • 소아마비(폴리오) – 0.1%

37 이타이이타이병과 관계있는 중금속 물질은?

① 수은(Hg)
② 카드뮴(Cd)
③ 크롬(Cr)
④ 납(Pb)

38 다음의 상수처리 과정에서 가장 마지막 단계는?

① 급수 ② 취수
③ 정수 ④ 도수

> **상수도의 처리과정**
> 침전 → 여과 → 소독 → 급수

39 규폐증에 대한 설명으로 틀린 것은?

① 먼지 입자의 크기가 0.5~5.0㎛일 때 잘 발생한다.
② 대표적인 진폐증이다.
③ 암석가공업, 도자기 공업, 유리제조업의 근로자들에게 주로 많이 발생한다.
④ 일반적으로 위험요인에 노출된 근무 경력 1년 이후부터 자각 증상이 발생한다.

> **진폐증**
> 규폐증(유리규산), 석면폐증(석면), 활석폐증(활석)

40 공중보건학의 목표에 관한 설명으로 틀린 것은?

① 건강 유지
② 질병 예방
③ 질병 치료
④ 지역사회 보건수준 향상

> **공중보건의 목적**
> 질병 예방, 건강 증진, 수명(생명) 연장

41 생백신(live vaccine)을 사용하는 예방접종으로 면역이 되는 질병은?

① 파상풍 ② 콜레라
③ 폴리오 ④ 백일해

> • 인공능동면역 : 예방접종으로 획득한 면역
> • 기본접종 : BCG(결핵예방접종) : 생후 4주 이내에 접종, 경구용소아마비, DPT, 홍역, 볼거리, 풍진, 일본뇌염

42 소음의 측정단위는?

① dB ② kg
③ Å ④ ℃

> **소음측정 단위**
> dB(데시벨)–음압측정

정답 33. ④ 34. ③ 35. ④ 36. ② 37. ② 38. ① 39. ④ 40. ③ 41. ③ 42. ①

43 인수공통감염병으로 그 병원체가 세균인 것은?

① 일본뇌염 ② 공수병
③ 광견병 ④ 결핵

> **자외선**
> 일광의 살균력은 대체로 자외선 때문이며 특히 2,500~2,800Å 범위의 살균력이 가장 강함. 결핵균 · 디프테리아균 · 기생충 등의 사멸에 효과적. 비타민 D의 형성을 촉진

44 음식물이나 식수에 오염되어 경구적으로 침입되는 감염병이 아닌 것은?

① 유행성이하선염
② 파라티푸스
③ 세균성이질
④ 폴리오

> **소화기계감염병(경구감염)**
> 음식물, 식수 등으로 감염
> 장티푸스, 콜레라, 세균성이질, 파라티푸스, 폴리오(급성회백수염), 유해성간염

45 적외선에 속하는 파장은?

① 200nm ② 400nm
③ 600nm ④ 800nm

> • 자외선 : 2,500 ~2,800Å
> • 적외선 : 파장이 가장 길며(7,800Å 이상)
> • 가시광선 : 자외선과 적외선 사이

46 하수오염 조사 방법과 관련이 없는 것은?

① THM의 측정 ② COD의 측정
③ DO의 측정 ④ BOD의 측정

하수의 위생검사 (폐수의 오염지표)	BOD	생물학적 산소요구량 – 유기물량이 30ppm 이하
	COD	화학적 산소요구량 – 유기물이 산화될 때 소비된 산소량
	DO	용존산소량 – 용존산소가 5ppm 이상일 것
	SS	부유물질(=현탁물질) – 입자로 70ppm 이하

47 다음 중 가장 강한 살균력을 갖는 것은?

① 적외선 ② 자외선
③ 가시광선 ④ 근적외선

48 호흡기계 감염병이 아닌 것은?

① 폴리오 ② 홍역
③ 백일해 ④ 디프테리아

> **호흡기계 전염병**
> 디프테리아, 결핵, 천연두(두창), 성홍열, 백일해, 유행성이하선염, 풍진

49 하수처리방법 중 혐기성 분해처리에 해당하는 것은?

① 부패조
② 활성오니법
③ 살수여과법
④ 산화지법

> **혐기성처리**
> 부패조처리법, 임호프탱크법

50 감각온도의 3요소가 아닌 것은?

① 기온 ② 기습
③ 기류 ④ 기압

> **감각온도의 3요소**
> 기온, 기습, 기류

51 인수공통감염병에 속하지 않는 것은?

① 광견병
② 탄저
③ 고병원성조류인플루엔자
④ 백일해

> **인수공통감염병(인축공동감염병)**
> 소(결핵), 탄저 · 비저(양, 말), 광견병(개), 페스트(쥐), 살모넬라증 · 단독증 · 선모충 · Q열(돼지), 야토병(다람쥐, 쥐, 토끼), 브루셀라(소, 양, 돼지)

정답 43. ④ 44. ① 45. ④ 46. ① 47. ② 48. ① 49. ① 50. ④ 51. ④

52 사람이 예방접종을 통하여 얻는 면역은?

① 선천면역
② 자연수동면역
③ 자연능동면역
④ 인공능동면역

능동면역	자연능동면역	질병 감염 후 획득한 면역
	인공능동면역	예방접종으로 획득한 면역
수동면역	자연수동면역	모체로부터 얻은 면역
	인공수동면역	병을 앓고 난 후 혈청제제의 접종으로 획득되는 면역

53 눈 보호를 위해 가장 좋은 인공조명 방식은?

① 직접조명
② 간접조명
③ 반직접조명
④ 전반확산조명

인공조명
간접조명(눈보호), 반간접조명, 직접조명(가장 밝음)

54 중금속과 중독 증상의 연결이 잘못된 것은?

① 카드뮴 - 신장기능 장애
② 크롬 - 비중격천공
③ 수은 - 홍독성 흥분
④ 납 - 섬유화 현상

납(Pb)중독
연연, 연빈혈, 연산통, 소변에 코프로포르피린 검출

55 국소진동으로 인한 질병 및 직업병의 예방대책이 아닌 것은?

① 보건교육
② 완충장치
③ 방열복 착용
④ 작업시간 단축

56 디피티(D.P.T) 기본접종과 관계없는 질병은?

① 디프테리아 ② 풍진
③ 백일해 ④ 파상풍

기본접종
디피티(D.P.T)-디프테리아, 백일해, 파상풍

57 국가의 보건수준 평가를 위하여 가장 많이 사용되는 지표는?

① 조사망률 ② 성인병 발생률
③ 결핵 이환율 ④ 영아사망률

영아사망률
생후 12개월 미만의 아이로, 영아는 환경악화나 비위생적인 환경에 가장 예민한 시기이므로 영아사망률은 국가의 보건수준을 파악하는 지표

58 우리나라에서 발생하는 장티푸스의 가장 효과적인 관리방법은?

① 환경위생 철저
② 공기정화
③ 순화독소(toxoid) 접종
④ 농약 사용 자제

정답 52. ④ 53. ② 54. ④ 55. ③ 56. ② 57. ④ 58. ①

2장

안전관리

CHAPTER 2 안전관리

제 1 절 개인안전관리

1 개인 안전사고 예방 및 사후 조치

1) 개인 재해발생의 원인 분석

(1) 안전관리

안전관리는 개인안전관리, 장비 · 도구, 작업환경 등으로 조리사가 주방에서 일어날 수 있는 사고와 재해에 대하여 사전에 예측하여 안전기준 확인, 안전수칙 준수 등을 통한 안전사고 예방 능력

(2) 재해발생의 원인

부적합한 지식과 태도의 습관, 불안전한 행동, 불충분한 기술, 위험한 작업환경

*안전풍토 : 근로자들이 작업환경에서 안전에 대해 갖고 있는 통일된 인식을 말하는데, 조직구성원들의 행동 및 태도, 구성원 상호 간의 의사소통, 교육 및 훈련, 개인의 책임감, 안전행동 사고율 등에 영향을 미침

2) 안전사고 예방을 위한 개인안전관리 대책

- 관리책임자는 자신의 책임 범위 내에서 위험도를 제어할 수 있는 방법을 조사
- 각각의 안전대책이 위험도 경감에 효과적이고 합리적인지 여부를 판단
- 법적 요구사항을 포함하는 가능한 안전대책을 모두 검토

- 위험분석, 위험도 산정, 안전수준 분석 및 안전대책 검토 활동을 포함한 안전성능 보고서 작성

3) 위험도 경감의 원칙

① 사고발생 예방, 피해심각도 억제
② 위험도 경감전략 핵심요소 : 위험요인 제거, 위험발생 경감, 사고피해의 경감
③ 위험도 경감 접근법 : 사람, 절차, 장비의 3가지 시스템 구성요소를 고려하여 검토

4) 재난의 원인 4요소

① 인간(man) : 심리적 원인, 생리적 원인, 직장적 원인 등으로 인간관계, 집단 본연의 모습은 지휘, 명령, 지시, 연락 등에 영향
② 기계(machine) : 기계설비 등의 물적 조건으로 각종 소방장비와 기계의 위험, 방호설비, 통로의 안전유지, 인간, 기계 등
③ 매체(media) : 매체란 원래 어떤 작용을 한쪽에서 다른 쪽으로 전달하는 물체로 현장에서 출동하여 화재구조, 구급작업의 현장정보, 현장작업방법, 현장작업 시 그 당시의 상황이나 환경 등
④ 관리(management) : 현장안전을 위한 법규와 대응 매뉴얼 준수, 안전관리 조직, 교육훈련, 현장지휘감독 등

5) 안전사고 예방과정

단계	과정	내용
1단계	위험요인 제거	위험요인 근원 제거
2단계	위험요인 차단	안전방벽 설치로 위험요인 차단
3단계	예방(오류)	위험사건을 초래할 수 있는 인적, 기술적, 조직적 오류 예방
4단계	교정(오류)	위험사건을 초래할 수 있는 인적, 기술적, 조직적 오류 교정
5단계	제한(심각도)	위험사건 발생 이후 재발방지를 위한 대응 및 개선 조치

2 작업 안전관리

1) 작업 안전관리

안전관리는 조리작업의 수행에 있어서 작업자는 물론 시설의 안전을 유지하고 관리하기 위해 필요

2) 주방 내 안전사고 유형

(1) 인적 요인에 의한 안전사고 유형

① 개인의 정서적 요인 : 개인의 선천적, 후천적 소질 요인

예 과격한 기질, 신경질, 시력결함, 청력결함, 근골박약, 지식부족, 기능부족, 중독증, 각종 질환 등

② 개인의 행동적 요인 : 개인의 부주의와 무모한 행동에서 오는 요인

예 책임자의 지시를 무시한 행동, 불완전한 동작과 자세, 미숙한 작업방법, 안전장치 등의 점검 소홀, 결함이 있는 기계 및 기구의 사용 등

③ 개인의 생리적 요인 : 체내에서 에너지 사용이 일정한 한도를 넘어 일어나는 생리적 요인

예 피로감, 심적 태도의 교란, 실수 등

(2) 물적 요인에 의한 안전사고 유형

① 주방의 기계, 장비에서 오는 요인

- 안전장치, 자재 불량 등
- 전기설비의 고장으로 인한 감전사고
- 누전이 되어 인체와 접촉함으로써 허용치를 초과하는 전류가 흘러 신체적 안전에 영향

② 주방의 시설에서 오는 요인

- 시설의 노후화에 따른 화재 등

③ 주방의 물리적 요인

- 조리실 바닥의 청소와 소독 시에 호스로 물을 사용하기 때문에 전기누전의 위험

- 조리작업장의 물 사용으로 바닥이 미끄러울 뿐만 아니라 다습한 환경으로 인해 낙상사고의 원인이 됨

  예 바닥이 젖은 상태, 기름이 있는 바닥, 시야가 차단된 경우, 낮은 조도로 인해 어두운 경우 등

- 종사원들의 미끄럼 사고는 신발과 바닥 사이의 마찰력에 의해 발생

(3) 환경적 요인에 의한 안전사고 유형

- 피부질환은 조리실의 고온, 다습한 환경조건하에서 조리 시 발생하는 고열과 복합적으로 작용하여 땀띠 등 피부질환을 유발
- 조리종사원들은 발목에서 20cm 정도 오는 장화를 착용하기 때문에 무좀이나 검은 발톱, 아킬레스건염 등의 질병 발생
- 조리작업장 환경악화로 조리종사자들의 피로를 유발하고 작업효율을 저하시킴

> 조리종사원들은 자극성 접촉성 피부염이 28.9%로 가장 많았고 땀띠 22.2%, 알레르기성 접촉성 피부염 17.8% 순으로 피부관련 질환이 많다.

3) 안전한 칼 사용의 방법

칼	칼 사용방법
사용안전	• 칼을 사용할 때는 정신집중과 안정된 자세로 작업 • 칼을 실수로 떨어뜨렸을 때는 잡지 말고 피할 것 • 본래 목적 이외에 사용하지 말 것
이동안전	• 주방에서 칼을 들고 다른 장소로 옮기지 않을 것 • 만약, 옮길 경우에는 칼끝을 정면으로 하지 말고 지면을 향하게 할 것 • 칼날이 뒤로 가게 하여 옮길 것
보관안전	• 칼은 정해진 장소의 안전함에 넣어서 보관할 것 • 칼을 보이지 않는 곳, 싱크대 등에 두지 말 것

*주방에서의 안전장비는 조리복, 조리안전화, 앞치마, 조리모, 안전장갑 등

4) 주방 내 작업 안전관리

(1) 안전수칙 교육 실시

- 관리자의 역할로 현장을 자주 방문하고 관리
- 안전에 대한 적극적인 태도 유지
- 개인 안전사고 발생 시 신속, 정확한 응급조치

(2) 응급조치 교육계획 수립

- 응급조치 교육이란 자신을 포함하여, 사고로 인한 손상환자 혹은 응급환자(급성질환자)의 생명을 구하고 손상이나 급성질환의 악화를 막기 위하여 특별한 약물이나 기구의 도움 없이 행할 수 있는 모든 활동에 대한 교육
- 응급처치 역량강화는 119구급대원의 현장 응급처치 못지않게 소생률 향상에 기여

(3) 응급조치 실시

응급상황이 발생했을 때에는 단계를 구분하여 행동

① 행동하기 전에 마음을 평안하게 하고 내가 할 수 있는 것과 도울 수 있는 행동계획 수립

② 응급상황이 발생하면 현장상황이 안전한가를 확인

③ 무엇을 해야 하고 무엇을 하지 말아야 할 것인가를 인지

(4) 응급처치 시 꼭 지켜야 할 사항

- 응급처치 현장에서 자신의 안전 확인
- 환자에게 자신의 신분을 밝힌다.
- 최초로 응급환자를 발견하고 응급처치를 시행하기 전 환자의 생사유무를 판정하지 않는다.
- 응급환자를 처치할 때 원칙적으로 의약품을 사용하지 않는다.
- 응급환자에 대한 처치는 어디까지나 응급처치로 그치고 전문 의료요원의 처치에 맡긴다.

(5) 신속하고 정확한 응급조치의 중요성

- 응급상황 발생 시 호흡마비, 심장마비와 같은 응급상황은 5분이 매우 중요
- 심각한 외상 발생 시 최초 1시간이 생명과 직결되기 때문에 상황이 발생한 현장에서 응급조치 필요자가 어떠한 판단을 하고 행동하는가는 더욱 중요
- 적절한 시기의 응급조치는 질병이 더욱 악화되는 것을 막고, 통증을 경감시키며, 환자의 생명을 구하고 유지하여 환자를 가치 있는 한 인간으로서 의미 있는 삶을 영위할 수 있도록 회복시키는 것

제 2 절 장비 · 도구 안전작업

1 조리장비 · 도구 안전관리 지침

1) 조리장비 · 도구 안전관리 지침

안전관리의 대상은 개인안전, 조리장비 및 기구, 주방환경, 전기, 소화기가스, 위험물(가열된 기름, 뜨거운 물) 등

2) 조리 장비 · 도구의 안전관리

- 사용방법을 숙지하고 전문가의 지시에 따라 사용
- 조리장비, 도구에 무리가 가지 않도록 유의
- 이상이 생기면 즉시 사용을 중지하고 조치
- 전기 사용 장비는 수분을 피하고 전기사용량, 사용법을 확인 후 사용
- 모터에 물, 이물질 등이 들어가지 않도록 하고 청결하게 관리
- 정기점검(연 1회 이상), 일상점검, 긴급(손상, 특별안전) 점검
- 장비의 사용용도 이외에는 사용금지

[표 2-1] 조리 · 식사 · 정리도구

종류	준비도구	사용설명
조리준비도구	앞치마, 머릿수건(위생모), 채소바구니, 가위 등	재료손질과 조리준비에 필요
조리기구	솥, 냄비, 팬 등	준비된 재료를 조리하는 과정에 필요
조리보조도구	주걱, 국자, 뒤집개, 집게 등	준비된 재료를 조리하는 과정에 필요
식사도구	그릇 및 용기, 쟁반류, 상류, 수저 등	식탁에 올려서 먹기 위해 사용되는 용품
정리도구	수세미, 행주, 식기건조대, 세제 등	

3) 조리 장비 · 도구의 점검방법

장비명	용도	점검 및 관리
육절기	재료를 혼합하여 갈아내는 용도	• 전원을 끄고 칼날과 회전봉을 분해하여 중성세제와 이온수로 세척 • 물기 제거 후 원상태 조립
음식절단기	식재료를 필요한 형태로 절단	• 전원 차단 후 분해하여 중성세제와 미온수로 세척 • 건조 후 원상태로 조립
그리들	철판으로 만들어진 볶음용도	• 상판온도가 80℃가 되었을 때 오븐크리너로 세척 • 뜨거운 물로 깨끗이 세척 • 세척이 끝난 면철판 위에 기름칠
튀김기	튀김요리 용도	• 사용한 기름을 식은 후 다른 용기로 이동 • 오븐크리너로 세척 • 기름때가 심한 경우 온수로 깨끗이 씻어내고 마른걸레로 물기를 완전히 제거
제빙기	얼음기계	• 전원을 차단하고 기계를 정지시킨 후 뜨거운 물로 세척하고 중성세제로 깨끗하게 마무리 세척 • 마른걸레로 깨끗하게 닦은 후 20분 정도 후에 작동
식기세척기	대량 세척기계	• 탱크의 물을 빼고 세척제를 사용하여 브러시로 세척 • 모든 내부 표면, 배수로, 여과기, 필터를 주기적으로 세척

4) 조리 장비 · 도구 유지보수 관리기준

구 분	관리기준
유지관리 계획수립	• 담당시설물 유지관리 점검 및 진단팀 구성 • 안전 및 유지관리 계획서 수립 • 점검결과를 검토하여 이전 및 유지관리 계획서 작성
일상점검	• 일상점검 준비 • 현장조사 실시 후 보수가 필요한 사항을 판단하여 조사평가서 작성
정기점검	• 점검, 진단 계획서를 토대로 정기점검 준비 • 자체 및 외부기관을 통해 현장조사 실시 • 점검결과 보고서 작성(담당자가 문서 또는 시스템에 입력)
긴급점검	• 자연재해나 사고 등의 외부요인 발생 시 점검 • 손상 예상부위를 중심으로 특별 및 긴급점검 실시
일상 유지보수	보수, 보강 등 유지보수 계획서에 근거 산출내역서 작성
정기 유지보수	보수, 보강 등 유지보수 계획서에 근거 산출내역서 작성
긴급 유지보수	특별점검 및 긴급점검 조사평가서 검토 후 문제점 발생 시 긴급 진행

5) 조리 장비 · 도구 상태 평가기준

등 급	상 태	평가(조치)기준
A등급	현재는 문제가 없으나 정기점검이 필요한 상태	현재는 이상이 없는 시설
B등급	경미한 손상의 양호한 상태로 간단한 보수정비 필요	지속적 관찰 필요
C등급	• 일부 손상이 있는 보통의 상태 • 일부시설 대체 필요	• 보수, 보강이 이행되어야 할 시설 • 지속될 경우 주요부재의 결함우려
D등급	주요부재에 진전된 노후화로 긴급한 보수 및 보강 필요	• 조속히 보수, 보강하면 기능을 회복할 수 있는 시설 • 결함사항의 진전이 우려되어 사용제한 등의 안전조치 검토 필요
E등급	• 노후화 또는 손실이 발생하여 안전성에 위험이 있는 상태 • 사용금지	• 보수, 보강하는 것보다 철거 • 긴급 보강 등 응급조치와 사용금지

제 3 절 작업환경 안전작업

1 작업장 환경관리

1) 작업환경의 개념

- 일하고 생활하는 환경과 사용하는 제품이나 기구, 작업자가 수행하는 작업방법 내지 작업수단들을 인간의 신체 심리 특성, 환경 등과 연결시켜 효율적 시스템을 만드는 것으로 작업자가 안락하고 편리하게 작업에 임하도록 하는 것
- 작업을 수행하는 환경을 작업환경이라 하는데, 작업에 미치는 재료의 품질이나 기계 성능 등의 작업조건이 아니라, 작업자에게 영향을 주는 작업장의 온도, 환기, 소음 등을 의미함

*작업수단 : 인간이 작업을 수행할 때 사용하는 물리적 수단

2) 주방의 작업환경

- 주방환경이란 조리사를 둘러싸고 있는 것과 일정하게 접촉을 유지하면서 형태와 인체에 영향을 미치는 모든 외계조건, 즉 조리사를 둘러싸고 있는 물리적 공간인 주방에서 조리사의 반응을 보여주는 것
- 작업환경 요인에 열, 온도, 습도, 광선, 소음 등은 영향을 미침

3) 주방의 조리환경

- 조리환경은 주방 내에서 자체적으로 관리와 통제 가능
- 주방근무자인 조리사들에게 직접적 관계가 있는 곳으로 업무수행에 있어 능률이 저하되고, 불협화음이 일어날 수 있음
- 크기와 규모, 주방의 시설물 및 기물의 배치, 주방 내의 인적 구성요인, 임금 및 후생복지 시설 등 포함
- 주방환경은 조리작업을 위한 공간이며, 주방 내의 조리종사원에게 직・간접적으로 영향을 미치는 환경적 요인으로서 조리종사원의 근무의욕과 건강 등에 영향을 줌

4) 주방의 물리적 환경

- 인적 환경을 제외한 대부분의 시설과 설비를 포함한 주방의 환경
- 주방의 제한된 공간에서 음식물을 생산하는 데 영향을 미치는 물리적 요소
- 조리작업장 환경요소로는 온도와 습도의 조절, 조명시설, 주방 내부의 색깔, 주방의 소음, 환기, 통풍장치 등 포함됨
- 주방에서 종사하는 조리사의 건강관리와 연결됨
- 물리적 환경의 합리적인 설계와 배치방법 중요

5) 작업환경 안전관리 시 안전관리 지침서 작성

- 재해 방지를 위한 대책은 직접적인 대책과 간접적인 대책으로 구분
- 직접적인 대책은 작업환경의 개선, 기계·설비의 개선, 작업방법의 개선 등
- 간접적인 대책은 조직·관리기준의 개선, 교육의 실시, 건강의 유지 증진 등

6) 작업환경 안전관리 시 작업장 주변 점검

- 작업장 주위의 통로나 작업장은 항상 청소한 후 작업
- 사용한 장비, 도구는 적합한 보관장소에 정리
- 이동이 쉬운 것은 받침대를 사용하고 가능한 묶어서 보관
- 적재물은 사용시기, 용도별로 구분하여 정리
- 부식 및 발화 가연제 또는 위험물질은 별도 구분 보관

7) 작업장 환경관리

- 조리작업장의 권장 조도는 220Lux 이상으로 하여 조리 시 섬세하고 철저한 위생관리
- 작업장 온도는 여름철에는 20.6~22.8℃ 정도를 유지하며, 겨울철에는 18.3~21.1℃ 정도를 유지하며, 적정습도는 40~60% 정도를 유지한다. 특히, 낮은 습도는 피부, 코 등의 건조를 일으키지만 높은 습도는 정신이상 가능
- 작업장 내 적정한 수준의 조명유지, 온도, 습도, 바닥의 물기 제거, 미끄럼 및 오염 발생 금지

> 조리장의 조도는 급식실의 조도를 기준(검수대 기준 540Lux, 조리장 220Lux 이상)으로 하며 식재료 검수와 조리 시 섬세하고 철저하게 위생관리를 하여야 한다.
> *NCS 안전관리 학습모듈에서 조리작업장의 권장 조도는 161~143Lux이다.

2 작업장 안전관리

1) 작업장 안전관리

- 작업장 안전관리는 주방에서 조리작업을 수행하는 데 있어 작업자와 시설의 안전기준 확인 및 안전수칙을 준수하는 예방활동
- 안전관리시설 및 안전용품을 관리
- 작업장 주변의 정리정돈을 점검
- 작업장 안전관리 지침서를 작성
- 유해, 위험, 화학물질을 처리기준에 따라 관리
- 안전관리 책임자는 법정 안전교육을 실시

2) 작업장의 안전 및 유지관리 기본방향 설정

① 작업장 안전 및 유지관리 기준 정립 : 안전점검 및 객관적인 시설물 상태에 대한 평가기준 마련 등의 시설물 안전 및 유지관리 기준 필요

② 작업장 안전 및 유지관리체계 개선 : 주방시설의 설계단계에서부터 안전 및 유지관리를 위한 기준 마련 등 시설물 안전 및 유지관리체계 개선

③ 작업장 안전 및 유지관리 실행 기반 조성 : 시설물 안전 및 유지관리를 위해서는 시설물 안전 및 유지관리 관련 법령의 내용에 기초하여 시설물 안전 및 유지관리 실행 기반 마련

3) 안전교육의 필요성

- 안전불감증 예방
- 안전에 대한 낮은 국민의식, 사업주의 안전경영과 근로자의 안전수칙 준수 미흡 등으로 인한 사고에 대하여 교육을 함으로써 안전에 관한 가치관과 의식변화로 산업재해 예방
- 위험에 관한 인식을 넓히고, 직업병과 산업재해의 원인에 대한 지식 확산으로 예방책 증진
- 과거의 재해경험으로 쌓은 지식을 활용함으로써 생산기술의 진보 및 변화 가능
- 안전문화는 교육을 통하여만 실현 가능
- 반복 교육훈련으로 사업장의 위험성이나 유해성에 관한 지식, 기능 및 태도 변화
- 교육을 받지 않으면 이해, 납득, 습득, 이행이 어려움

4) 개인 안전보호구를 착용

- 사용목적에 맞는 보호구를 갖추고 작업 시 반드시 착용
- 항상 사용할 수 있도록 하고 청결하게 보존 및 유지
- 작업자는 개인전용 보호구 착용
- 안전화는 물체의 낙하, 충격 또는 날카로운 물체로 인한 위험으로부터 발, 발등을 보호
- 위생장갑은 작업자의 손을 보호함과 동시에 조리위생을 개선
- 안전마스크는 고객과의 대화 시 고객에게 침 등이 튀지 않도록 고객의 위생을 보호함과 동시에 조리위생을 개선
- 위생모자는 조리작업 시 음식에 머리카락이 들어가지 않도록 예방하는 보호구로 조리위생을 개선

5) 유해, 위험, 화학물질은 처리기준에 따라 관리

- 유해, 위험, 화학물질은 물질안전보건 자료를 비치하고 취급방법 교육
- 유해, 위험, 화학물질은 물질명 및 주의사항, 조제일자, 조제자명 표기 후 경고표지 부착
- 유해, 위험, 화학물질은 보관 중 넘어지지 않도록 전도방지조치
- 유해, 위험, 화학물질은 밀폐, 보관위치 등 보관상태를 수시로 점검 및 진단

6) 사업장 내 안전교육

안전관리 책임자는 법정 안전교육 실시

교육과정	교육대상	교육시간
정기교육	사무직 종사 근로자	매월 1시간 이상 또는 매분기 3시간 이상
	관리감독자의 지위에 있는 사람	매반기 8시간 이상 또는 연간 16시간 이상
채용 시의 교육	일용근로자	1시간 이상
	일용근로자를 제외한 근로자	8시간 이상
작업내용 변경 시의 교육	일용근로자	1시간 이상
	일용근로자를 제외한 8시간 근로자	8시간 이상
특별교육	특수직무에 해당하는 작업에 종사하는 일용근로자	• 2시간 이상 • 16시간 이상(최초 작업에 종사하기 전 4시간 이상 실시하고 12시간은 3개월 이내에서 분할하여 실시 가능) • 단기간 작업 또는 간헐적 작업인 경우에는 2시간 이상

3 화재예방 및 조치방법

1) 주방의 화재 원인

- 가스연료의 부적절한 사용 및 잠금장치로 인한 화재
- 전기제품 사용 시 과부하 및 누전으로 인한 전기화재
- 식용유의 튀김 시 인화성 물질에 의한 화재
- 부주의에 의한 화재

2) 화재예방 및 조치방법

- 화재의 원인이 될 수 있는 곳을 사전에 점검
- 화재 진압기를 배치, 사용
- 인화성 물질 적정보관 여부를 점검
- 소화기구의 화재안전기준에 따른 소화기 비치 및 관리
- 소화전함 관리상태 등 점검
- 비상조명의 예비전원 작동상태를 점검
- 비상구, 비상통로 확보 상태를 확인
- 출입구, 복도, 통로 등에 적재물 비치 여부를 점검
- 자동 확산 소화용구 설치의 적합성 등 점검

3) 화재 시 대처요령

- 화재 경보기를 울리고 큰 소리로 주위에 알리기
- 해당 부서 및 119에 긴급 신고하기
- 소화기, 소화전을 이용하여 불 끄기
- 몸에 불이 붙지 않고 매연 등에 질식하지 않도록 하기
- 안전하게 대피하기

4) 소화기 구별법

① 일반(A급)화재용 : 가연성 고체, 연소 후 재를 남기는 종류의 화재

예 흰색 바탕에 A 표시

② 유류(B급)화재용 : 인화성 액체, 연소 후 아무것도 남기지 않은 종류의 화재

예 노란색 바탕에 B 표시

③ 전기(C급)화재용 : 전기적 원인 전기 기계, 기구로 인한 화재

예 청색 바탕에 C 표시

*A, B, C급 화재에 모두 사용 가능한 소화기를 ABC소화기라 한다.

단원별 기출문제 안전관리

01 재해 발생의 원인으로 틀린 것은?

① 부적합한 태도 ② 불안전한 행동
③ 불충분한 노력 ④ 불충분한 기술

재해 발생의 원인
부적합한 지식과 태도의 습관, 불안전한 행동, 불충분한 기술, 위험한 작업환경

02 근로자들이 작업환경에서 안전에 대해 갖고 있는 통일된 인식은?

① 안전풍토 ② 안전 불감증
③ 안전사고 ④ 안전관리

안전풍토
근로자들이 작업환경에서 안전에 대해 갖고 있는 통일된 인식을 말하는데, 조직구성원들의 행동 및 태도, 구성원 상호 간의 의사소통, 교육 및 훈련, 개인의 책임감, 안전행동 사고율 등에 영향

03 위험도 경감의 원칙에서 위험도 경감 접근법을 위한 3가지 시스템 구성요소로 틀린 것은?

① 사람 ② 절차
③ 장비 ④ 구성

위험도 경감의 원칙에서 사람, 절차, 장비의 3가지 시스템 구성요소를 고려하여 다양한 위험도 경감 접근법을 검토

04 재난의 원인 4요소로 틀린 것은?

① 인간(man) ② 기계(machine)
③ 구성원(member) ④ 매체(media)

재난의 원인 4요소
인간(man), 기계(machine), 매체(media), 관리(management)

05 안전사고 예방 과정으로 옳은 것은?

① 1단계 - 위험요인 차단
② 2단계 - 위험요인 근원 제거
③ 3단계 - 오류 예방
④ 4단계 - 오류 차단

1단계	위험요인 제거	위험요인 근원 제거
2단계	위험요인 차단	안전방벽 설치로 위험요인 차단
3단계	예방(오류)	위험사건을 초래할 수 있는 인적, 기술적, 조직적 오류 예방
4단계	교정(오류)	위험사건을 초래할 수 있는 인적, 기술적, 조직적 오류 교정
5단계	제한(심각도)	위험사건 발생 이후 재발방지를 위한 대응 및 개선 조치

06 안전사고 예방 과정으로 틀린 것은?

① 위험요인을 제거한다.
② 위험요인을 차단한다.
③ 위험사건 오류를 예방 및 교정한다.
④ 위험사건 발생 이후 개선조치보다는 대응을 한다.

안전사고 예방 과정
- 위험요인 제거 : 위험요인의 원인을 제거한다.
- 위험요인 차단 : 안전방벽을 설치하여 위험요인을 차단한다.
- 예방(오류) : 초래할 수 있는 위험사건의 인적 · 기술적 · 조직적 오류 예방
- 교정(오류) : 초래할 수 있는 위험사건의 인적 · 기술적 · 조직적 오류 교정
- 제한(심각도) : 재발방지를 위하여 위험사건 발생 이후 대응 및 개선 조치를 한다.

정답 01. ③ 02. ① 03. ④ 04. ③ 05. ③ 06. ④

07 주방 내 안전사고 유형에서 인적 요인에 의한 안전사고 유형으로 틀린 것은?

① 개인의 환경적 요인
② 개인의 정서적 요인
③ 개인의 행동적 요인
④ 개인의 생리적 요인

환경적 요인은 환경적 요인에 의한 안전사고 유형에 속한다.

08 안전한 칼 사용방법으로 틀린 것은?

① 사용 전 안전　② 사용안전
③ 이동안전　④ 보관안전

안전한 칼 사용방법으로는 사용안전, 이동안전, 보관안전을 잘 지켜야 하며, 주방 안전장비는 조리복, 조리안전화, 앞치마, 조리모, 안전장갑 등이다.

09 안전관리 지침에서 조리 장비 및 도구의 안전관리 정기점검으로 옳은 것은?

① 연 1회 이상　② 연 2회 이상
③ 연 3회 이상　④ 연 4회 이상

일상점검, 긴급(손상, 특별안전)점검, 정기점검으로 나눌 수 있으며, 정기점검은 연 1회 이상 점검을 실시하고 그 결과를 기록, 유지한다.

10 조리용 기기의 사용법이 틀린 것은?

① 세미기 - 쌀 세척하기
② 슬라이서(Slicer) - 얇게 일정한 두께로 썰기
③ 그리들 - 재료를 혼합하여 갈아내는 용도
④ 블렌더(Blender) - 액체 교반하기

• 그리들 : 철판으로 만들어진 볶음용도
• 육절기 : 재료를 혼합하여 갈아내는 용도

11 조리기기 및 기구와 그 용도의 연결이 틀린 것은?

① 필러(peeler) - 채소의 껍질을 벗길 때
② 믹서(mixer) - 재료를 혼합할 때
③ 음식절단기 - 재료를 혼합하여 갈아내는 용도
④ 육류파운더(meat pounder) - 육류를 연화시킬 때

• 음식절단기 : 식재료를 필요한 형태로 절단하는 용도
• 육절기 : 재료를 혼합하여 갈아내는 용도

12 조리용 소도구의 용도가 옳은 것은?

① 믹서(Mixer) - 재료를 다질 때 사용
② 휘퍼(Whipper) - 감자 껍질을 벗길 때 사용
③ 필러(Peeler) - 골고루 섞거나 반죽할 때 사용
④ 그라인더(Grinder) - 소고기를 갈 때 사용

• 믹서 : 골고루 섞거나 반죽할 때 사용
• 휘퍼 : 거품을 낼 때 사용
• 필러 : 껍질을 벗길 때 사용

13 자연재해나 사고 등의 외부요인 발생 시 또는 손상예상부위를 중심으로 특별 및 긴급점검을 실시하는 것은?

① 일상점검　② 정기점검
③ 긴급점검　④ 긴급유지보수

• 일상점검 : 일상점검 준비, 현장조사 실시 후 보수가 필요한 사항을 판단하여 조사평가서 작성
• 정기점검 : 점검, 진단 계획서를 토대로 정기점검 준비, 자체 및 외부기관을 통해 현장조사 실시, 점검결과 보고서 작성
• 긴급유지보수 : 특별점검 및 긴급점검 조사평가서 검토 후 문제점 발생 시 긴급 진행

14 조리 장비 및 도구의 상태가 일부 손상이 있는 보통의 상태로 보수, 보강이 이행되어야 할 시설로 지속될 경우 주요부재의 결함이 우려되는 상태는?

① A등급　② B등급
③ C등급　④ D등급

조리 장비 · 도구의 상태 평가 기준

정답 07. ①　08. ①　09. ①　10. ③　11. ③　12. ④　13. ③　14. ③

15 인간이 작업을 수행할 때 사용하는 물리적 수단은?

① 작업환경 ② 작업수단
③ 조리환경 ④ 조리수단

작업환경은 작업을 수행하는 환경으로 작업자에게 영향을 주는 작업장의 온도, 환기, 소음 등을 의미하고, 작업수단은 인간이 작업을 수행할 때 사용하는 물리적 수단을 말한다.

16 소음에 있어서 음의 크기를 측정하는 단위는?

① 데시벨(dB) ② 폰(phon)
③ 실(SIL) ④ 주파수(Hz)

폰(phon)은 소리의 강도의 단위로 소음에 있어서 음의 크기를 측정하는 단위이다.
- 데시벨(decibel) : 음의 세기로 소음의 음압을 데시벨(dB)로 측정한다.
- 실(SIL) : 소음의 강약이 회화를 방해하는 정도를 나타낸 것
- 주파수(Hz) : 진동 단위이다.

17 소음의 측정단위인 dB(decibel)은 무엇을 나타내는 단위 인가?

① 음압 ② 음속
③ 음파 ④ 음역

데시벨(decibel)
음의 세기로 소음의 음압을 데시벨(dB)로 측정한다.

18 소음으로 인한 피해와 거리가 먼 것은?

① 불쾌감 및 수면장애
② 작업능률 저하
③ 위장기능 저하
④ 맥박과 혈압의 저하

소음으로 인하여 청력장애, 신경과민, 불면, 작업 방해, 소화불량, 불안과 두통, 작업능률 등의 피해가 발생한다.

19 조리작업장의 권장 조도는?

① 50Lux 이상 ② 120Lux 이상
③ 220Lux 이상 ④ 320Lux 이상

조리장의 조도는 급식실의 조도를 기준(검수대 기준 540Lux, 조리장 220Lux 이상)으로 하며 식재료 검수와 조리 시 섬세하고 철저하게 위생관리를 해야 한다.

20 눈 보호를 위해 가장 좋은 인공조명 방식은?

① 직접조명 ② 간접조명
③ 반직접조명 ④ 전반확산조명

- 간접조명은 눈을 보호할 수 있는 가장 좋은 인공조명 방식이다.
- 조명 불량으로 발생될 수 있는 질환 : 근시, 안구진탕증, 안정피로 등

21 작업장의 온도와 적정습도는?

① 여름철 18.3~21.1℃ 정도, 겨울철 20.6~22.8℃ 정도, 적정습도 60~80% 정도
② 여름철 20.6~22.8℃ 정도, 겨울철 18.3~21.1℃ 정도, 적정습도 40~60% 정도
③ 여름철 18.3~21.1℃ 정도, 겨울철 20.6~22.8℃ 정도, 적정습도 40~60% 정도
④ 여름철 20.6~22.8℃ 정도, 겨울철 18.3~21.1℃ 정도, 적정습도 60~80% 정도

작업장 온도는 여름철에는 20.6~22.8℃ 정도를 유지하고, 겨울철에는 18.3~21.1℃ 정도를 유지하며, 적정습도는 40~60% 정도를 유지한다.

22 주방 내 작업장 환경관리에 대한 설명으로 틀린 것은?

① 여름철 작업장 온도는 20.6~22.8℃가 적당하다.
② 겨울철 작업장 온도는 18.3℃~21.1℃가 적당하다.
③ 소음허용 기준은 90dB(A) 이하가 적당하다.
④ 적정한 상대습도는 40~60%가 적당하다.

정답 15. ② 16. ② 17. ① 18. ④ 19. ③ 20. ② 21. ② 22. ③

- 작업장 온도는 여름철에는 20~23℃, 겨울철에는 18~21℃ 정도가 적당하다.
- 상대습도는 40~60% 정도가 적당하며, 소음은 일반적으로 50dB(A) 정도. 그 이상의 음이 발생하면 소음으로 간주하기 때문에 주방의 소음은 50dB(A) 이하가 적당하다.
- 조리장의 조도는 급식실의 조도를 기준으로 검수대 기준 540Lux, 조리장 220Lux 이상으로 하여 식재료 검수와 조리 시 섬세하고 철저한 위생관리를 하여야 한다.

23 관리감독자의 지위에 있는 근로자의 사업장 내 안전사고 정기교육 시간은?

① 매월 1시간 이상 또는 매분기 3시간 이상
② 매월 8시간 이상 또는 매분기 16시간 이상
③ 매반기 1시간 이상 또는 연간 3시간 이상
④ 매반기 8시간 이상 또는 연간 16시간 이상

- 사무직 종사 근로자의 정기교육 시간 : 매월 1시간 이상 또는 매분기 3시간 이상
- 관리감독자의 지위에 있는 근로자의 정기교육 시간 : 매반기 8시간 이상 또는 연간 16시간 이상

24 화재 시 대처요령으로 틀린 것은?

① 화재경보기를 울리고 큰 소리로 주위에 알린다.
② 해당 부서 및 119에 긴급 신고한다.
③ 소화기, 소화전을 이용하여 불을 신속하게 끈다.
④ 무조건 안전하게 대피부터 한다.

인명피해가 없도록 안전하게 대피하는 것이 중요하지만, 기본적으로 신속하게 상황에 맞게 화재경보기 사용, 주위에 큰 소리로 알리기, 해당 부서 및 119 긴급 신고 및 신속하게 소화기, 소화전을 이용하여 불을 초기에 진압하는 것이 무엇보다 중요하다.

25 소화기 구별법으로 옳은 것은?

① 일반(A급)화재용 - 노란색 바탕
② 유류(B급)화재용 - 청색 바탕
③ 전기(C급)화재용 - 흰색 바탕
④ A급, B급, C급 화재에 모두 사용 가능 - ABC소화기

- 일반(A급)화재용 : 가연성 고체, 연소 후 재를 남기는 종류의 화재
  예 흰색 바탕에 A 표시
- 유류(B급)화재용 : 인화성 액체, 연소 후 아무것도 남기지 않는 종류의 화재
  예 노란색 바탕에 B 표시
- 전기(C급)화재용 : 전기적 원인, 전기 기계, 기구로 인한 화재
  예 청색 바탕에 C 표시
- A급, B급, C급 화재에 모두 사용 가능한 소화기를 ABC소화기라 한다.

정답 23. ④ 24. ④ 25. ④

3장

재료관리

CHAPTER 3

재료관리

제 1 절 식품재료의 성분

1 수분

수분은 식품의 주요 구성성분의 하나로 식품에는 수분이 다양한 함량으로 포함되어 있다. 일반적으로 유지류·곡류·당류 등의 산성식품은 수분함량이 낮으며, 채소·과일·해조류 등의 알칼리성식품과 액상식품에는 수분이 많이 포함되어 있다. 수분의 함량은 식품의 이화학적 특성에 영향을 미치며 미생물학적 요인에 의한 식품의 변질에도 영향을 미친다.

1) 수분의 종류

① 유리수(자유수, free water) : 식품 중에 유리상태로 존재하는 보통의 물

② 결합수(bound water) : 식품성분에 결합되어 자유로운 운동이 불가능한 물

2) 유리수(자유수)와 결합수의 특징

구분	유리수(자유수)	결합수
특징	용매로써 작용한다.	용매로써 작용하지 않는다.
	0℃ 이하에서 동결한다.	0℃ 이하에서 동결하지 않는다.
	쉽게 건조되며 제거 가능	100℃ 이상 가열해도 건조되지 않는다.
	미생물의 생육, 번식에 이용된다.	미생물 증식에 이용되지 않는다.
	4℃에서 밀도가 가장 크다.	유리수보다 밀도가 크다.
	비열이 크다.	식품조직을 압착해도 제거되지 않음
	화학반응에 직·간접적으로 관여	식품성분과 이온결합 또는 수소결합을 하고 있음

3) 수분의 기능

구분	생리학적 기능	조리학적 기능
기능	신체 구성성분	식품 표면의 오염물질과 미생물 제거
	생화학 반응의 용매	건조식품의 수화, 호화
	운반작용	식품의 수용성 성분의 용출 및 색소 용해
	체온조절	열전달매체
	윤활제 및 외부충격으로부터의 보호	글루텐 형성
	전해질 평형유지	식품의 성질 및 성분변화

4) 수분활성도(water activity : Aw)

식품의 수분활성도는 임의의 온도에서 식품의 수증기압(P)과, 같은 온도의 순수한 물의 증기압(Po)의 비로 정의한다.

$$\text{수분활성도(Aw)} = \frac{\text{식품의 수증기압(P)}}{\text{순수한 물의 수증기압(Po)}}$$

P : 식품의 수증기압
Po : 식품과 같은 순수한 물의 수증기압

① 순수한 물의 수분활성도(Aw)는 1이다.

② 일반식품은 P 〈 Po의 관계가 이루어지므로 수분활성도는 항상 1보다 작다.
Aw 〈 1

③ 식품별 수분활성도(Aw)

*과일, 채소, 육류 및 어패류의 수분활성도 Aw = 0.90~0.98

*곡류 및 두류의 수분활성도 Aw = 0.90~0.98

④ 미생물과 수분활성도

*수분활성도가 큰 식품일수록 미생물번식은 쉬워지며 저장성은 떨어짐

*Aw 〈 0.6 이하에서는 미생물 번식억제 가능

예 염장절임의 경우 수분활성도를 낮춰 미생물의 생육을 억제함

*미생물 생육에 필요한 최저수분활성도

세균(0.91) 〉 효모(0.88) 〉 곰팡이(0.80) 〉 내건성 곰팡이(0.65) 〉 내삼투압성곰팡이(0.60)

2 탄수화물

1) 탄수화물의 특성

- 구성원소는 탄소(C), 수소(H), 산소(O)이다.
- 1g당 4kcal의 에너지 발생
- 혈액 중에 포도당으로 약 0.1% 함유
- 과잉 섭취 시 간과 근육에 글리코겐으로 저장, 나머지는 지방으로 변하여 저장됨

2) 탄수화물의 분류

탄수화물은 구성하는 당의 수에 따라 단당류, 이당류, 다당류로 분류된다.

(1) 단당류

산, 알칼리, 효소로 더 이상 가수분해되지 않는 가장 단순한 당류이며, 단맛이 있고 물에 잘 녹는 결정형이다.

포도당(Glucose)	• 탄수화물의 최종분해산물 • 동물의 혈액 중에 0.1% 함유 • 동물체에 글리코겐 형태로 저장
과당(Fructose)	• 당류 중 가장 단맛이 강함 • 온도 상승 시에 단맛 감소 • 과일 · 벌꿀에 유리상태로 존재
갈락토오스(Galactose)	• 유리상태로 존재하지 않음 • 포도당과 결합하여 유당으로 유즙에 존재
만노오스(Mannose)	• 유리상태로 존재하지 않음 • 곤약의 글루코만난 등의 구성성분

(2) 이당류

2개의 단당류가 글리코시드 결합을 한 당

맥아당 (엿당, Maltose)	• 포도당+포도당 • 엿기름, 발아 중의 곡류에 함유
자당 (서당, 설탕, Sucrose)	• 포도당+과당 • 160℃ 이상 가열 시 캐러멜화(비효소적 갈변반응) • 감미도의 기준이 됨 • 사탕수수, 사탕무에 함유
유당 (젖당, Lactose)	• 포도당+갈락토오스 • 우유와 모유에 함유되어 정장작용을 함 • 칼슘(Ca) 흡수를 촉진하여 포유류 성장에 중요 • 당류 중 감미도가 가장 낮음

당질의 감미도

과당 〉 전화당 〉 설탕 〉 포도당 〉 맥아당 〉 갈락토오스 〉 유당(젖당)

*전화당(invert sugar) : 설탕을 가수분해하여 얻는, 포도당과 과당이 1 : 1로 섞여 있는 혼합물로 설탕보다 소화 흡수가 좋다.(벌꿀에 다량 함유)

(3) 다당류

수많은 단당류나 유도체가 글루코시드결합으로 연결된 분자량이 큰 탄수화물

전분 (녹말, starch)	• 대표적인 식물성 저장 탄수화물이다. • 수백~수천 개의 포도당이 중합되어 있다. • 곡류 및 서류의 주성분 • 아밀로오스와 아밀로펙틴으로 구성 • 찹쌀과 찰옥수수의 전분은 아밀로펙틴으로만 구성
글리코겐 (Glycogen)	• 동물의 저장 탄수화물로 간, 근육에 많이 함유 • 동물성 전분
섬유소 (Cellulose)	• 소화되지 않는 식물성 복합 탄수화물 • 영양적 가치는 없으나 배변촉진
펙틴 (pectin)	• 식물의 뿌리, 과일, 해조류에 함유 • 식물조직의 세포벽이나 세포막의 결착제 역할 • 채소류, 과실류의 가공 및 저장 중의 조직 유지 및 신선도 유지에 매우 중요한 역할 • 물분자의 수화능력이 강하여 잼이나 젤리 제조 • 영양적 가치는 없으나 배변촉진
키틴 (Chitin)	• 새우, 게, 가재 등의 갑각류에 함유 • 아미노당(당의 아미노 유도체) 추가

이눌린 (Inulin)	• 과당으로 결합되어 돼지감자, 우엉에 다량 함유 • 인체에 소화효소가 없음

3 지질

1) 지질의 특성

- 구성원소는 탄소(C), 수소(H), 산소(O)이다.
- 1g당 9kcal의 에너지 발생
- 물에 녹지 않으며, 유기용매에 녹음
- 동물의 피하조직과 식물의 종자에 함유
- 상온에서 액체인 것을 기름(oil), 고체인 것을 지방(fat)이라 함
- 물보다 비중이 작아 물 위에 뜸
- 화학적으로 1분자의 글리세롤(glycerol)과 3분자의 지방산(fatty acid)이 에스테르 상태로 결합

2) 지질의 분류

(1) 구성성분과 화학구조에 따른 분류

종 류		특 징
단순 지질	중성지방(지방, 유지)	• 지방산과 글리세롤이 에스테르 결합됨 • 중성지방이 대표적
	왁스(지방산과 고급 1가 알코올)	
복합 지질	인지질(단순지질+인) 레시틴, 세파린, 스핑고미엘린	• 단순지질에 인산, 당, 단백질 등이 결합됨 • 분자 내에 친수성기와 소수성기를 모두 가지고 있어 유화제로 이용됨
	당지질(단순지질+당)	
	지단백	
유도 지질	스테롤류(콜레스테롤, 에르고스테롤)	단순지질과 복합지질의 분해산물 중 지용성 물질
	탄화수소류(스쿠알렌)	

(2) 지방산의 분류

	포화지방산	불포화지방산
특성	• 단일결합으로 연결 • 융점이 높아 상온에서 고체 • 동물성 유지에 많음 • 팔미트산, 스테아르산	• 1개 이상의 이중결합으로 연결 • 융점이 낮아 상온에서 액체 • 식물성 및 어류에 함유 • 리놀레산, 리놀렌산, 아라키돈산

필수지방산(Essential fatty acid)
불포화지방산 중에서 동물의 정상적인 성장과 건강유지를 위하여 꼭 필요하지만 체내에서 합성되지 않거나 합성되는 양이 적어 반드시 식품으로 섭취해야 하는 지방산. 필수지방산은 생체막의 중요한 구성성분이며, 혈중 콜레스테롤 함량을 낮추는 작용을 한다.
• 종류 : 리놀레산, 리놀렌산, 아라키돈산, 올레산 등

3) 지질의 성질

(1) 유화(Emulsification)

① 수중유적형(Oil in Water, O/W): 물 중에 기름이 분산되어 있는 형태

예 우유, 생크림, 마요네즈 등

② 유중수적형(Water in Oil, W/O): 기름 중에 물이 분산되어 있는 형태

예 버터, 마가린 등

(2) 수소화(경화 : Hydrogenation)

액체상태 불포화지방산의 이중결합에 니켈(Ni)과 백금(Pt)을 촉매로 수소(H_2)를 첨가하여 고체가 되는 과정

예 마가린, 쇼트닝 등

(3) 가소성(Plasticity)

버터, 라드 등의 고체지방에 가해지는 압력이 어느 한도를 넘었을 때 변형이 일어나고 압력이 제거된 후에도 바뀐 상태를 그대로 유지하는 성질

(4) 쇼트닝성(Shortening property)

유지가 밀가루 반죽의 글루텐 표면을 둘러싸서 글루텐 망상구조를 형성하지 못하도록 서로 분리시켜 층을 형성함으로써 글루텐의 길이를 짧게 하는 성질

예 패스트리, 비스킷, 쿠키

(5) 비누화가(검화가)

① 유지 1g을 완전히 검화(비누화)시키는 데 필요한 수산화칼륨(KOH)의 mg수로 나타낸 것
② 보통 유지의 검화가는 180~200 정도
③ 저급지방산의 함량이 높을수록 검화가는 크다.

(6) 산가(Acid value)

① 유지 1g 중에 함유된 유리지방산을 중화하는 데 필요한 수산화칼륨(KOH)의 mg수를 말하며 유지의 품질을 나타내는 척도로 이용함
② 산가가 높으면 변질된 유지로 판단

(7) 요오드가(불포화도)

① 유지 100g에 흡수되는 요오드의 g수로 표시함
② 요오드가가 높은 기름은 이중결합이 많기 때문에 산화되기 쉽다.

구분	요오드가	종류
건성유	130 이상	들기름, 해바라기유, 정어리유, 호두기름
반건성유	100~130 미만	대두유, 옥수수유, 참기름, 면실유
불건성유	100 이하	올리브유, 동백유, 땅콩유

4 단백질

1) 단백질의 특성

- 구성원소 : 탄소(C), 수소(H), 산소(O), 질소(N)를 포함하고 있는 고분자 화합물
- 효소, 호르몬 : 항체의 주요 성분
- 최종분해산물 : 아미노산
- 1g당 4kcal의 에너지 발생

2) 단백질의 분류

(1) 화학적 분류

단순단백질	• 아미노산만으로 구성(알부민, 글로불린, 글루테닌, 프롤라민 등)
복합단백질	• 아미노산 외에 지질, 탄수화물, 인 등이 포함(인단백질, 지단백질, 당단백질, 색소단백질 등)
유도단백질	• 열, 산, 알칼리 등의 작용으로 변성이나 분해된 단백질 1차 유도 단백질(변성단백질) : 젤라틴 2차 유도 단백질(분해단백질) : 펩톤

(2) 영양학적 분류

완전단백질	동물의 성장과 생명유지에 필요한 모든 필수아미노산을 가지고 있는 단백질 (예 우유 – 카세인, 달걀 – 알부민)
부분적 불완전단백질	생명유지는 되지만 성장이 되지 않는 아미노산 (예 곡류 – 리신)
불완전단백질	생명을 유지하거나 성장하는 데 충분한 양의 필수아미노산을 갖고 있지 않은 단백질 (예 옥수수 – 제인)

(3) 아미노산의 종류

① **필수아미노산** : 체내에서 거의 합성되거나 생성되지 않고, 반드시 식품으로부터 섭취해야 하는 아미노산(성인 8종, 성장기 어린이, 노인 10종). 트립토판, 발린, 트레오닌, 이소루신, 리신, 루신, 페닐알라닌, 메티오닌, 아르기닌,** 히스티딘**(**성장기 어린이, 노인에게 꼭

필요)

② 불필수아미노산 : 체내에서 합성되거나 생성되는 아미노산

③ 제한아미노산 : 필수아미노산 중에서 사람이 필요로 하는 양에 비해서 가장 부족한 필수아미노산

단백질의 상호보완효과

식품에서 부족한 제한아미노산을 다른 식품을 통해 보완받음으로써 완전단백질로 영양가를 높이는 것

예 쌀(리신 부족, 메티오닌 풍부)+콩(메티오닌 부족, 리신 풍부)
콩밥을 먹음으로써 제한아미노산의 상호 보완

5 무기질

1) 정의

생물체 내에 들어 있는 원소 중에서 유기화합물을 구성하는 탄소(C), 수소(H), 산소(O), 질소(N)를 제외한 나머지 원소

2) 무기질의 특성

① 생리적 기능조절과 신체발육에 절대적으로 필요한 영양소

② 체내에서 합성되지 않으므로 반드시 식이를 통해 섭취

③ 인체의 약 4~5% 차지

④ 체내에서 체액의 pH와 삼투압 조절

⑤ 골격, 근육 수축 및 신경자극전달, 혈액응고 등에 관여

3) 무기질의 분류

1일 필요량에 따라 다량무기질(100mg 이상), 미량무기질(100mg 미만)로 구분

다량무기질	칼슘(Ca), 인(P), 마그네슘(Mg), 칼륨(K), 나트륨(Na), 염소(Cl) 등
미량무기질	철(Fe), 아연(Zn), 구리(Cu), 망간(Mn), 코발트(Co), 불소(F) 등

4) 무기질의 종류

(1) 다량무기질

무기질	생리작용	결핍증	급원식품	특징
칼슘(Ca)	• 골격과 치아의 형성 • 혈액응고 • 근육의 수축과 이완 • 신경전달 • 삼투압유지	• 골격과 치아발육 부진 • 골연화증 • 골다공증	• 우유 및 유제품 • 뼈째 먹는 생선	• 비타민 D 흡수 촉진 • 수산(옥살산)이 칼슘과 결합하여 결석 형성)
인(P)	• 골격과 치아의 형성 • 에너지 대사에 관여 • 삼투압 및 pH 조절 • 세포의 구성성분	• 골격과 치아발육 부진	• 우유, 치즈 • 육류, 어패류 등	• 칼슘과 인의 비율 성인 1 : 1 성장기 어린이 2 : 1
마그네슘(Mg)	• 골격과 치아의 형성 • 근육과 신경흥분 억제 • 효소의 구성성분	• 근육떨림, 경련 • 심장기능 약화 • 신경장애	• 곡류, 두류, 감자 • 육류	
나트륨(Na)	• 삼투압 및 pH 조절 • 신경자극전달 • 수분균형유지	• 식욕부진 • 근육경련	• 소금, 우유 • 육류, 당근	과잉 시 고혈압, 심장병, 부종 유발
칼륨(K)	• 삼투압 및 pH 조절 • 근육수축 • 신경자극전달 • 글리코겐 및 단백질 합성	• 근육이완 • 발육부진 • 구토 및 설사	• 곡류 • 채소류, 과일류	과잉섭취 시 신장기능 이상

(2) 미량무기질

무기질	생리작용	결핍증	급원식품	특징
철 (Fe)	• 헤모글로빈의 구성성분 • 조효소의 성분 • 효소의 활성화	• 철 결핍성 빈혈	• 간, 난황 • 육류, 어패류 • 녹황색채소	근육의 미오글로빈에 함유
요오드 (I)	• 갑상선호르몬(티로신) 구성 • 유즙분비 촉진	• 갑상선종 • 크레틴증(발육정지)	• 해조류(미역, 다시마 등) • 육류, 어패류 등	과잉섭취 시 바세도우병(갑상선 기능항진증) 유발
아연 (Zn)	• 상처회복 촉진 • 면역기능 향상	• 상처회복 지연 • 발육장애 • 면역기능 저하	• 해산물(굴, 새우, 조개 등) • 육류, 달걀, 우유	과잉섭취 시 설사, 구토 유발
구리 (Cu)	• 철분 흡수 • 헤모글로빈 합성 촉진	저혈색소성 빈혈	• 간, 채소류 • 해조류, 달걀	녹색채소 색소고정에 관여
불소 (F)	• 골격 및 치아의 경화 • 충치 예방	충치(우치)	해조류	과잉섭취 시 반상치, 골경화증, 체중감소, 빈혈

알칼리성 식품

Ca, Na, K, Mg, Fe, Cu, Mn 등 알칼리 생성원소가 많은 식품

예 과일, 채소, 해조류, 우유

산성식품

P, S, Cl 등 산 생성원소가 많은 식품

예 곡류, 어류, 육류

6 비타민

1) 비타민의 특성

① 체내 생화학적 반응에 조효소나 보조인자로 작용하는 특수한 유기화합물

② 대부분 체내에서 합성되지 않으므로 음식 또는 외부적인 투여로 보충

2) 비타민의 종류

(1) 수용성 비타민(비타민 B복합체, C)

① 비타민 B복합체 : 여러 조효소를 구성하여 체내대사에 관여

② 비타민 C : 인체에 필요한 일부 물질들의 합성에 관여

(2) 지용성 비타민(비타민 A, D, E, K)

성장, 시각작용, 체내 항상성 조절, 출산, 혈액응고에 관여

(3) 수용성 비타민과 지용성 비타민의 비교

구분	수용성 비타민	지용성 비타민
용해성	물에 용해됨	지질, 유기용매에 용해됨
저장성	과잉 섭취 시 체외로 배출 독성 위험도 낮음	과잉 섭취 시 체내에 저장(간, 지방조직) 독성이 나타남 독성 위험도 높음
결핍증	결핍증이 즉시 나타남	결핍증이 서서히 나타남
체내공급	매일 필요량만큼 공급	주기적인 섭취가 필요함
조리 중 손실	조리수를 통하여 손실됨	조리수 중 손실되기 어려움

3) 비타민의 종류와 특징

구분	종류	결핍증	급원식품	특징
지용성 비타민	비타민 A (레티놀)	야맹증, 안구건조증, 성장부진, 면역기능이상, 피부이상	간, 난황, 버터, 시금치, 당근 등	시력유지, 상피세포 보호, 신경계 및 생식계 기능유지, 골격성장
	비타민 D (칼시페롤)	• 어린이 : 구루병 • 성인 : 골연화증, 골다공증	건조식품(말린 생선류, 버섯류 등)	뼈의 성장과 석회화 촉진, 칼슘과 인의 흡수 촉진, 자외선에 의해 인체 내에서 합성
	비타민 E (토코페롤)	노화촉진, 불임증	곡물의 배아, 식물성유, 견과류, 녹색채소	항산화성, 항불임성 비타민, 비타민 A 흡수 촉진
	비타민 K (필로퀴논)	혈액응고 지연, 잦은 출혈	녹색채소, 콩류, 당근, 달걀	혈액응고에 관여(지혈작용), 장내세균에 의해 인체 내에서 합성
	비타민 F (리놀레산)	피부건조증, 피부염	식물성 기름	성장과 영양에 꼭 필요, 체내에서 합성되지 않음
수용성 비타민	비타민 B_1 (티아민)	각기병, 피로, 권태, 식욕부진	돼지고기, 곡류의 배아, 쇠간, 땅콩	당질대사 촉진(보조 효소), 마늘의 알리신에 의해 흡수율 증가
	비타민 B_2 (리보플라빈)	구순, 구각염, 설염, 피부염	우유, 육류, 난류, 녹색채소	성장촉진, 입속 점막보호
	비타민 B_3 (니아신)	펠라그라	닭고기, 고등어, 표고버섯, 땅콩	탄수화물 대사작용 증진, 트립토판 60mg으로 니아신 1mg 합성
	비타민 B_6 (피리독신)	피부염	간, 효모, 배아	항피부염 인자, 단백질 대사 관여, 지방합성
	비타민 B_{12} (코발라민)	악성빈혈	김, 간, 우유, 생선, 달걀	성장촉진과 조혈작용에 관여, 코발트(Co) 함유 비타민
	비타민 C (아스코르브산)	괴혈병	신선한 채소, 과일	철분흡수 촉진, 체내 산화-환원 작용 관여, 조리 시 가장 많이 손실됨, 혈관벽 튼튼
	비타민 P (루틴, 헤스페리딘)	자반병, 신장염	메밀, 토마토, 감귤, 오렌지	혈관 강화작용, 혈관 삼투압 유지

7 식품의 색

1) 출처에 의한 분류

식품의 색은 식품의 품질을 결정하는 하나의 척도가 되며, 기호적 요인으로서 식욕과 관계가 있다. 자연식품 중의 색소들은 출처에 따라 식물성 색소와 동물성 색소로 나뉨

2) 식물성 색소

(1) 클로로필(Chlorophyll, 엽록소)

① 식물의 잎, 줄기에 있는 녹색 색소
② 구조 : 포르피린환(porphyrin고리)의 중심에 마그네슘(Mg^{++})이 결합되어 있고, 광합성에 중요한 색소임
③ 물에 녹지 않지만, 유기용매에는 잘 녹음
④ 산과 알칼리, 효소, 금속에 의해 변색됨

[표 3-1] 클로로필의 색 변화

산성(식초물)	녹갈색(페오피틴)
알칼리성(소다)	진한 녹색(클로로필린) 유지, 비타민 C 등 파괴, 조직이 연화됨
효소(클로로필라아제)	선명한 초록색(클로로필라이드)
금속이온(구리(Cu), 철(Fe)	선명한 초록색(완두콩 가공 시 황산구리 첨가)

(2) 카로티노이드(Carotenoid)

① 식물성, 동물성 식품에 널리 분포하는 황색, 주황색, 적색의 색소. 카로티노이드 색소와 함유식품
② 물에는 녹지 않고 기름에 잘 녹는 프로비타민 A의 기능이 있음
③ 산과 알칼리에 거의 변하지 않고, 열에 비교적 안정적이므로 조리 중 성분의 손실이 거의 없음

카로틴계	크산토필계
• α, β, γ 카로틴 : 당근 • 리코펜 : 수박, 토마토, 앵두	• 크립토잔틴 : 옥수수, 감 • 아스타잔틴 : 게, 새우, 연어, 송어 • 캡산틴 : 고추, 파프리카

(3) 플라보노이드(Flavonoids)

- 식물에 넓게 분포하는 주로 흰색, 무색, 담황색, 적색, 청색 등을 일컬음
- 주로 밀가루, 양파 등에 함유

① 안토잔틴(anthoxanthin) : 식물의 뿌리, 줄기, 잎에 분포하며 백색이나 담황색의 수용성 색소

산성	연근이나 우엉을 식초물에 삶으면 흰색을 띰
알칼리성	밀가루에 중탄산나트륨(알칼리)을 넣어 찐 빵이나 튀김옷이 황색을 띰
철(Fe)	감자를 철제 칼로 자를 경우 암갈색을 띰
가열 시	감자, 양파, 양배추 가열 시 노란색을 띰

② 안토시아닌(anthocyanin, 화청소) : 과일, 채소류에 존재하는 적색, 청색, 자색의 수용성 색소

산성	생강을 식초에 절이면 붉게 됨
중성	가지를 삶을 때 백반을 넣으면 보라색이 유지됨
알칼리성	철 등의 금속과 결합 시 청색이 유지됨

③ 타닌(tannin) : 갈변의 원인인 무색의 폴리페놀 성분의 총칭. 공기, 금속, 산화효소에 의하여 갈색, 흑색, 홍색으로 변화되는 불안정한 물질

3) 동물성 색소

(1) 미오글로빈

① 육색소라고도 하며, 가축의 종류, 연령, 근육부위에 따라 함량이 달라짐

② 연령이 높고 활동을 많이 할수록 색소 함량이 많아져 고기의 색깔이 진해짐

③ 신선한 생육은 적자색이며, 공기 중 산소와 결합하여 선명한 적자색의 옥시미오글로빈이

되고 가열하면 갈색 또는 회색의 메트미오글로빈이 됨

(2) 헤모글로빈

① 근육 중 혈관에 분포하는 혈액색소로, 철(Fe)을 함유함

② 육류 가공 시 질산칼륨이나 아질산칼륨을 첨가하면 선홍색을 유지할 수 있음

(3) 아스타잔틴

① 피조개의 붉은 살, 새우, 게, 가재 등에 포함되어 있는 흑색 또는 청록색 색소임

② 가열하거나 부패에 의해 붉은색인 아스타신으로 변함

(4) 헤모시아닌

① 문어, 오징어 등의 연체류에 포함되어 있는 파란색 색소임

② 가열하여 익힐 경우 적자색으로 변함

8 식품의 갈변

1) 식품의 변질

(1) 변질의 주원인

① 미생물의 번식

② 식품 자체의 효소작용

③ 공기 중의 산화로 인한 비타민 파괴 및 지방산패

(2) 육류의 부패

① 사후경직(사후강직) : 동물 도살 직후 산소 공급이 중지되어 당질의 호기적 분해가 일어나지 않아 근육 중 젖산의 증가로 인해 근육 수축이 일어나 경직되는 것을 말함. 사후경직 후 자가소화를 거쳐 부패 순으로 진행됨

② 도살 후 최대 경직시간

닭고기	6~12시간
돼지고기	12~24시간
소고기	24~36시간(2~3일)

③ 자가소화(숙성) : 근육 내의 단백질 분해효소에 의해 근육단백질이 분해되는 것임

④ 부패 : 숙성이 지나고 미생물에 의해 일어나며 암모니아, 페놀, 인돌, 황화수소, 트리메틸아민 등이 형성됨

2) 식품의 갈변

식품의 원래 색소에 의해서가 아닌 조리, 가공, 저장에 의해 일어나는 식품 성분들 사이의 반응, 효소반응, 산화 등의 이유로 갈색으로 변하거나 원래의 색이 진해지는 현상

(1) 효소에 의한 갈변

① 폴리페놀 옥시다아제 : 채소류나 과일류를 자르거나 껍질을 벗길 때, 홍차 갈변

② 티로시나아제 : 감자 갈변

③ 효소의 활성 제거

산 이용	식품의 pH를 산성으로 변화시킴(pH 3 이하로 낮춤)
온도 조절	식품의 온도를 -10℃ 이하로 유지 또는 고온으로 열처리
당 또는 염류 첨가	껍질 벗긴 사과, 배를 설탕이나 소금물에 담가둠

④ 산소의 제거 : 산소는 갈변을 촉진시키므로 산소의 접촉을 억제함

⑤ 금속이온 제거 : 갈변 효소는 철, 구리에 의해 활성이 촉진됨

(2) 비효소에 의한 갈변

① 메일라드(Maillard, 마이야르) 반응

- 당의 카르보닐(carbonyl)기와 아미노산이나 단백질의 아미노(amino)기가 원인이 되어 발생
- 식품의 조리, 가공, 저장 중에 거의 자연발생적으로 일어나며, 거의 모든 식품에서 일어날

가능성을 지님

- 에너지의 공급 없이도 자연적으로 발생함(간장, 된장의 갈색화 반응)

② 캐러멜화 반응

- 당류를 160~180℃의 고온으로 가열했을 때의 갈변반응
- 당을 다량 함유한 식품의 인공적 가열에 의해 가공 중 발생
- 산화, 탈수, 분해 및 중합, 축합에 의해 캐러멜이 생성
- 커피콩 볶음, 불고기, 제빵, 비스킷, 캔디 제조 시 발생
- 장류, 청량음료, 양주, 약식과 과자류의 착색에 이용

③ 아스코르브산(Ascorbic acid) 산화에 의한 갈변반응

- 아스코르브산이 비가역적으로 산화된 후 자연항산화제로서의 기능을 상실하고 갈색화 반응을 수반함
- 오렌지주스, 농축과즙, 분말과즙의 갈변

9 식품의 맛과 냄새

1) 식품의 맛

(1) 맛의 분류

① Henning : 단맛(sweet), 짠맛(saline), 신맛(sour), 쓴맛(bitter) (4원미)

② 우리나라 기본맛 : 단맛, 신맛, 짠맛, 쓴맛, 매운맛(五味)

(2) 맛의 감지

① 혀의 부위와 최적온도

- 단맛 : 앞부분, 신맛 : 양 가장자리, 짠맛 : 전체(또는 앞 양쪽 가장자리), 쓴맛 : 뒷부분
- 단맛 : 5~25℃, 신맛 : 20~25℃, 짠맛 : 30~40℃, 쓴맛 : 40~50℃, 매운맛 : 50~60℃
- 미각이 예민한 온도 : 10~40℃(30℃가 최적)
- 온도가 상승함에 따라 단맛은 증가하고 짠맛과 쓴맛에 대한 반응은 감소함

② 맛의 상호작용
- 짠맛은 신맛을 억제
- 짠맛과 신맛은 단맛을 상승
- 단맛은 짠맛과 신맛을 억제

(3) 미맹

① PTC(phenylthiocarbamide)에 대해 쓴맛을 못 느끼는 현상

② 백인은 전체 인구의 30%, 흑인은 2~3%, 황인은 15% 정도가 미맹

(4) 맛의 변화

① 맛의 대비(맛의 강화)
- 서로 다른 맛성분의 혼합 시 주된 맛이 더 강화되는 현상
- 단맛 + 소량의 짠맛, 짠맛 + 소량의 신맛, 감칠맛 + 소량의 짠맛 혼합 시 주된 맛 강화

예 팥죽 + 소량의 소금 → 단맛 증가
소금물 + 유기산 → 짠맛 증가
MSG + 소금물 → 감칠맛 증가(멸치국)

② 맛의 상승
- 같은 종류의 맛성분 혼합 시 각각의 맛보다 강하게 느껴지는 현상

예 설탕물 + 사카린 → 단맛 증가(분말주스)
MSG + 핵산계 조미료(Na – 이노신산, Na – 구아닐산) → 감칠맛 증가(멸치국)

③ 맛의 상쇄
- 두 맛성분의 혼합 시 각각 고유의 맛이 약해지거나 없어지는 현상

예 간장, 된장의 짠맛이 감칠맛에 상쇄되어 짠맛 감소
김치 맛의 짠맛이 신맛과 상쇄되어 조화된 맛 형성
청량음료는 단맛과 신맛이 상쇄되어 조화된 맛 형성

④ 맛의 억제
- 서로 다른 몇 가지 맛성분의 혼합 시 주된 맛성분의 맛이 약화되는 현상

예 커피+설탕 → 쓴맛 억제
과일+설탕 → 신맛 억제

⑤ 맛의 변조
- 한 맛을 느낀 직후 다른 맛을 정상적으로 느끼지 못하는 현상

예 오징어 먹은 후 물 마시면 쓴맛이 느껴짐
쓴 약을 먹은 후 물 마시면 달게 느껴짐
설탕을 맛본 후에 물 마시면 신맛이나 쓴맛이 느껴짐

⑥ 맛의 순응(맛의 피로현상)
- 같은 맛을 계속 맛보면 그 맛이 변하거나 미각이 둔해지는 현상
- 미각신경의 피로에 기인
- 황산마그네슘이 처음에는 쓰나 조금 지나면 약간 달게 느껴짐
- 농도가 낮으면 순응이 빨리 일어나고, 농도가 높아짐에 따라 순응에 의해 미각이 소멸되는 시간이 길어짐

2) 주요 맛성분

(1) 단맛(甘味) 성분

① 단맛의 비교 : 설탕(sucrose)의 단맛(100)을 기준
과당(170) 〉 전화당(120) 〉 설탕(100) 〉 포도당(70) 〉 맥아당(60) 〉 유당(20)
② 온도상승에 따라 단맛에 대한 반응은 증가
③ 천연감미료는 당류, 당알코올, 아미노산 및 펩티드
④ 인공감미료는 아스파탐, 만니톨

(2) 신맛성분

① 신맛은 향기를 동반하며, 미각을 자극하여 식욕을 증진시키는 효과
② 산이 해리되어 만들어진 수소이온에 의한 맛
③ pH가 같을 경우 무기산보다 유기산의 신맛이 더 강함
④ 식욕증진, 방부효과 및 살균효과(2% 이상 식초절임)가 있음

⑤ 유기산은 상쾌한 맛과 특유의 감칠맛이 난다.

유기산	함유식품	유기산	함유식품
초산	식초, 김치류	사과산	사과, 배
주석산	포도	구연산	딸기, 매실, 감귤류
젖산	김치류, 요구르트	호박산	청주, 조개류

(3) 쓴맛성분

① 쓴맛성분은 식욕을 촉진하며, 10℃ 정도에서 가장 강하게 느낀다.

② 미량 존재 시 식품의 맛 강화효과

③ 온도상승으로 쓴맛에 대한 반응은 감소

쓴맛성분	함유식품	쓴맛성분	함유식품
카페인	커피, 초콜릿	쿠쿠르비타신	오이 꼭지
테인	차류	후물론	호프(맥주)
나린진	밀감, 자몽	테오브로민	코코아, 초콜릿

(4) 짠맛성분

① 신맛이 더해지면 강해지고, 단맛이 더해지면 약해짐

② 염화나트륨, 염화칼륨, 브롬화나트륨(소금성분) 등이 있음

③ 소금농도가 1~2%일 때 기분 좋은 짠맛이 남

(5) 감칠맛성분(맛난 맛, 구수한 맛)

① 음식물이 입에 당기는 맛으로, 단백질 식품에 많음

② 감칠맛성분 : 아미노산 및 유도체, 펩티드, 뉴클레오티드, 유기산

③ 미역, 다시마의 monosodium glutamate(MSG)가 대표적

감칠맛성분	함유식품	감칠맛성분	함유식품
글루타민산	김, 된장, 간장, 다시마	이노신산	가다랑어포(가쓰오부시) 말린 것, 멸치
아미노산	쇠고기	타우린	오징어, 문어, 조개류
구아닐산	표고버섯, 송이버섯, 느타리버섯	베타인	오징어, 새우

(6) 매운맛성분

① 미각신경이 강하게 자극받아 생기는 통각 또는 온도 감각에 의한 맛

② 풍미향상, 식욕자극, 위장강화, 살균 및 살충작용

③ 60℃ 정도에서 가장 강하게 느껴짐

매운맛성분	함유식품	매운맛성분	함유식품
캡사이신	고추	피페린, 차비신	후추
쇼가올, 진저론, 진저롤	생강	시니그린	겨자
알리신	마늘	커큐민	울금(강황)

(7) 아린맛

① 쓴맛과 떫은맛이 복합된 불쾌한 맛으로 가지, 고사리, 도라지 등에 분포

② 토란, 죽순, 우엉의 아린맛 성분 : 호모젠티스산

③ 아린맛성분 : 무기염류, 배당체, 유기산, 타닌 성분 등으로 구성

④ 먹기 전 물에 침지하여 아린맛 제거

(8) 떫은맛성분

① 혀 표면의 점막단백질이 변성, 응고되어 미각신경이 마비되는 수렴성의 맛

② 차, 포도주의 약한 떫은맛은 다른 맛과 조화되어 독특한 풍미 부여

③ 떫은맛성분 : 타닌류, 지방산, 알데히드류, 금속류(철, 알루미늄)

(9) 금속맛, 알칼리맛

① 금속맛 : 포크나 숟가락이 입에 닿을 때의 맛

② 알칼리맛(재, 중조의 맛) : –OH에서 기인

3) 식품의 냄새

(1) 냄새의 개요

① 향(aroma, perfume)은 좋은 냄새

② 취(stink, odor)는 나쁜 냄새

③ 향미(flavor)는 입과 코에서 동시에 느껴지는 맛과 냄새가 합해진 감각

④ off-flavor : 식품의 향미가 손실되거나 이취가 혼입 발생하여 식품 고유의 향기가 없어지는 것

(2) 냄새성분의 종류

① 에스테르류

- 과일향의 주성분, 꽃향(과일향보다 분자량 증가, 향기 증가)
- 과일, 양조식품, 낙농제품, 기호식품 향기의 주성분

② 알코올류

- 과일, 채소, 청주의 향기성분
- 방향족 알코올 : 꽃향기성분

③ 알데히드와 케톤류

- 가열향기의 성분
- 버터나 발효 유제품의 향기성분

(3) 식물성 식품의 냄새

① 양배추의 향기성분 : 알릴 이소티오시아네이트(allyl isothiocyanate)

② 양파와 마늘의 특유한 냄새 : 알리신(allicin)

③ 겨자씨의 향기성분 : 알릴 이소티오시아네이트(allyl isothiocyanate)

④ 송이버섯의 향기성분 : 메틸시나메이트(methylcinnamate)

⑤ 표고버섯의 향기성분 : 렌티오닌(lenthionine)

(4) 동물성 식품의 냄새성분

① 상어, 홍어 : 요소 $\xrightarrow{\text{세균의 분해}}$ 암모니아(자극취)

② 신선한 생우유의 향 : 아세톤, 아세틸알데하이드, 디메틸설파이드

③ 신선한 쇠고기의 냄새 : 아세트알데하이드

10 식품의 물성

1) 식품의 종류 및 특성

① 탄성(elasticity)
- 외부에서 힘을 가하면 변형, 힘을 제거하면 원상태로 회복되는 성질
- 한천, 곤약, 곶감, 젤리가 해당

② 점성(viscosity)
- 흐름에 대한 저항
- 물엿, 꿀이 해당

③ 점탄성(viscoelasticity)
- 어떤 물체에 힘을 가할 때 탄성변형과 점성유동이 동시에 일어나는 성질
- 껌, 찰떡, 빵반죽이 해당

④ 가소성(plasticity)
- 외부의 힘에 의하여 변형, 힘을 제거해도 원상태로 회복되지 않는 성질
- 생크림, 버터, 마가린이 해당

2) 식품의 교질상태

(1) 용액의 3형태

① 진용액 : 용질(1nm 이하)이 용매에 녹아 균질상태 유지

② 현탁액 : 용질이 커서 용매와 섞이지 못하고 침전, 용매와 분리됨. 물에 전분을 풀어놓은 상태를 말함

③ 교질액 : 교질용액은 진용액보다 분산질 크기가 커서 용해되거나 침전되지 않고 분산되어 있는 상태

(2) 교질의 종류

① 졸(sol)

- 분산매는 액체, 분산질은 고체나 액체로 전체적으로 액상
- 수프, 된장국, 달걀흰자

② 겔(gel)

- sol이 유동성을 잃고 다량의 분산질 사이에 분산매를 소량 함유한 상태
- sol이 냉각에 의해 응고되거나 분산매의 감소로 반고체화된 상태
- 두부, 치즈, 어묵, 된장, 밥, 삶은 계란, 마요네즈, 푸딩, 한천, 젤리

3) 식품의 유화성(emulsification phenomenon)

(1) 유화액

① 액체가 서로 섞이지 않는 다른 액체 내에 작은 방울로 분산되어 있는 상태

② 수중유적형(水中油滴型, oil in water type, O/W type emulsion) : 마요네즈, 우유 등

③ 유중수적형(油中水滴型, water in oil type, W/O type emulsion) : 버터, 마가린 등

(2) 유화제

서로 섞이지 않는 다른 액체를 서로 섞이게 도와주는 물질

11 식품의 유독성분

1) 식물성 유독성분

(1) 감자

저장 중에 생긴 푸른 싹, 발아된 부위

① 독소 : 솔라닌(solanine) (배당체로서 solanidine + 당으로 구성)

② 중독증상 : 콜린에스터라아제(choline esterase) 저해작용 → 용혈, 운동중추 마비, 의식 장애

③ 중독예방법 : 보통의 가열로는 파괴되지 않으므로, 발아부분의 새싹을 제거해 버리고 껍질을 깎아서 먹는 것이 안전

④ 썩은 감자의 독성분 : 셉신(sepsine)

(2) 매실

미숙한 매실에 존재

① 미숙한 매실, 살구씨, 복숭아씨 : 아미그달린

② 중독증상 : 위장염, 두통, 강직성 경련, 호흡중추 마비로 사망

(3) 독버섯

9~11월 버섯 생산시기에 발생

① 증상은 경련, 혼수상태, 헛소리, 설사, 구토, 복통, 중추신경장애, 광증 등

② 독버섯의 종류는 화경버섯, 마귀곰보버섯, 광대버섯, 미치광이버섯 등

③ 유독성분은 무스카린, 무스카리딘, 아마니타톡신, 콜린, 뉴린, 팔린 등

(4) 면실(목화씨)

① 고시폴(gossypol) : 항산화 작용을 지니나 독성이 더 문제되므로 유지 정제 시 제거

② 정제가 불충분한 면실유 섭취 시 중독

③ 심부전증, 심장비대, 출혈성 신염, 신장염

(5) 피마자

① 리신(ricin), ricinine : 피마자유나 박(粕)

② 위장염, 알러지 유발

(6) 독미나리

시큐톡신(독화살에 이용) : 위통, 구토, 현기증, 호흡마비로 사망

(7) 고사리

① 방광암(방목하던 소가 비뇨기나 장출혈로 급성중독사)

② 물로 떫고 쓴맛을 우려내면 발암성 상실

(8) 독보리 : 테물린

(9) 맥각독

① 독소 생산균 : 맥각균(Claviceps pupurea)

② 독소 생산환경 : 맥각(곰팡이의 흑자색 균핵)이 혼입된 보리나 호밀

(10) 아플라톡신(Aflatoxin)

① 열대 및 아열대 지방에서 다발

② 영국의 칠면조 10만 마리 폐사건(수입 땅콩박) 유명

(11) 황변미 중독

① 생산환경 : 쌀, 옥수수

② 독성분의 특성 : 시트리닌으로 신장독을 일으킴

2) 동물성 독성물질

(1) 복어독

① 독소 : 테트로도톡신, 치사율 60%

② 매리복, 복섬, 검복은 독성이 강력하나 밀복, 강복은 거의 무독

③ 중독증상 : 지각이상, 운동장해, 언어장해, 혈압저하, 호흡곤란, 청색증, 사망

(2) 조개독

① 마비성 조개독

- 대합조개, 섭조개, 홍합 : 삭시톡신으로 신경마비 등을 일으킴
- 유독기 2~4월

② 모시조개 중독

- 모시조개, 바지락, 굴에 함유 : 베네루핀으로 간장독을 일으킴
- 유독기 5~9월

예상문제 식품재료의 성분

01 수분이 체내에서 하는 일이 아닌 것은?

① 인체에 열량을 공급한다.
② 영양소와 노폐물을 운반하는 작용을 한다.
③ 체온을 조절한다.
④ 내장의 장기를 보존하는 역할을 한다.

> 수분의 역할
> • 영양소와 노폐물을 운반한다.
> • 체온을 조절한다.
> • 여러 생리반응에 필수적이다.
> • 내장의 장기를 보존한다.

02 자유수와 결합수에 대한 설명 중 틀린 것은?

① 식품 내의 어떤 물질과 결합되어 있는 물을 결합수라 한다.
② 식품 내 여러 성분 물질을 녹이거나 분산시키는 물을 자유수라 한다.
③ 식품을 냉동시키면 자유수, 결합수 모두 동결된다.
④ 자유수는 화학반응에 직・간접적으로 관여한다.

> 자유수는 0℃ 이하에서 동결되지만 결합수는 동결되지 않는다.

03 다음 중 수분활성도(Aw)에 대한 설명으로 틀린 것은?

① 말린 과일은 생과일보다 Aw가 낮다.
② 세균은 생육최저 Aw가 미생물 중에서 가장 낮다.
③ 효소활성은 Aw가 클수록 증가한다.
④ 소금이나 설탕은 가공식품의 Aw를 낮출 수 있다.

> 미생물 증식에 필요한 수분활성도(Aw)는 세균 0.91, 효모 0.88, 곰팡이 0.80이다.

04 식품의 수분활성도를 올바르게 설명한 것은?

① 일정한 온도에서 식품의 수증기압(P)과 순수한 물의 수증기압(Po)의 비율
② 일정한 온도에서 식품이 나타내는 수증기압
③ 일정한 온도에서 식품의 수분함량
④ 일정한 온도에서 식품과 동량의 순수한 물의 수증기압

> 일정한 온도에서 식품의 수증기압(P)과 순수한 물의 수증기압(Po)의 비율(P/Po)

05 식품이 나타내는 수증기압이 0.75기압이고, 그 온도에서 순순한 물의 수증기압이 1.5기압일 때 식품의 상대습도(RH)는?

① 40　　② 50
③ 60　　④ 70

> 상대습도는 식품의 수증기압과 같은 온도에서 순수한 물의 수증기압의 비를 백분율로 나타낸 것이다. 따라서 식품의 상대습도는 다음과 같다.
> $$RH = \frac{P(\text{식품 속의 수증기압})}{P_o(\text{순수한 물의 수증기압})} \times 100$$

06 다음 중 탄수화물의 구성요소가 아닌 것은?

① 탄소(C)　　② 질소(N)
③ 산소(O)　　④ 수소(H)

정답 01. ①　02. ③　03. ②　04. ①　05. ②　06. ②

> 탄수화물의 구성요소는 탄소(C), 수소(H), 산소(O)이며, 1일 총 열량섭취의 65%를 차지하며 최종분해산물은 포도당이다.

07 다음 중 이당류인 것은?

① 설탕(Sucrose)
② 전분(Starch)
③ 과당(Fructose)
④ 갈락토오스(Galactose)

> **당의 종류**
> • 단당류 : 포도당, 과당, 갈락토오스, 만노오스
> • 이당류 : 자당(설탕, 서당), 젖당(유당), 맥아당
> • 다당류 : 전분 글리코겐, 섬유소, 펙틴, 이눌린, 갈락탄

08 맥아당은 어떤 성분으로 구성되어 있는가?

① 포도당 2분자가 결합된 것
② 과당과 포도당 각 1분자가 결합된 것
③ 과당 2분자가 결합된 것
④ 포도당과 전분이 결합된 것

> 엿당이라고 하며, 포도당 2분자가 결합한 이당류로 엿기름에 많이 함유되어 있고 물엿의 주성분이다.

09 혈액에 존재하는 당의 형태와 동물체 내에 저장되는 당의 형태를 바르게 짝지은 것은?

① 갈락토오스-이눌린 ② 포도당-전분
③ 포도당-글리코겐 ④ 젖당-글리코겐

> 사람의 혈액 중에는 포도당이 0.1% 정도 함유되어 있고, 탄수화물 과잉 섭취 시 간에 저장되는 저장탄수화물을 글리코겐이라 한다.

10 당류 중 단맛이 높은 순서로 배열된 것은?

① 포도당-서당-과당-유당
② 과당-서당-포도당-맥아당
③ 맥아당-포도당-유당-과당
④ 유당-포도당-서당-과당

> **단맛이 강한 순서**
> 과당>전화당>서당>포도당>맥아당>유당

11 설탕을 포도당과 과당으로 분해하여 전화당을 만드는 효소는?

① 아밀라아제(amylase)
② 인버타아제(invertase)
③ 리파아제(lipase)
④ 피타아제(phytase)

> 이당류인 설탕은 분해효소인 인버타아제(invertase)에 의해 단당류인 포도당과 과당이 동량의 혼합물이 되며, 이를 전화당이라 한다. 전화당은 설탕보다 약 30% 정도 더 단맛을 낸다.

12 지방에 대한 설명으로 옳은 것은?

① 지방산과 글리세롤의 에스테르 결합으로 이루어져 있다.
② 1g당 발생하는 열량은 4kcal이다.
③ 글리세롤의 아세톤 결합이다.
④ 콜레스테롤은 지방이지만 몸에 유익하지 못하므로 섭취하지 않는다.

> 지방은 3분자의 지방산과 1분자의 글리세롤로 에스테르 결합을 하고 있으며, 1g당 9kcal의 에너지를 발생시킨다. 또한 콜레스테롤은 세포형성에 필수적이므로 식사에서 적당량 공급되어야 한다.

13 다음 중 필수지방산에 속하는 것은?

① 리놀렌산 ② 올레산
③ 스테아르산 ④ 팔미트산

> • 필수지방산은 체내에서 합성되지 않으므로 반드시 식사에서 공급되어야 하는 지방산을 말하며 불포화도가 높은 식물성유에 많이 포함되어 있다.
> • 필수지방산의 종류 : 리놀레산, 리놀렌산, 아라키돈산

14 유지의 산패도를 나타내는 값으로 맞게 짝지어진 것은?

① 비누화가, 요오드가
② 요오드가, 아세틸가
③ 과산화물가, 비누화가
④ 산가, 과산화물가

정답 07. ① 08. ① 09. ③ 10. ② 11. ② 12. ② 13. ① 14. ④

• 산가 : 유리지방산의 양을 측정
• 과산화물가 : 유지 속에 들어 있는 과산화물의 양을 나타내는 것

15 인산을 함유하는 복합지방질로서 유화제로 사용되는 것은?

① 레시틴　② 글리세롤
③ 스테롤　④ 글리콜

레시틴은 인지질의 한 가지로 세포막 구성의 중요한 성분으로 난황에 들어 있으며 유화제로 사용된다.

16 유지 중에 존재하는 유리 수산기(-OH)의 함량을 나타내는 것은?

① 아세틸가(Acetyl value)
② 폴렌스케가(Polenske value)
③ 헤너가(Hehner value)
④ 라이헤르트-마이슬가(Reichert-Meissl value)

아세틸가(Acetyl value)는 유지 중에 들어 있는 수산기(-OH)를 가진 지방산의 함량을 나타내는 특성치이다. 신선한 유지의 아세틸가는 10 이하이며, 산성유지나 피마자유는 일반적으로 높다.

17 유지의 경화란?

① 불포화지방산에 수소를 첨가하여 고체화한 가공유이다.
② 포화지방산에 니켈과 백금을 넣어 가공한 것이다.
③ 유지에서 수분을 제거한 것이다.
④ 포화지방산의 수증기 증류를 말한다.

경화유란, 불포화지방산에 수소를 첨가하고 니켈과 백금을 촉매제로 하여 고체화한 가공유이다.

18 식물성 액체유를 경화 처리한 고체기름은?

① 버터　② 마가린
③ 라드　④ 마요네즈

쇼트닝과 마가린은 불포화지방산에 수소를 첨가하고 미켈과 백금을 촉매제로 하여 액체유를 고체로 만든 유지이다.

19 필수아미노산만으로 짝지어진 것은?

① 트립토판, 메티오닌
② 트립토판, 글리신
③ 라이신, 글루타민산
④ 루신, 알라닌

필수아미노산
• 성인 : 트립토판, 발린, 트레오닌, 이소루신, 루신, 리신, 페닐알라닌, 메티오닌
• 성장기 어린이와 노인 : 성인 8종 + 아르기닌, 히스티딘

20 단백질의 구성단위는?

① 지방산　② 과당
③ 아미노산　④ 포도당

단백질의 최종분해 산물은 아미노산(amino acid)이다.

21 알칼리성 식품에 해당하는 것은?

① 육류　② 곡류
③ 해조류　④ 어류

산성식품과 알칼리성 식품
• 산성식품 : 무기질 중 P, S, Cl 등이 많이 함유되어 있는 식품-곡류, 어류, 육류 등
• 알칼리성 식품 : 무기질 중 Ca, Na, K, Fe, Cu, Mn 등이 많이 함유되어 있는 식품-과일, 채소, 해조류, 우유

22 대두를 구성하는 콩단백질의 주성분은?

① 글리아딘(Gliadin)
② 글루테닌(Glutenin)
③ 글루텐(Gluten)
④ 글리시닌(Glycinin)

콩단백질의 주요 성분은 글리시닌(Glycinin)이고, 곡류에 부족한 리신, 트립토판이 비교적 많이 포함되어 있으며, 메티오닌 함량은 작다.

정답 15. ①　16. ①　17. ①　18. ②　19. ①　20. ①　21. ③　22. ④

23 어떤 단백질의 질소함량이 18%라면 이 단백질의 질소계수는 약 얼마인가?

① 6.30 ② 6.47
③ 6.67 ④ 5.56

> 질소계수 = 100/질소함유량 = 100/18 = 5.56

24 카세인(casein)은 어떤 단백질에 속하는가?

① 당단백질 ② 지단백질
③ 유도단백질 ④ 인단백질

> 카세인은 화학적 분류로는 인과 결합된 복합단백질이며, 영양학적 분류로는 완전단백질에 속한다.

25 다음 중 단백가가 가장 높은 것은?

① 쇠고기 ② 달걀
③ 대두 ④ 버터

> 달걀은 최고의 단백질 효율을 100으로 볼 때 93.7로 여러 식품 중에서 단백가가 가장 높은 식품이다.

26 산성식품에 해당하는 것은?

① 사과 ② 감자
③ 곡류 ④ 시금치

> **산성식품과 알칼리성 식품**
> - 산성식품 : 무기질 중 P, S, Cl 등이 많이 함유되어 있는 식품–곡류, 어류, 육류 등
> - 알칼리성 식품 : 무기질 중 Ca, Na, K, Fe, Cu, Mn 등이 많이 함유되어 있는 식품–과일, 채소, 해조류, 우유

27 황함유 아미노산이 아닌 것은?

① 트레오닌(threonine)
② 시스틴(cystine)
③ 메티오닌(methionine)
④ 시스테인(cysteine)

> 트레오닌은 필수아미노산의 하나로 단백질 속에서는 인산에스테르 형태로 존재한다.

28 단백질의 열변성에 대한 설명으로 옳은 것은?

① 보통 30℃에서 일어난다.
② 수분이 적게 존재할수록 잘 일어난다.
③ 전해질이 존재하면 변성속도가 늦어진다.
④ 단백질에 설탕을 넣으면 응고온도가 높아진다.

> 단백질에 설탕을 넣으면 단백질이 수화되기 쉬운 상태가 되어 응고를 방해하고 응고온도는 높아지게 된다.

29 체내에서 여러 가지 생리적 기능을 조절하는 영양소는?

① 탄수화물, 단백질
② 단백질, 비타민
③ 비타민, 무기질
④ 단백질, 무기질

> 조절영양소는 신체의 기능을 조절하는 영양소로 비타민, 무기질, 물 등이 있다.

30 무기질의 작용과 관계없는 것은?

① 체액의 pH 조절
② 효소작용의 촉진
③ 세포의 삼투압 조절
④ 비타민의 절약작용

> **무기질의 기능**
> - 체액의 pH 및 삼투압 조절
> - 생리적 작용의 촉매작용
> - 신체의 구성성분
> - 신경의 자극전달 및 산, 알칼리 조절

31 칼슘의 흡수를 방해하는 요인은?

① 수산 ② 초산
③ 호박산 ④ 구연산

> - 칼슘 흡수를 촉진하는 인자 : 비타민 D
> - 칼슘 흡수를 방해하는 인자 : 수산(옥살산)

정답 23. ④ 24. ④ 25. ① 26. ③ 27. ① 28. ④ 29. ③ 30. ④ 31. ①

32 칼슘의 기능이 아닌 것은?

① 골격과 치아를 구성
② 근육의 수축작용
③ 혈액응고작용
④ 체액과 조직 사이의 삼투압조절

> **칼슘의 기능**
> • 골격과 치아 구성
> • 근육 수축작용
> • 혈액응고에 관여
> ※ 체액과 조직 사이의 삼투압조절 : Na, K

33 헤모글로빈이라는 혈색소를 만드는 구성성분으로 산소를 운반하는 역할을 하는 무기질은?

① 칼슘　② 철분
③ 인　④ 마그네슘

> 혈색소인 헤모글로빈은 각 조직세포에 산소를 운반하는 작용을 하며, 철분에 의해 합성된다.

34 충치 예방을 위해 필요한 무기질은?

① 칼슘　② 철분
③ 불소　④ 요오드

> • 불소 : 치아의 강도를 단단하게 함(과잉-반상치, 결핍-충치)
> • 칼슘 : 뼈의 구성성분
> • 철분 : 혈색소의 구성성분
> • 요오드 : 기초대사조절, 유즙분비

35 요오드(I)는 어떤 호르몬과 관계가 있는가?

① 신장호르몬
② 성호르몬
③ 부신호르몬
④ 갑상선호르몬

> **요오드(I)**
> • 갑상선호르몬의 구성성분
> • 기초대사를 조절

36 비타민 A가 부족할 때 나타나는 대표적인 증세는?

① 괴혈병　② 구루병
③ 불임증　④ 야맹증

> 트레오닌은 필수아미노산의 하나로 단백질 속에서는 인산에스테르 형태로 존재한다.

37 비타민 E에 대한 설명으로 틀린 것은?

① 물에 용해되지 않는다.
② 항산화 작용이 있어 비타민 A나 유지 등의 산화를 억제해 준다.
③ 버섯 등에 에르고스테롤(ergosterol)로 존재한다.
④ 알파 토코페롤(α-tocopherol)의 효력이 가장 강하다.

> 에르고스테롤은 효모나 맥각을 비롯하여 표고버섯 등 균류에 들어 있는 스테로이드로 자외선의 작용에 의해 비타민 D_2가 되는 프로비타민 D이다.

38 생식기능 유지와 노화방지에 효과가 있고 화학명이 토코페롤(Tocopherol)인 비타민은?

① 비타민 A　② 비타민 C
③ 비타민 D　④ 비타민 E

39 열에 의해 가장 쉽게 파괴되는 비타민은?

① 비타민 C　② 비타민 A
③ 비타민 E　④ 비타민 K

> 수용성 비타민은 물에 잘 녹고, 열에 의해서도 쉽게 파괴된다 : 비타민 B군, C

40 비타민 B_2 결핍 시 나타나는 증상은?

① 구각염　② 괴혈병
③ 야맹증　④ 각기병

> • 괴혈병-비타민 C
> • 야맹증-비타민 A
> • 각기병-비타민 B_1

정답 32. ④　33. ②　34. ③　35. ④　36. ①　37. ③　38. ④　39. ①　40. ①

41 칼슘(Ca)의 흡수를 촉진시키는 비타민?

① 비타민 A ② 비타민 B_6
③ 비타민 E ④ 비타민 D

> 칼슘과 비타민 D는 뼈의 정상적인 성장에 필수적인 영양소로, 비타민 D는 Ca의 흡수를 촉진시킨다.

42 카로틴이란 어떤 비타민의 효능을 가진 것인가?

① 비타민 A ② 비타민 B_1
③ 비타민 C ④ 비타민 D

> **카로틴(프로비타민 A)**
> • 카로틴은 인체 내에 들어와 비타민 A로서의 효력을 갖게 된다.
> • 카로틴의 비타민 A로서의 효력은1/3 정도

43 혈액의 응고성과 관계있는 비타민은?

① 비타민 A ② 비타민 B_2
③ 비타민 F ④ 비타민 K

> 혈액응고에 관여하는 영양소 : Ca, 비타민 K

44 우유는 동물성 식품이지만 알칼리 식품에 속한다. 어떤 원소 때문일까?

① S(황) ② P(인)
③ Mg(마그네슘) ④ Ca(칼슘)

> 우유는 칼슘의 급원식품으로, 동물성 식품이지만 무기질 중 칼슘의 양이 많으므로 알칼리성 식품이다.

45 필수지방산은 다음 중 어느 비타민을 말하는가?

① 비타민 B_6 ② 비타민 C
③ 비타민 F ④ 비타민 D

> **필수지방산(비타민 F)**
> • 신체의 성장과 유지과정의 정상적인 기능을 수행함에 있어서 반드시 필요한 지방산으로 체내에서 합성되지 않기 때문에 식사를 통해 공급받아야 하는 지방산을 말한다.
> • 종류: 리놀렌산, 리놀레산, 아라키돈산

46 식품의 갈변현상 중 성질이 다른 것은?

① 고구마 절단면의 갈색
② 홍차의 적색
③ 간장의 갈색
④ 양송이의 갈색

> 간장의 갈변현상은 당과 아미노산의 결합에 의한 비효소적 갈변에 해당됨

47 카로티노이드계 색소가 아닌 것은?

① 단호박의 주황색
② 홍고추의 붉은색
③ 당근의 주황색
④ 딸기의 붉은색

> 딸기의 붉은색은 안토시아닌 색소이다.

48 클로로필에 관한 설명으로 틀린 것은?

① 포르피린환에 구리가 결합되어 있다.
② 김치의 녹색이 갈변하는 것은 발효 중 생성되는 젖산 때문이다.
③ 산성식품과 같이 끓이면 갈색이 된다.
④ 알칼리 용액에서는 청록색을 유지한다.

> 클로로필은 포르피린환에 마그네슘(Mg)이 결합되어 있고 광합성에 중요한 색소임

49 채소 조리 시 색의 변화로 맞는 것은?

① 시금치는 산을 넣으면 녹황색으로 변한다.
② 당근은 산을 넣으면 퇴색된다.
③ 양파는 알칼리를 넣으면 백색으로 된다.
④ 가지는 산에 의해 청색으로 된다.

> 녹색의 클로로필이산에서는 갈색화됨

정답 41. ① 42. ① 43. ④ 44. ④ 45. ③ 46. ③ 47. ④ 48. ① 49. ①

50 사과를 깎아 방치했을 때 나타나는 갈변현상과 관계없는 것은?

① 산화효소 ② 산소
③ 페놀류 ④ 섬유소

> 페놀화합물을 함유한 사과를 깎아 공기 중에 방치하면 폴리페놀옥시다아제(산화효소)에 의해 갈변됨

51 자색 양배추, 가지 등 적색채소를 조리할 때 색을 보존하기 위한 가장 바람직한 방법은?

① 뚜껑을 열고 다량의 조리수를 사용한다.
② 뚜껑을 열고 소량의 조리수를 사용한다.
③ 뚜껑을 덮고 다량의 조리수를 사용한다.
④ 뚜껑을 덮고 소량의 조리수를 사용한다.

> 안토시안 색소를 함유한 채소는 산에서 더욱 안정한 색을 나타내므로 뚜껑을 덮고 소량의 조리수로 산성조건을 만들어줌

52 녹색채소를 데칠 때 소다를 넣을 경우 나타나는 현상이 아닌 것은?

① 채소의 질감이 유지된다.
② 채소의 색을 푸르게 고정시킨다.
③ 비타민 C가 파괴된다.
④ 채소의 섬유질을 연화시킨다.

> 소다는 알칼리성으로 색은 유지되지만 조직이 물러지는 단점이 있음

53 감자의 효소적 갈변 억제 방법이 아닌 것은?

① 아스코르브산 첨가
② 아황산 첨가
③ 질소 첨가
④ 물에 침지

> 효소적 갈변방지법으로 아황산가스, 아황산염, 염소 등은 효소활성을 저해하고, 환원성물질인 아스코르브산을 첨가하거나 산소를 차단하기 위해 물에 담가둠

54 조리 시 나타나는 현상과 그 원인 색소의 연결이 옳은 것은?

① 산성성분이 많은 물로 지은 밥의 색은 누렇다. - 클로로필계
② 식초를 가한 양배추의 색이 짙은 갈색이다. - 플라보노이드계
③ 커피를 경수로 끓여 그 표면이 갈색이다. - 타닌계
④ 데친 시금치나물이 누렇게 되었다. - 안토시안계

> 타닌은 경수에 들어 있는 다량의 무기질성분에 의해서도 갈색이 된다.

55 과일의 주된 향기성분이며 분자량이 커지면 향기도 강해지는 냄새성분은?

① 알코올
② 에스테르류
③ 유황화합물
④ 휘발성 질소화합물

> 에스테르는 과일향의 주성분으로 분자량 증가 및 향기성분이 증가함

56 식품과 대표적인 맛성분(유기산)을 연결한 것 중 틀린 것은?

① 포도 - 주석산
② 감귤 - 구연산
③ 사과 - 사과산
④ 요구르트 - 호박산

> 호박산은 조개류에 들어 있는 감칠맛임

57 육류의 연화작용에 관여하지 않는 것은?

① 파파야 ② 파인애플
③ 레닌 ④ 무화과

> 레닌은 우유 응고 효소이다.

정답 50. ④ 51. ④ 52. ① 53. ③ 54. ③ 55. ② 56. ④ 57. ③

58 효소에 의한 갈변을 억제하는 방법으로 옳은 것은?

① 환원성물질 첨가 ② 기질 첨가
③ 산소 접촉 ④ 금속이온 첨가

> 효소에 의한 갈변억제법으로 기질 제거, 금속이온 제거, 산소 제거 등이 있다.

59 식혜를 당화시켜 끓일 때 설탕과 함께 소금을 조금 넣어 단맛이 강하게 느껴지는 현상은?

① 미맹현상 ② 소실현상
③ 대비현상 ④ 변조현상

> 맛의 대비현상은 맛의 강화현상이라고도 하며 서로 다른 맛을 혼합 시 주된 맛이 더 강화되는 현상을 말함

60 냄새 제거를 위한 향신료가 아닌 것은?

① 육두구(nutmeg, 너트맥)
② 월계수잎(bay leaf)
③ 마늘(garlic)
④ 세이지(sage)

> 육두구는 특유의 달콤한 향기를 가지고 있어 요리의 풍미를 더함

61 다음 냄새 성분 중 어류와 관계가 먼 것은?

① 트리메틸아민(trimethylamine)
② 암모니아(ammonia)
③ 피페리딘(piperidine)
④ 디아세틸(diacetyl)

> 다아세틸은 버터나 발효 유제품의 향기성분임

62 과일향기의 주성분을 이루는 냄새 성분은?

① 알데히드(aldehyde)류
② 함유황화합물
③ 테르펜(terpene)류
④ 에스테르(ester)류

> 과일향기의 주된 성분은 에스테르류이다.

63 일반적으로 포테이토칩 등 스낵류에 질소충전 포장을 실시할 때 얻어지는 효과로 가장 거리가 먼 것은?

① 유지의 산화 방지
② 스낵의 파손 방지
③ 세균의 발육 억제
④ 제품의 투명성 유지

> 스낵의 질소충전 시 장점은 유지의 산화방지, 내용물의 파손방지, 세균의 억제 등임

64 붉은 양배추를 조리할 때 식초나 레몬즙을 조금 넣으면 어떤 변화가 일어나는가?

① 안토시아닌계 색소가 선명하게 유지된다.
② 카로티노이드계 색소가 변색되어 녹색으로 된다.
③ 클로로필계 색소가 선명하게 유지된다.
④ 플라보노이드계 색소가 변색되어 청색으로 된다.

> 붉은 안토시아닌계 색소는 산성물질인 식초나 레몬즙에 의해 더욱 붉은색을 유지함

65 단맛을 갖는 대표적인 식품과 가장 거리가 먼 것은?

① 사탕무 ② 감초
③ 벌꿀 ④ 곤약

> 곤약은 단맛이 없는 다이어트 식품으로 알려져 있음

66 차, 커피, 코코아, 과일 등에서 수렴성 맛을 주는 성분은?

① 타닌(tannin)
② 카로틴(carotene)
③ 엽록소(chlorophyll)
④ 안토시아닌(anthocyanin)

정답 58. ① 59. ③ 60. ① 61. ④ 62. ④ 63. ④ 64. ① 65. ④ 66. ①

타닌은 갈변의 원인이 되기도 하며 떫은맛을 내는 수렴성 물질이다.

67 색소를 보존하기 위한 방법 중 틀린 것은?

① 녹색채소를 데칠 때 식초를 넣는다.
② 매실지를 담글 때 소엽(차조기 잎)을 넣는다.
③ 연근을 조릴 때 식초를 넣는다.
④ 햄 제조 시 질산칼륨을 넣는다.

녹색채소를 데칠 때는 소량의 소다를 넣어야 색이 보존된다.

68 효소적 갈변반응에 의해 색을 나타내는 식품은?

① 분말 오렌지 ② 간장
③ 캐러멜 ④ 홍차

홍차는 폴리페놀옥시다아제(효소)를 인위적으로 이용해서 만든다.

69 단맛성분에 소량의 짠맛성분을 혼합할 때 단맛이 증가하는 현상은?

① 맛의 상쇄현상 ② 맛의 억제현상
③ 맛의 변조현상 ④ 맛의 대비현상

맛의 대비현상은 맛의 강화현상이라고도 하며 서로 다른 맛을 혼합 시 주된 맛이 더 강화되는 현상을 말함

70 브로멜린(bromelin)이 함유되어 있어 고기를 연화시키는 데 이용되는 과일은?

① 사과 ② 파인애플
③ 귤 ④ 복숭아

파인애플에 들어 있는 단백질 분해효소는 브로멜린이다.

71 간장, 다시마 등의 감칠맛을 내는 주된 아미노산은?

① 알라닌(alanine)
② 글루탐산(glutamic acid)
③ 리신(lysine)
④ 트레오닌(threonine)

미역, 다시마의 감칠맛성분은 MSG성분으로 글루탐산은 G에 해당됨

72 가열에 의해 고유의 냄새성분이 생성되지 않는 것은?

① 장어구이 ② 스테이크
③ 커피 ④ 포도주

포도주는 가열이 아닌 저온 숙성에 의해 맛과 향이 증가됨

73 연제품 제조에서 탄력성을 주기 위해 꼭 첨가해야 하는 것은?

① 소금 ② 설탕
③ 펙틴 ④ 글루타민산소다

어묵 제조 시 소금은 탄력성을 증가시켜 질감을 좋게 함

74 완두콩 통조림을 가열하여도 녹색이 유지되는 것은 어떤 색소 때문인가?

① chlorophyll(클로로필)
② Cu-chlorophyll(구리-클로로필)
③ Fe-chlorophyll(철-클로로필)
④ chlorophylline(클로로필린)

완두콩 통조림 제조 시 황산구리 첨가로 구리클로로필이 되어 녹색이 고정됨

75 신맛성분과 주요 소재 식품의 연결이 틀린 것은?

① 구연산(citric acid) - 감귤류
② 젖산(lactic acid) - 김치류
③ 호박산(succinic acid) - 늙은호박
④ 주석산(tartaric acid) - 포도

호박산은 조개류에 들어 있다.

정답 67. ① 68. ④ 69. ④ 70. ② 71. ② 72. ④ 73. ① 74. ② 75. ③

76 난황에 주로 함유되어 있는 색소는?

① 클로로필 ② 안토시아닌
③ 카로티노이드 ④ 플라보노이드

> 동물성 카로티노이드에 난황색이 있다.

77 요구르트 제조는 우유 단백질의 어떤 성질을 이용하는가?

① 응고성 ② 용해성
③ 팽윤 ④ 수화

> 요구르트 제조는 우유의 응고성을 이용한다.

78 과실의 젤리화 3요소와 관계없는 것은?

① 젤라틴 ② 당
③ 펙틴 ④ 산

> 젤리화 3요소는 펙틴, 당, 산이다.

79 조리와 가공 중 천연색소의 변색 요인과 거리가 먼 것은?

① 산소 ② 효소
③ 질소 ④ 금속

> 조리의 변색요인과 관계있는 것은 산소, 효소, 금속 등이다.

80 한천 젤리를 만든 후 시간이 지나면 내부에서 표면으로 수분이 빠져나오는 현상은?

① 삼투현상(osmosis)
② 이장현상(sysnersis)
③ 님비현상(NIMBY)
④ 노화현상(retrogradation)

> 이장현상은 양갱이나 젤리를 만든 후 시간이 지나면서 내부의 수분이 빠져나오는 현상을 말함

81 푸른 채소를 데치면 색의 손실이 생기는데, 이 색소의 손실을 최소화하는 방법 중 옳은 것은?

① 많은 양의 물에서 뚜껑을 덮고 데친다.
② 적은 양의 물에서 뚜껑을 덮고 데친다.
③ 적은 양의 물에서 처음 2~3분간은 뚜껑을 열고 데친다.
④ 많은 양의 물에서 처음 2~3분간은 뚜껑을 열고 데친다.

> 녹색의 채소는 산성에서 색이 갈색이 되므로 많은 물의 양에 산성이 희석되도록 하고 휘발성 유기산이 날아갈 수 있도록 해서 녹색을 유지시킴

82 채소를 삶는 방법 중 옳지 않은 것은?

① 연근은 엷은 식초물에 삶으면 하얗게 삶아진다.
② 가지는 백반이나 철이 녹아 있는 물에 삶으면 가지의 색깔이 안정화된다.
③ 죽순을 쌀뜨물에 삶으면 색깔이 희게 되고 질감도 연해진다.
④ 시금치는 삶을 때 물의 양을 많이 하면 색의 유지가 쉽고 비타민의 손실도 적다.

> 시금치를 삶을 때 물의 양이 많으면 색의 유지는 쉽지만 수용성 비타민 손실은 많아짐

83 녹색채소로 담근 김치가 숙성됨에 따라 녹황색으로 변하는 이유는?

① 클로로필의 Mg이 H로 치환되었기 때문
② 클로로필의 Mg이 Cu로 치환되었기 때문
③ 클로로필라아제에 의한 클로로필라이드의 형성 때문
④ 클로로필라아제에 의한 클로로필린의 형성 때문

> 김치가 숙성됨에 따라 유기산의 농도가 높아지면서 마그네슘이 수소(H)로 치환되어 녹황색을 띰

정답 76. ③ 77. ① 78. ① 79. ③ 80. ② 81. ④ 82. ④ 83. ①

84 복숭아나 사과 등 과일의 껍질을 벗겨서 공기 중에 방치하면 갈색으로 변한다. 이와 같은 갈변을 방지하기 위한 방법이 아닌 것은?

① 소금물에 담근다.
② 철로 된 용기나 기구를 사용한다.
③ 아황산염 용액에 담근다.
④ 비타민 C를 첨가한 용액에 담근다.

> 갈변효소는 철, 구리에 의해 활성이 촉진됨

85 완두 통조림의 가열, 살균, 조리 과정에서 갈변을 막기 위해 첨가하는 것으로 옳은 것은?

① 유기산
② 철분(Fe)
③ 황산동($CuSO_4$)
④ 파이톨(Phytol)

> 완두의 녹색은 황산동에 의해 녹색이 고정됨

86 한 맛을 느낀 직후 다른 맛을 정상적으로 느끼지 못하는 현상으로 옳은 것은?

① 맛의 변조
② 맛의 상쇄
③ 맛의 피로
④ 맛의 순응

> 맛의 변조는 한 맛을 느낀 직후 다른 맛을 정상적으로 느끼지 못하는 현상을 말함

87 헤닝에 의한 4가지 맛이 아닌 것은?

① 단맛
② 짠맛
③ 매운맛
④ 신맛

> 헤닝의 4원미는 짠맛, 단맛, 신맛, 쓴맛이다.

88 단맛을 느끼는 혀의 부위로 옳은 것은?

① 혀 전체
② 혀 뒷부분
③ 혀 가장자리
④ 혀 앞부분

> 짠맛은 혀 전체, 쓴맛은 혀 뒷부분, 신맛은 혀 가장자리이다.

89 감칠맛을 내는 재료가 아닌 것은?

① 육류　② 오징어
③ 오이　④ 다시마

> 감칠맛을 내는 재료는 육류, 어류, 어패류, 연체류, 해조류 등이다.

90 겔(gel)상태인 식품은?

① 두부　② 수프
③ 된장국　④ 달걀흰자

> 겔(gel)상태의 식품은 두부, 치즈, 어묵, 된장, 삶은 계란, 푸딩, 젤리 등이 있다.

91 독버섯이 아닌 것은?

① 화경버섯
② 마귀곰보버섯
③ 목이버섯
④ 미치광이버섯

> 식용버섯으로는 느타리, 송이, 양송이, 목이, 싸리, 석이버섯 등이 있다.

92 독성분이 바르지 않은 것은?

① 면실-고시폴
② 복어-삭시톡신
③ 피마자-리신
④ 독미나리-시큐톡신

> 복어의 독은 테트로도톡신이다.

정답 84. ② 85. ③ 86. ① 87. ③ 88. ④ 89. ③ 90. ① 91. ③ 92. ②

93 땅콩에 들어 있는 독성분은?

① 테물린 ② 테트로도톡신
③ 아플라톡신 ④ 시큐톡신

> 독성분으로 독보리에 테물린, 독미나리 시큐톡신, 복어 테트로도톡신 성분이 있다.

94 베네루핀이라는 독소를 함유한 재료는?

① 모시조개 ② 대합조개
③ 섭조개 ④ 홍합

> 대합조개, 섭조개, 홍합의 독성분은 삭시톡신, 모시조개, 굴의 독성분은 베네루핀

95 황변미의 원인이 되는 독성분은?

① 시트리닌
② 아플라톡신
③ 아스퍼질러스 플레비스
④ 에르고톡신

> 시트리닌은 황변미로 신장독을 일으킴

96 미숙한 매실의 유독성분은?

① 듀린 ② 사포닌
③ 솔라닌 ④ 아미그달린

> 수수와 죽순의 듀린, 대두와 팥의 사포닌, 감자독의 솔라닌

정답 93. ③ 94. ① 95. ① 96. ④

제 2 절 효소

효소(enzyme)란 극미량으로 생체에서 일어나는 여러 가지 복잡한 화학반응을 생활환경에 맞추어 정상적으로 이뤄지게 하는 일종의 생체 촉매물질이다.

1 식품과 효소

1) 효소의 이용에 따른 분류

식품 중에 함유되어 있는 효소의 이용	• 육류, 치즈, 된장의 숙성
효소작용을 억제하는 경우	• 신선도 유지를 위한 변화방지를 목적으로 효소작용 억제
효소를 식품에 첨가하는 경우	• 펙틴 분해효소를 첨가해 포도주나 과즙의 혼탁을 예방 • 육류의 연화를 위해 프로테아제(protease)를 첨가
효소를 사용하여 식품을 제조하는 경우	• 전분으로부터 포도당 제조 • 효소반응을 이용해 글루타민산과 아스파틱산을 제조

2) 효소반응에 영향을 미치는 인자

(1) 온도

① 최적온도

- 효소가 일정한 온도에서 최대의 활성을 나타내는 온도
- 효소의 최적온도는 30~45℃이며 최적온도 이상에서는 효소단백질이 열변성을 받아 반응속도 감소
- 일부 내열성 효소는 70℃ 정도에서 활성을 유지
- 효소의 최적온도는 반응시간, 효소농도, 기질농도, 용액의 pH, 공존하는 화학물질 등에 의하여 영향을 받음

(2) pH(수소이온농도)

① 최적 pH

- 일정한 범위 내에서 최대의 활성도를 나타내는 pH
- 효소의 최적 pH는 4.5~8 정도이며, 펩신은 pH 1~2, 트립신은 pH 7~8
- 효소의 최적 pH는 완충제의 종류, 기질 및 효소의 농도, 작용 온도 등에 따라 달라짐

(3) 효소농도

- 기질농도가 일정할 때, 효소농도가 낮을 경우, 효소농도는 반응 속도와 직선적으로 정비례
- 반응의 초기단계는 효소의 기질농도가 증가함에 따라 반응속도가 증가하지만 반응의 후기단계에는 기질농도가 증가하여도 반응속도에 영향을 미치지 않음

(4) 기질농도

- 효소농도가 일정할 때, 기질농도가 낮을 경우, 기질농도는 반응속도와 직선적으로 정비례
- 기질의 농도가 높아지면 반응속도와 정비례하지 않으며 기질농도가 일정치를 넘으면 반응속도가 일정하게 됨
- 최대 효소의 반응속도를 유지하기 위해서는 효소농도와 기질의 농도 조절이 중요

(5) 저해제(inhibitor)

- 효소작용을 저해시키는 기질과 유사한 화합물을 경쟁적 저해제라고 함
- 은(Ag), 수은(Hg), 납(Pb) 등의 중금속, 황화합물 등이 있음
- 식품 중에 존재하는 저해제 중 콩에 존재하는 트립신저해제(trypsin inhibitor)가 대표적임(날콩을 식용하였을 때 단백질 소화효소인 트립신을 저해하여 단백질의 소화를 억제하여 문제가 됨)

3) 효소의 성질

① 응고 : 효소는 가열에 의해 응고되고 그 성질이 상실

② 변성 : 강산이나 강알칼리에 의해 변성

③ 침전 : 유기용매 또는 무기염류를 첨가하면 침전

4) 식품에 작용하는 효소

식품에 존재하는 효소는 식품의 보관, 저장할 때 성분을 변화시켜 품질을 저하시키기도 하지만 일부 효소는 식품의 텍스처, 향미 등을 개선시키기 위해 식품가공에 사용되기도 함

구분	종류	작용
탄수화물 분해효소	아밀라아제 글루코아밀라이제 수크라아제 락타아제 펙티나아제	전분의 당화에 이용 포도당 제조에 이용 인공벌꿀의 제조, 전화당 제조 유당불내증 완화 과즙, 포도주의 청징
단백질 분해효소	펩신 카텝신 파파인 레닌	육류 숙성 육류연화제 치즈 제조
지질 분해효소	리파아제	치즈 숙성

제 3 절 식품과 영양

1 영양소의 기능 및 영양소 섭취기준

1) 영양소의 정의

우리가 먹는 음식 중 사람의 생명 및 생리적 기능을 유지하기 위해 섭취하는 식품에 포함되어 있는 필수적인 성분으로 탄수화물, 단백질, 지질, 무기질, 비타민, 물 등을 합한 6대 영양소로 나뉘어 있음

2) 영양소의 기능과 역할

(1) 신체의 성장과 유지

- 탄수화물, 단백질, 지질, 비타민, 무기질, 물은 체골격 및 체근육 형성과 발달에 필수적인 요소
- 성장 후 몸의 유지를 위해 6대 영양소의 균형 잡힌 식습관 중요

(2) 에너지공급원

- 인간의 모든 활동에 필요한 에너지로 탄수화물, 단백질, 지질은 우리 몸의 세포에서 1g당 4kcal, 4kcal, 9kcal의 에너지를 발생함
- 인체에너지는 대부분 기초대사량, 활동을 위한 에너지, 식품이용을 위한 에너지 소모량으로 사용

(3) 생리적 기능 조절

- 우리 몸의 항상성 유지를 위해 체온, pH, 수분, 면역체계, 효소들과 호르몬들의 균형 있는 생리활동이 유지되어야 함
- 6대 영양소의 균형 잡힌 식생활로 신체의 항상성 유지

3) 영양과 관련된 건강문제

① 영양상태에 의해 많이 유발되는 건강문제

비만, 영양부족, 성장지연, 철 결핍성 빈혈, 충치 등

② 영양상태가 한 가지 이상의 요인으로 작용하는 건강문제

대사성질환(당뇨병, 이상지질혈증, 골다공증), 고혈압, 뇌졸중, 선천성장애, 저체중아 출산, 일부 암(대장암, 유방암, 폐암 등)

③ 영양상태가 건강상태를 호전 또는 조절시킬 수 있는 건강문제

당뇨병, 위장질환, 신장질환 등

4) 기초식품군

함유 영양소가 비슷한 모든 식품을 묶어서 여섯 가지로 분류한 것을 말하며, 사람의 생활과 식습관 개선을 위해 반드시 섭취해야 하는 식품

[표 3-2] 우리나라의 6가지 식품군의 분류

식품	영양소	기능	종류
곡류 및 전분류	탄수화물	우리의 몸과 뇌에 에너지를 공급	밥류, 국수류, 빵류, 떡류, 감자, 고구마, 과자 등
고기, 생선, 계란, 콩류	단백질	근육·피 등의 구성성분, 호르몬·효소기능 조절, 성장발달에 관여	육류(소고기, 닭고기, 돼지고기 등), 어패류, 계란, 콩류, 두부, 육가공품류
채소류	비타민과 무기질, 피토케미컬, 섬유소	몸의 기능 조절	채소류, 주스 등
과일류	비타민과 무기질, 피토케미컬, 섬유소	몸의 기능 조절	과일류, 주스 등
우유 및 유제품류	칼슘	골격과 치아의 구성 성분	우유, 치즈, 아이스크림, 요구르트 등
유지, 견과 및 당류	지방 및 단순당류	에너지 공급, 체온 유지, 신체보호, 과잉 섭취 시 비만 유발	대두유, 참기름, 들기름, 잣, 마가린, 버터, 마요네즈, 설탕, 탄산음료 등

5) 식품구성자전거

다양한 식품 섭취와 균형 잡힌 식사 유지, 수분의 섭취, 적절한 운동을 통한 건강유지라는 기본개념을 가지고 일반인들이 이해하기 쉽도록 자전거로 나타낸 것

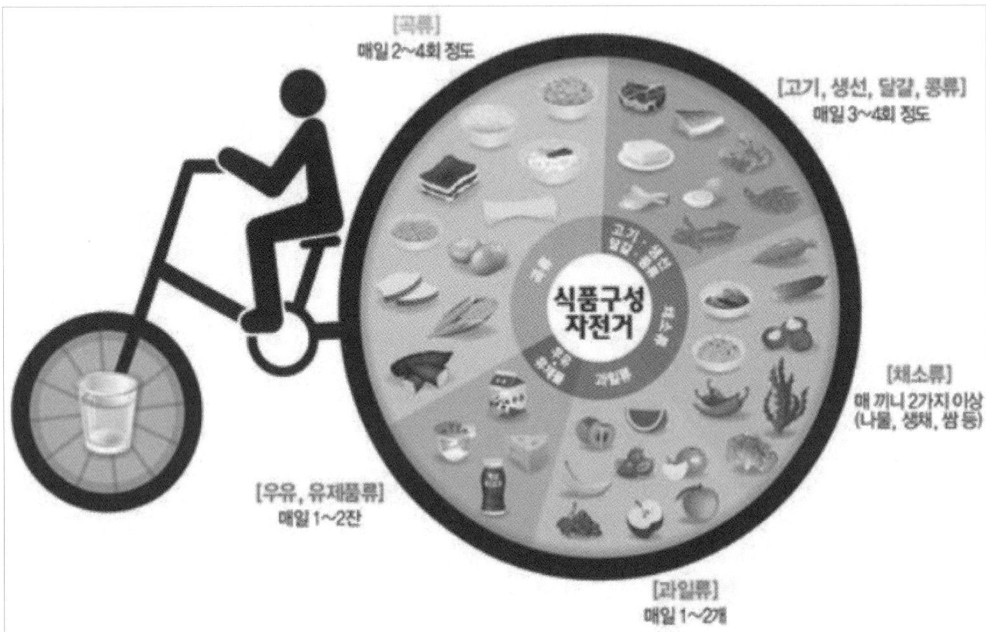

출처 : 보건복지부, 2015

6) 영양섭취 기준

한국인의 건강을 최적의 상태로 유지할 수 있는 있도록 섭취해야 하는 영양소의 기준을 제안한 것으로 평균필요량, 권장섭취량, 충분섭취량, 상한 섭취량으로 구분

① 평균필요량(Estimated Average Requirement, EAR)

대상집단을 구성하는 건강한 사람들의 일일 필요량을 충족시키는 값

② 권장섭취량(Recommended Intake, RI)

대부분(97~98%)의 사람들의 필요량을 충족시키는 섭취수준으로 평균 필요량에 2배의 표준편차 값을 더한 값

③ 충분섭취량(Adequate Intake, AI)

평균필요량을 산정할 자료가 부족하여 권장섭취량을 정하기 어려울 때 건강한 인구집단의 섭취량을 추정하거나 역학조사에서 관찰하여 설정한 값

④ 상한섭취량(Tolerable Upper Intake Level, UL)

인체 건강에 유해영향이 나타나지 않는 최대영양소 섭취수준으로 다량 섭취할 경우 독성을 일으킬 가능성이 있는 영양소를 대상으로 설정한 값

한국인의 영양섭취 기준에 의한 성인의 3대 영양소 섭취량
- 탄수화물 : 전체 에너지의 55~65%
- 단백질 : 전체 에너지의 7~20%
- 지질 : 전체 에너지의 15~30%

예상문제 식품과 영양

01 효소에 대한 일반적인 설명으로 잘못된 것은?

① 기질 특이성이 있음
② 최적온도는 30~40℃ 정도
③ 100℃에서 활성은 유지됨
④ 최적의 pH는 효소마다 다름

02 효소 중 갈변을 억제하는 방법으로 옳은 것은?

① 환원성 물질 첨가　② 기질 첨가
③ 산소 접촉 차단　④ 금속이온 첨가

> 효소적 갈변의 방지법 중 환원제에 의한 방지법으로 아스코르브산과 같은 환원제를 사용하여 식품 조직 속에 용해되어 있는 산소를 급속히 환원시켜 갈변 억제

03 효소반응에 영향을 미치는 인자가 아닌 것은?

① 온도　② pH
③ 효소농도　④ 기질농도

04 다음의 설명에 해당하는 것은?

우리가 먹는 음식에 포함되어 있는 다양한 물질 중 인간의 생명 유지에 필수적인 성분

① 영양소　② 기초대사량
③ 안토시아닌　④ 소화효소

05 효소반응에 영향을 미치는 인자 중 설명이 잘못된 것은?

① 효소의 최적온도는 30~40℃
② 효소의 최적 pH는 4.5~8 정도
③ 효소농도가 낮을 때, 효소농도는 반응속도와 반비례
④ 최적의 pH는 효소마다 다름

> 효소농도가 낮을 때, 효소농도는 반응속도와 직선적으로 정비례(기질농도가 일정할 때). 효소농도가 최대 반응속도 지점을 지나게 되면, 기질농도를 증가시킬 경우에만 반응속도 증가

06 영양소와 그 소화효소가 바르게 연결된 것은?

① 탄수화물 - 아밀라아제
② 단백질 - 리파아제
③ 지방 - 펩신
④ 유당 - 트립신

07 영양소와 소화효소의 연결이 잘못된 것은?

① 설탕 - 말타아제
② 단백질 - 트립신
③ 지방 - 리파아제
④ 탄수화물 - 아밀라아제

> 지방-리파아제, 단백질-펩신, 단백질-트립신, 유당-락타아제

08 다음 중 효소가 아닌 것은?

① 말타아제
② 유당
③ 레닌
④ 펩신

> 유당은 탄수화물로 이당류

정답 01. ③　02. ①　03. ②　04. ①　05. ③　06. ①　07. ①　08. ②

09 영양소 중 3대 열량 영양소가 아닌 것은?

① 탄수화물 ② 비타민
③ 단백질 ④ 지방

10 생리기능을 조절하는 조절영양소가 아닌 것은?

① 비타민 ② 무기질
③ 단백질 ④ 물

11 인체를 구성하는 구성영양소가 아닌 것은?

① 비타민 ② 무기질
③ 단백질 ④ 물

12 영양소에 대한 설명 중 틀린 것은?

① 조절소란 열량을 내는 무기질과 비타민을 말함
② 영양소는 식품의 성분으로 생명현상과 건강을 유지하는 데 필요한 요소
③ 건강이라 함은 신체적, 정신적, 사회적으로 건전한 상태를 말함
④ 물은 체조직 구성요소로서 보통 성인체중의 2/3를 차지함

> 조절소는 체내의 생리작용(소화, 호흡, 배설 등)을 조절하는 영양소로 무기질, 비타민, 물을 말함

13 한국인 영양섭취 기준의 구성요소가 아닌 것은?

① 평균필요량 ② 하한섭취량
③ 권장섭취량 ④ 충분섭취량

> 한국인 영양섭취기준
> 평균필요량, 권장섭취량, 충분섭취량, 상한섭취량

14 식품구성자전거에 대한 설명 중 잘못된 것은?

① 다양한 식품 섭취를 통한 균형 잡힌 식사 구성
② 수분섭취의 중요성 강조
③ 적당한 운동을 통한 건강유지의 기본 개념 강조
④ 면적비율은 유지, 당류 〉 우유, 유제품 〉 고기, 생선, 달걀, 콩류 〉 채소류 〉 곡류

> 면적비율은 곡류 〉 채소류〉 고기, 생선, 달걀, 콩류 〉 우유, 유제품 〉 과일류 〉 유지, 당류

15 식단 작성 시 무기질과 비타민 공급에 필요한 식품 구성으로 맞는 것은?

① 곡류, 감자류 ② 유지류, 당류
③ 육류 ④ 채소류, 과일류

> • 곡류, 감자류 : 탄수화물 – 쌀, 보리, 빵, 떡, 감자, 고구마 등
> • 육류, 어패류 : 단백질 – 쇠고기, 돼지고기, 닭고기, 고등어, 오징어, 두부 등
> • 채소류, 과일류 : 무기질, 비타민 – 배추, 무, 오이, 마늘, 사과, 배, 수박 등
> • 유지, 당류 : 지방 – 참기름, 콩기름, 마요네즈, 버터, 꿀 등

정답 09. ② 10. ③ 11. ③ 12. ① 13. ② 14. ④ 15. ④

4장

구매관리

CHAPTER 4 구매관리

제 1 절 시장조사

1 시장조사하기

시장조사란 과거와 현재의 상황을 조사한 후 분석을 통해 미래를 예측하는 것으로 구매수립계획의 지침 제공

1) 시장조사

(1) 재료 구매계획 수립

재료 구매계획은 소요량을 파악하고 구매내용에 따라 발주하고 입고와 검수 그리고 저장관리를 계획

(2) 구매계획 수립절차

① 방침계획 수립 – 기업경영계획과 관련된 구체적인 실행규정

② 구매계획 수립 – 소요량을 파악하고 구매내용에 따른 입고와 검수 그리고 저장관리 계획 수립

③ 생산 및 판매 계획 수립 – 구매계획의 기본이 되며, 소비자의 소비결과를 바탕으로 지속적으로 정보를 수정 · 보완 가능하도록 계획 수립

(3) 재료 소요계획 시스템

주생산 계획을 토대로 하여 원부재료의 소요량을 정확히 계산하고, 적정재고 수준에 맞추어

주문량 또는 생산량과 발주시기를 결정

① 주 생산계획의 달성을 위해 필요한 종속 수요품목들의 소요량과 우선순위를 결정
② 능력소요계획과 일정계획을 위한 기초자료를 제공
③ 외부로부터 조달되는 원·부재료의 소요량을 구매부서로 전달
④ 작업현장에서의 작업진행상태를 파악하여 필요시에는 재계획을 통해 작업 간의 정확한 우선순위를 유지

2) 시장조사

(1) 시장조사의 의의

구매활동에 필요한 자료를 수집하고 이를 분석 검토하여 보다 좋은 구매방법을 발견하고 구매시장을 예측하기 위해 실시

(2) 시장조사의 목적

식품 품목별에 따른 가격을 비교하고, 시장상황을 조사 분석을 통하여 미래를 예측. 구매예정가격의 결정, 합리적인 구매계획의 수립, 신제품의 설계, 제품개량

(3) 시장조사의 내용

① 품목, ② 품질, ③ 수량, ④ 가격, ⑤ 시기, ⑥ 구매거래처, ⑦ 거래조건

(4) 시장조사의 종류

일반 기본 시장조사, 품목별 시장조사, 구매거래처의 업태조사, 유통경로의 조사 등

(5) 시장조사의 원칙

① 비용경제성의 원칙	시장조사에 사용된 비용이 조사로부터 얻을 수 있는 이익을 초과해서는 안 됨
② 조사적시성의 원칙	구매업무를 수행하는 소정의 기간 내에 끝내야 함
③ 조사탄력성의 원칙	시장수급상황이나 가격변동과 같은 시장상황 변동에 탄력적으로 대응할 수 있는 조사
④ 조사계획성의 원칙	시장조사는 그 내용이 정확해야 하므로 사전에 계획을 철저히
⑤ 조사정확성의 원칙	조사하는 내용이 정확

(6) 식품의 구입계획을 위한 기초지식

① 물가파악을 위한 자료장비 : 전년도 사용식품의 단가일람표 등

② 식품의 출회표와 가격의 상황

③ 식품의 유통기구와 가격을 알아둘 것

④ 폐기율과 가식부(폐기율은 식품의 품질, 계절, 신선도, 구입방법, 조리법, 기계화의 정도, 조리기술의 능력에 따라 다르다. 각 시설마다 특히 사용빈도가 높은 식품에 대해서는 실제로 측정하여 그 시설 특유의 표준폐기율을 산출)

⑤ 사용계획 : 저장허용량, 저장수량과 저장기간의 관계를 고려하여 식품별 사용계획

⑥ 재료의 종류와 품질판정법에 관한 지식

첫째, 올바른 지식으로 불량식품을 적발하고,

둘째, 불분명한 식품을 이화학적인 방법에 의해 밝히며,

셋째, 세균검사, 또는 식품의 일반분석 등을 통해 위해식품으로부터 보호

⑦ 주요 식품의 재료별 특성을 파악, 활용하기 전 식재료 검사방법에 대한 지식

관능검사	오감을 이용하여 식품의 현상, 색채, 크기, 광택 등을 통하여 재료를 식별
이화학적 검사	검경적인 방법(현미경)과 화학적 방법으로 조직이나 세포의 모양을 분석평가

제 2 절 구매관리

1 구매활동

1) 구매관리의 정의

구입하고자 하는 물품에 대하여 적정거래처로부터 원하는 수량만큼 적정시기에 최소의 가격으로 최적의 품질의 것을 구입할 목적으로 구매활동을 계획 · 통제하는 관리활동

구매활동의 기본조건	① 구입할 물품의 적정한 조건과 최적의 품질을 선정 ② 구매계획에 따른 구매량의 결정 ③ 정보자료 및 시장조사를 통한 공급자의 선정 ④ 유리한 구매조건으로 협상 및 계약 체결 ⑤ 적정량의 물품을 적정시기에 공급 ⑥ 구매활동에 따른 검수 · 저장 · 입출고(재고) · 원가관리
구매관리 시 유의할 점	① 구입상품의 특성에 대하여 철저한 분석과 검토 ② 적절한 구매방법을 통한 질 좋은 상품의 구입 ③ 구매경쟁력을 통해 세밀한 시장조사를 실시 ④ 구매에 관련된 서비스 내용을 검토 ⑤ 저렴한 가격으로 필요량을 적기에 구입하고 공급업체와의 유기적 상관관계를 유지 ⑥ 복수공급업체의 경쟁적인 조건을 통한 구매체계의 확립

2 식품 구매절차

① 구매업무의 계획은 조직의 수요예측에 의거

② 구매의 필요성 인식

③ 구매에 필요한 물품의 수량 및 품질 결정

④ 구매청구서를 작성하고 재고량 조사 후 발주량 결정

⑤ 물품의 특성 및 품질이 기술된 물품 구매명세서를 작성

⑥ 공급업체를 선정 및 구매발주 진행

⑦ 주문의 독촉 및 확인

⑧ 납품

⑨ 검수(검수물품은 입 · 출고 및 재고관리)

⑩ 구매활동 중 수행된 모든 업무내용은 문서로 기록하여 보관

⑪ 대금결제 및 회계

상품수불부
식품의 입고와 출고가 상세히 기록된 장부. 식재료의 재고관리에 이용되며 재고의 상태, 물품의 보충시기 등을 파악할 수 있으며, 재고관리에 활용

구매명세서 포함 내용
물품명, 용도, 상표명(브랜드), 품질 및 등급, 크기, 형태, 숙성 정도, 산지명(원산지), 전처리 및 가공 정도, 보관온도, 폐기율

3 구매담당자의 업무

① 물품구매 총괄업무	구매계획서 작성
	구매결과 분석
② 식재료 결정	발주단위 결정
	신상품 개발
③ 구매방법 결정	품목별로 경쟁력 있는 구매방법 결정
④ 시장조사	경쟁업체 가격분석 및 시세분석
⑤ 공급업체 관리	공급업체 관리 및 평가
	공급업체별 구매품목 결정
⑥ 원가관리	구매원가관리
	경쟁지수관리
⑦ 공급업체 등록 및 대금 지급 확인	공급업자와의 약정서 체결
	대금 지급업무
⑧ 고객관리	식재료 모니터링
	식재료 정보사항 공지

1) 식재료 결정

(1) 발주단위 결정

발주량 산출

$$발주량 = \frac{정미중량 \times 100}{100-폐기율} \times 식수인원$$

- 필요량에 각 식품의 폐기율, 비용, 저장시설의 용량 등을 고려하여 적정한 발주량을 결정 [폐기율=식품의 폐기율 범위 또는 최소한의 가식]
- 품목별로 필요한 발주량은 표준 레시피의 1인 분량과 예측하는 식수를 근거로 산출
- 비저장품일 경우에는 산출된 발주량을 그대로 주문하면 되지만, 저장품목일 경우 재고량이나 주문비용 등을 고려하여 적정 최종 발주량을 산출

제 3 절 재고관리

1 재고관리의 정의

재고는 불확실한 수요와 공급을 만족시키기 위한 물품의 적절한 보관기능

1) 재고관리의 의의

재고를 최적으로 유지하고 관리하는 총체적인 과정으로 물품의 수요가 발생했을 때 신속하고 경제적으로 적응할 수 있도록 재고를 최적의 상태로 관리하는 절차

재고의 중요성	재고관리의 기능
• 생산계획 차질 방지 • 재고관리 유지비용 감소 • 경제적 효율성(최소비용 최고품질) • 구매비용의 절감(원가절감) • 손실 최소화(도난, 분실, 부패 등) • 원가절감 및 관리의 효율화	• 실제와 예측의 차이 제공 • 재고 보충시기 결정 • 재고 투자의 최소화 • 재고량 파악 • 품질유지 및 안전성 확보 • 물품용도 및 사용빈도 확인

2) 재고관리의 유형

영구재고 시스템 (perpetual inventory system)	입고되는 물품의 출고 및 입고서에 물품의 수량을 계속해서 기록하는 방법(매일매일 기록 관리하는 방법)
실사재고 시스템 (physical inventory system) (= 재고실사법)	주기적으로 창고에 보유하고 있는 물품의 수량과 목록을 실사하여 확인하고 기록하는 방법(영구재고조사법의 실사 확인법)

3) 재고 보유를 위한 결정요인

① 저장시설의 규모와 용량

② 발주빈도 및 평균사용량

③ 재고가치 및 최소 주문요구량

4) 재고관리기법

ABC 관리방식	구매 및 재고 물품의 가치도에 따라 A, B, C의 등급으로 분류하여 차등적으로 관리
최소-최대관리방식 (= : Mini-max 관리방식)	예기치 못한 상황에 대비하는 방식으로 재고량이 최소치에 오면 적정량을 발주하는 방식(급식업체에서 많이 사용)

5) 재고관리 담당자 업무

① 재고물품에 대하여 건별 입 · 출고 후 재고/수불현황을 정리하고 모든 입고물품은 입고일 및 수입검사의 합격표시 등을 부착시키고 지정장소에 정돈 보관

② 물품담당자는 수기로 창고 보관 중인 자재나 제품에 열화가 발생하였는지 품질열화 점검표에 의한 점검표를 매월 말일 작성하여 승인을 득함

③ 재고물품에 대해서 매월 말 기준으로 재고/수불현황을 작성하여 승인을 득한 후 필요 부서에 송부

④ 장기 보관 중인 재료나 제품에 대하여 매월 품질열화 점검에 따라 입고 후 1년 된 재료의 목록을 작성하여 재검사를 의뢰하고, 검사 완료된 부재료는 선입선출을 위하여 최초 입고일자 및 재검사일자를 동시에 기록하여 관리

6) 재고자산 평가법

실제구매가법 (Actual purchase price)	• 마감재고 조사에서 남아 있는 품물을 구입했던 개별 단가로 계산하는 방법 • 소규모 급식소나 단가가 비싼 품목의 재고자산에 이용
총평균법 (Weighted average purchase)	• 특정기간 구입된 물품의 총액을 구입수량으로 나누어 평균단가를 구하여 재고자산 산출 • 물품이 대량으로 입·출고될 때 이용
이동평균법 (Moving average price)	• 구입단가가 다른 품목을 구입할 때마다 재고량과의 가중평균을 이용하여 재고자산을 산출
최종구매가법 (Last purchase price)	• 가장 최근 구매단가를 이용하여 산출 • 간단하고 신속한 산출 가능(급식소에서 널리 이용)
선입선출법 (First-in, First-out = FIFO)	• 가장 먼저 입고된 품목을 먼저 사용한다는 원리 • 마감 재고액은 가장 최근 구입단가 반영
후입선출법 (Last-in, Last-out, =LIFO)	• 최근에 구입한 품목부터 먼저 사용한다는 원리 • 가장 오래된 품목이 재고로 남음

제 4 절 검수관리

1 검수관리

검수관리란 배달된 물품이 주문내용과 일치하는지를 확인하는 절차이다. 즉, 구매청구서에 의해서 주문되어 배달된 물품의 품질, 규격, 수량, 중량, 크기, 가격 등이 구매하려는 해당 식재료와 일치하는가를 검사하고 납품받는 데 따른 모든 관리 활동

2 검수방법

물품의 검수는 업체별 · 품목에 따라 검사에 소요되는 비용이나 시간의 낭비가 최소화되도록 다양한 방법이 활용되어야 하며, 구매자와 공급자 간의 상호신뢰를 바탕으로 이루어짐

1) 검수방식

전수검수법	샘플링(발췌) 검수법
• 물품이 소량이거나 소규모 단위일 때 일일이 납품된 품목을 검수하는 방법 • 정확성이 높은 게 장점 • 시간과 경비가 많이 소요되는 게 단점 • 검수품목 종류가 다양하거나 고가품일 경우에도 많이 사용	• 대량 구매물품이나 동일품목으로 검수물량이 많거나 파괴검사를 해야 할 경우 일부를 무작위로 선택해서 검사하는 방법 • 정확성은 떨어지지만 효율적이며 경제적

2) 검사방법

관능검사	육안검사	품목의 외양 색채, 크기, 광택 등을 감별(시각)
	취각검사	품목의 향, 냄새, 맛, 텍스처 등을 감별(후각, 미각)
	촉각검사	품목의 부드러움, 거친 정도, 축축함 등을 감별(촉각)
이화학적 검사	검경적 방법	현미경을 이용하여 조직이나 세포의 모양을 관찰(위생검사)
	화학적 방법	화학적으로 성분을 분석
	물리적 방법	식품의 부피, 중량, 점도, 응고점, 융점, 경도와 같은 물리적 성질을 측정(신선도검사)
	생화학적 방법	식품의 효소반응, 효소활성 등의 생화학적 특성을 실험

물품 검수 시 주의사항

- 물품을 과대 포장하여 납품하는지 확인
- 실제 물품에 비해 포장재 중량이 더 무거운지 확인
- 양질의 상품만을 맨 위에 올려놓는가를 확인
- 물품의 등급표시를 하지 않고 특정등급만 납품하는지를 점검
- 뼈나 지방 등 불가식 부분(폐기율)이 많은지 확인
- 검수부서를 거치지 않고 직접 생산부서로 납품하는지 확인
- 박스포장이 대량일 경우에는 단위포장별로 분해하여 상황에 따라서는 시식(시음)

3 검수원의 자격요건

① 식품의 특수성에 관한 전문적인 지식을 갖출 것
② 식품의 품질을 평가하고 감별할 수 있는 지식과 능력을 갖출 것
③ 식품이 유통경로와 검수업무 처리절차를 잘 알고 있을 것
④ 검수일지 작성 및 기록보관 업무를 잘 알고 있을 것
⑤ 업무에 있어서의 공정성과 신뢰도가 있을 것

4 품종별 검사기준

<table>
<tr><th>품목</th><th>검사 항목</th><th>검사 사항</th></tr>
<tr><td>육류</td><td>부위등급(지방점유율, 육색, 지방색), 육질, 절단 상태, 신선도, 중량</td><td rowspan="2">• 신선한 것은 색이 선명한 것
• 암갈색을 띠고 탄력성이 없는 것
• 병든 고기는 피를 많이 함유한 냄새가 남
• 고기를 얇게 잘라 투명하게 비춰봤을 때 얼룩반점이 있는 것은 기생충이 있는 것
• 결이 곱고 윤기와 탄력성이 있는 것</td></tr>
<tr><td>계류</td><td>크기, 절단부위, 중량, 육색</td></tr>
<tr><td>생선류</td><td>신선도, 광택과 색, 외관의 형태(눈, 비닐, 아가미), 살의 탄력성</td><td>• 색이 선명하고 광택이 있으며, 비늘이 고르게 밀착
• 고기가 연하고 탄력성이 있으며, 눈은 투명하고 튀어나온 것이 신선하며 아가미의 색은 선홍색인 것
• 신선한 것은 물에 가라앉고, 부패된 것은 물 위로 떠오르는 특성을 알고 생선의 선도를 파악</td></tr>
<tr><td>난류</td><td>크기, 중량, 신선도</td><td>• 껍질이 반질반질한 것은 오래된 것
• 꺼칠꺼칠한 것은 신선한 것
• 만져보아서 둥근 부분은 따뜻하고 뾰족한 부분은 찬 것인지 확인
• 빛에 비춰봤을 때 밝게 보이는 것은 신선하고 어둡게 보이는 것은 오래된 것
• 6%의 식염수에 넣었을 때 가라앉는 것은 신선한 것
• 알을 깨뜨렸을 때 노른자의 높이가 높고, 흰자가 퍼지지 않는 것이 신선한 것
• 흔들어서 소리가 나지 않는 것이 신선한 것</td></tr>
</table>

품목	검사 항목	검사 사항
우유 및 유제품	제조일자, 신선도, 포장표시(비중), 침전물, 냄새, 산도	• 이물질이나 침전물이 있는 것은 신선하지 못하므로 확인 • 색깔이 이상하거나 점성이 있거나, 우유를 가열해 봤을 때 응고하는 것은 신선하지 못한 것 • 물컵에 우유를 떨어뜨려 봤을 때 구름같이 퍼지는 것은 선도가 좋은 것 • 우유의 비중이 1.028 이하인 것은 물이 섞인 우유이며, 신선한 우유의 산도는 젖산으로서 0.18% 이하, pH는 6.6(평균 6.4~6.7)
과일류	크기, 외관형태, 숙성 정도, 색상, 향기, 등급	• 채소와 과일류는 상처가 없는 것 • 채소와 과일류는 형태가 잘 갖추어진 것 • 채소와 과일류는 색이 선명하고 건조되지 않은 것
채소류	신선도, 크기, 중량, 색상, 등급	
곡류	품종, 수확연도, 산지, 건조상태, 이물질 혼합 여부	1) 쌀 • 잘 건조되어 있고, 광택이 있고 입자가 고른 것 • 형태는 타원형으로 냄새가 없고, 쌀 중에 이물이 없고, 깨물었을 때 '딱' 소리가 나는 것 2) 밀가루 • 가루의 결정이 미세하고 뭉쳐 있지 않고, 색이 희고 밀기울이 섞이지 않으며 잘 건조되어 있고 냄새가 없는 것
건어물	건조상태, 외관형태, 염도, 색상, 냄새	• 촉감을 이용하여 특유한 축축함이 있는지 확인 • 곰팡이가 피어 있거나 비린내가 심한 경우는 좋지 않음 • 특유의 향과 맛을 유지하며, 외관의 형태가 일정하고 이물질이 없는지 확인
통조림류	제조일자, 유통기간, 외관형태, 내용물 표시	• 외관이 정상이 아니고 녹슬었거나 움푹 들어간 것은 내용물이 변질되었을 가능성이 있음 • 라벨의 내용물, 제조자명, 소재지, 제조연월일, 중량 또는 용량, 첨가물의 유무를 확인 • 개관했을 때 표시대로 식품 형태, 색, 맛, 향기 등에 이상이 없는지를 확인

5 검수절차

① 물품과 구매청구서 대조(품목, 수량, 중량 확인) → ② 물품과 송장 대조 → ③ 물품의 품질, 등급, 위생상태를 판정 → ④ 물품인수 또는 반환처리 → ⑤ 검수관련 서류 확인 → ⑥ 식품분류 및 명세표 부착 → ⑦ 식품을 정리보관 및 저장장소 이동 → ⑧ 검수에 관한 기록

제 5 절 원가관리

1 원가관리

1) 원가의 개념

기업이 제품을 생산하는 데 소비한 경제가치 즉, 특정한 제품의 제조, 판매, 서비스를 제공하기 위하여 소비된 경제가치

2) 원가계산의 목적

① 가격결정의 목적
② 원가관리의 목적
③ 예산편성의 목적
④ 재무제표 작성의 목적

3) 원가의 종류

① 원가의 3요소

재료비	제품의 제조를 위하여 소비되는 물품의 원가
노무비	제품의 제조를 위하여 소비되는 노동의 가치
경비	제품의 제조를 위하여 소비되는 재료비, 노무비 이외의 가치

② 직접원가, 제조원가, 총원가

각 원가요소가 어떠한 범위까지 원가계산에 집계되는가의 관점에서 분류한 것

			이익
		판매관리비	총원가
	제조간접비	제조원가	
직접재료비	직접원가		
직접노무비			
직접경비			
직접원가	제조원가	총원가	판매가격

직접원가 = 직접재료비 + 직접노무비 + 직접경비
제조간접비 = 간접재료비 + 간접노무비 + 간접경비
제조원가 = 직접원가 + 제조간접비
총원가 = 제조원가 + 판매관리비
판매가격 = 총원가 + 이익

③ 직접비 · 간접비

제품 생산 관련성에 따른 분류	직접비 = 직접원가	• 특정제품에 직접 부담시킬 수 있는 것으로서 직접원가 • 직접재료비, 직접노무비, 직접경비로 구분
	간접비	• 여러 제품에 공통적으로 또는 간접적으로 소비되는 것 • 각 제품에 인위적으로 적절히 부담 • 간접재료비 : 보조 재료비 • 간접노무비 : 급여, 급여수당, 퇴직급여충당금, 복리후생비 등 • 간접경비 : 감가상각비, 보험료, 수선비, 교통비, 수도광열비
원가계산 시점, 방법에 따른 분류	실제원가	• = 확정원가, 현실원가, 보통원가라고도 함 제품이 제조된 후에 실제로 소비된 원가를 산출한 것
	예정원가	• = 추정원가, 사전원가, 견적원가라고도 함 • 제품의 제조 이전에 제품제조에 소비될 것으로 예상되는 원가를 예상하여 산출한 것
	표준원가	• 기업이 이상적으로 제조활동을 할 경우 예상되는 원가 • 경영능률을 최고로 올렸을 때의 최소원가 • 실제원가를 통제하는 기능을 가짐
생산량과 변동에 따른 분류	고정비	• 생산량에 관계없이 일정하게 고정적으로 발생하는 비용 • 임대료, 정규직 인건비, 보험료 등
	변동비	• 생산량에 따라 증감하여 발생하는 비용 • 재료비, 비정규직 인건비, 수도광열비 등

2 원가관리 원칙

진실성의 원칙	주로 제품의 제조에 소요된 원가를 진실되게 정확히 파악해야 한다는 원칙
발생기준의 원칙	원가 발생의 사실을 기준으로 할 때 그 발생 금액을 원가로 인정해야 한다는 원칙
계산경제성의 원칙	중요성의 원칙이라고도 하며 원가계산을 할 때는 경제성을 고려해야 한다는 원칙
확실성의 원칙	이론적으로 다소 결함이 있더라도 가장 확실성이 높은 방법을 선택한다는 원칙
정상성의 원칙	정상적으로 발생한 원가만을 계산하고 비정상적으로 발생한 원가는 계산하지 않는다는 원칙
비교성의 원칙	다른 일정 기간의 ~~것과~~, 또는 다른 부문의 것을 비교할 수 있도록 실행되어야 한다는 원칙
상호관리 원칙	원가 계산과 일반 회계 간 그리고 각 요소별 계산, 부문별 계산, 제품별 계산 간에 유기적 관계를 구성함으로써 상호관리가 가능해야 한다는 원칙

3 원가의 구조

1) 원가계산의 구조

(1) 요소별 원가계산(1단계)

제품의 원가는 먼저 재료비, 노무비, 경비의 3가지 원가요소를 몇 가지의 분류방법에 따라 세분하여 각 원가요소별(비목별)로 계산

① 직접비	직접재료비 : 주요 재료비	② 간접비	간접재료비 : 보조 재료비
	직접노무비 : 임금 등		간접노무비 : 급료 · 수당 등
	직접경비 : 외주가공비 등		간접경비 : 감가상각비 · 보험료 · 수선비 · 전력비 · 가스비 · 수도광열비

(2) 부문별 원가계산(2단계)

전 단계에서 파악된 원가요소를 원가 부문별로 분류 집계하는 계산절차. 좁은 의미로는 원가가 발생한 장소를 말하며 넓은 의미로는 원가가 발생한 직능에 따라 원가를 집계

(3) 제품별 원가계산(3단계)

요소별 원가계산에서 파악된 직접비는 제품별로 직접 집계, 부문별 원가계산에서 파악된 부문비는 일정한 기준에 따라 제품별로 배분 ⇒ 최종적으로 각 제품의 제조원가를 계산하는 절차

4 원가계산

1) 재료비의 계산

(1) 재료소비량의 개념

재료비 = 재료의 실제소비량 × 재료의 소비단가

(2) 재료소비량의 계산

계속기록법	재료를 동일한 종류별로 분류하고 들어오고 나갈 때마다 수입, 지출 및 재고량을 계속하여 기록함으로써 재료소비량을 파악하는 방법
재고조사법	당기소비량 = 전기이월량 + 당기구입량 − 기말재고량
역계산법	재료소비량 = 표준소비량 × 생산량

2) 재료 소비가격의 계산 = 재고자산평가법과 동일한 방식

개별법	재료를 구입단가별로 가격표를 붙여서 보관하다가 출고할 때 그 가격표에 표시된 구입단가를 재료의 소비가격으로 하는 방법
선입선출법 (FIFO)	재료의 구입순서에 따라 먼저 구입한 재료를 먼저 소비한다는 가정하에서 재료의 소비가격을 계산하는 방법
후입선출법 (LIFO)	선입선출법과 정반대로 최근에 구입한 재료부터 먼저 사용한다는 가정하에서 재료의 소비가격을 계산하는 방법
단순평균법	일정기간 동안의 구입단가를 구입횟수로 나눈, 구입단가의 평균을 재료 소비단가로 하는 방법
이동평균법	구입단가가 다른 재료를 구입할 때마다 재고량과의 가중 평균가를 산출하여 이를 소비재료의 가격으로 하는 방법
총 평균법	원가계산 기간 중의 총 구입수량으로 나누어 총 평균단가를 구하고 그 단가로 계산

3) 표준원가계산

(1) 표준원가계산

- 표준원가계산이란, 과학적 및 통계적 방법에 의하여 미리 표준이 되는 원가를 설정하고 이를 실제원가와 비교, 분석하기 위하여 실시하는 원가계산의 한 방법
- 원가관리의 목적을 효율적으로 달성하기 위해서는 무엇보다도 원가의 표준을 적절히 설정

(2) 표준원가 설정

- 표준원가는 원가요소별로 직접재료비 표준, 직접노무비 표준, 제조간접비 표준으로 구분하여 설정하는 것이 일반적
- 표준원가가 설정되면 실제원가와 비교하여 실제의 차이를 분석

4) 감가상각

(1) 감가상각의 개념

감가상각이란, 이 같은 고정자산의 감가를 일정한 내용연수에 일정한 비율로 할당하여 비용으로 계산하는 절차를 말하며 감가된 비용

(2) 감가상각의 계산 3요소

- 기초가격 : 취득원가(구입가격)
- 내용연수 : 취득한 고정자산이 유효하게 사용될 수 있는 추산기간
- 잔존가격 : 고정자산이 내용연수에 도달했을 때 매각하여 얻을 수 있는 추정가격으로 보통 구입가격의 10%를 잔존가격으로 계산

(3) 감가상각의 계산법

정액법	• 고정자산의 감가총액을 내용연수로 균등하게 할당하는 방법 • 매년 감가상각액 = (기초가격-잔존가격) ÷ 내용연수
정률법	• 기초가격에서 감가상각비 누계액을 착감한 미상각잔액에 대하여 매기 일정률을 곱하여 산출한 금액을 상각하는 방법 • 초년도의 상가액이 가장 크며, 연수가 경과함에 따라 상각액이 줄어듦

단원별 기출문제 구매관리

01 시장조사의 내용에 반드시 들어가야 하는 것이 아닌 것은?

① 품목 ② 품질
③ 거래조건 ④ 발주시기

시장조사의 내용
품목, 품질, 수량, 가격, 시기, 구매거래처, 거래조건

02 시장조사의 원칙 중에서 시장의 수급상황과 가격변동에 적정하게 대응할 수 있는 조사의 원칙은?

① 조사정확성의 원칙
② 조사경제성의 원칙
③ 조사적시성의 원칙
④ 조사탄력성의 원칙

비용경제성의 원칙	시장조사에 사용된 비용이 조사로부터 얻을 수 있는 이익을 초과해서는 안 됨
조사적시성의 원칙	구매업무를 수행하는 소정의 기간 내에 끝내야 함
조사탄력성의 원칙	시장수급상황이나 가격변동과 같은 시장상황 변동에 탄력적으로 대응할 수 있는 조사
조사계획성의 원칙	시장조사는 그 내용이 정확해야 하므로 사전에 계획을 철저히 해야 함
조사정확성의 원칙	조사하는 내용이 정확해야 함

03 식품의 구입계획을 위한 기초지식으로 옳지 않은 것은?

① 물가파악을 위한 자료장비
② 식품의 출회표와 가격의 상황
③ 식품의 유통기구와 가격
④ 메뉴에 대한 계획과 식단구성

식품의 구입계획을 위한 기초지식
물가파악을 위한 자료장비- 전년도 사용식품의 단가일람표 등
식품의 출회표와 가격의 상황
식품의 유통기구와 가격을 알아둘 것
폐기율과 가식부
사용계획
저장허용량, 저장수량과 저장기간의 관계를 고려하여 식품별 사용계획
재료의 종류와 품질판정법

04 구매관리 시 유의점에 대한 설명으로 틀린 것은?

① 구매품목 특성에 대한 철저한 분석과 검토
② 구매경쟁력을 통한 세밀한 시장조사
③ 구매에 관련된 서비스 내용을 검토하기보다는 저렴한 가격이 우선
④ 복수공급업체의 경쟁적인 조건을 통한 구매체계 확립

05 식품의 입고와 출고가 상세히 기록된 장부, 식재료의 재고관리에 이용되며 재고의 상태, 물품의 보충시기 등을 파악할 수 있으며, 재고관리에 활용되는 것은?

① 구매명세서 ② 상품수불부
③ 구매발주서 ④ 구매입고증

06 재고관리의 기능으로 틀린 것은

① 실제와 예측의 차이 제공
② 상품의 판매량 예측
③ 품질유지 및 안전성 확보
④ 물품의 용도 및 사용빈도 확인

정답 01. ④ 02. ① 03. ④ 04. ③ 05. ② 06. ②

> **재고관리의 기능**
> 실제와 예측의 차이 제공, 재고 보충시기 결정, 재고 투자의 최소화, 재고량 파악, 품질유지 및 안전성 확보, 물품용도 및 사용빈도 확인

07 재고회전율이 표준치보다 낮은 경우에 대한 설명으로 틀린 것은?

① 긴급구매로 비용발생이 우려된다.
② 종업원들이 심리적으로 부주의하게 식품을 사용하여 낭비가 심해진다.
③ 부정유출이 우려된다.
④ 저장기간이 길어지고 식품손실이 커지는 등 많은 자본이 들어가 이익이 줄어든다.

> **재고회전율**
> 재고회전율이 낮은 경우는 재고회전이 잘 안 된다는 것을 의미함. 따라서 재고가 많이 유지되기 때문에 식품에 대한 낭비 관리가 어렵고 경제적 효율성이 떨어짐

08 재고자산평가법 중 급식소에서 가장 널리 쉽게 이용하는 방식으로 신속한 산출이 가능한 방법은?

① 선입선출법 ② 후입선출법
③ 총평균법 ④ 최종구매가법

> **최소-최대관리방식**
> 예기치 못한 상황에 대비하는 방식으로 재고량이 최소치에 오면 적정량이 발주되는 방식(급식업체에서 많이 사용)

09 검수방법 중에서 다음 보기와 다른 검사방법은?

① 취각검사방법 ② 검경적 검사방법
③ 화학적 검사방법 ④ 생화학적 검사방법

> • 관능검사 – 육안검사, 취각검사, 촉각검사
> • 이화학적 검사 – 검경적 방법, 화학적 방법, 물리적 방법, 생화학적 방법

10 원가계산의 목적이 아닌 것은?

① 가격결정의 목적
② 원가관리의 목적
③ 예산편성의 목적
④ 기말재고량 측정의 목적

> **원가계산의 목적**
> 가격결정의 목적, 원가관리의 목적, 예산편성의 목적, 재무제표 작성의 목적

11 구매한 식품의 재고관리 시에 적용되는 방법 중 최근에 구입한 식품부터 사용하는 것으로 가장 오래된 물품이 재고로 남게 되는 것은?

① 선입선출법 ② 후입선출법
③ 총 평균법 ④ 최소-최대관리법

> • 선입선출법 : 재료의 구입순서에 따라 먼저 구입한 재료를 먼저 소비한다는 가정하에서 재료의 소비가격을 계산하는 방법
> • 후입선출법 : 선입선출법과 정반대로 최근에 구입한 재료부터 먼저 사용한다는 가정하에서 재료의 소비가격을 계산하는 방법

12 판매가격이 5000원인 메뉴의 식재료비가 2000원인 경우 이 메뉴의 식재료비 비율은?

① 10% ② 20%
③ 30% ④ 40%

> 식재료비 비율 = (식재료비 ÷ 판매가격) × 100%

13 물품의 검수와 저장하는 곳에서 꼭 필요한 집기류는?

① 칼과 도마
② 대형 그릇
③ 저울과 온도계
④ 계량컵과 계량스푼

14 고등어구이를 하려고 한다. 정미중량 70g을 조리하고자 할 때 1인당 발주량은 약 얼마인가? (단, 고등어 폐기율은 35%)

① 43g ② 91g
③ 108g ④ 110g

정답 07. ① 08. ④ 09. ① 10. ④ 11. ② 12. ④ 13. ③ 14. ③

$$총\ 발주량 = \frac{(정미중량 \times 100)}{100 - 폐기율} \times 인원수$$

15 총원가는 제조원가에 무엇을 더한 것인가?

① 제조간접비 ② 판매관리비
③ 이익 ④ 판매가격

- 직접원가 = 직접재료비 + 직접노무비 + 직접경비
- 제조간접비 = 간접재료비 + 간접노무비 + 간접경비
- 제조원가 = 직접원가 + 제조간접비
- 총원가 = 제조원가 + 판매관리비

16 식품의 감별법 중 틀린 것은?

① 쌀알은 투명하고 앞니로 씹었을 때 강도가 센 것이 좋다.
② 생선은 안구가 돌출되어 있고 비늘이 단단하게 붙어 있는 것이 좋다.
③ 닭고기의 뼈(관절) 부위가 변색된 것은 변질된 것으로 맛이 없다.
④ 돼지고기의 색이 검붉은 것은 늙은 돼지에서 생산된 고기일 수 있다.

17 다음 중 신선한 달걀은?

① 달걀을 흔들어서 소리가 나는 것
② 삶았을 때 난황의 표면이 암녹색으로 쉽게 변하는 것
③ 껍질이 매끈하고 윤기 있는 것
④ 깨보면 많은 양의 난백이 난황을 에워싸고 있는 것

신선한 달걀 감별법
- 껍질이 반질반질한 것은 오래된 것
- 꺼칠꺼칠한 것은 신선한 것
- 만져보았을 때 둥근 부분은 따뜻하고 뾰족한 부분은 찬 것인지 확인
- 빛에 비춰봤을 때 밝게 보이는 것은 신선하고 어둡게 보이는 것은 오래된 것
- 6%의 식염수에 넣었을 때 가라앉는 것은 신선한 것
- 알을 깨뜨렸을 때 노른자의 높이가 높고, 흰자가 퍼지지 않는 것이 신선한 것
- 흔들어서 소리가 나지 않는 것이 신선한 것

18 원가계산의 목적으로 옳지 않은 것은?

① 원가의 절감방안을 모색하기 위해서
② 제품의 판매가격을 결정하기 위해서
③ 경영손실을 제품가격에서 만회하기 위해서
④ 예산편성의 기초자료로 활용하기 위해서

원가계산의 목적
가격결정의 목적, 원가관리의 목적, 예산편성의 목적, 재무제표 작성의 목적

19 다음 원가의 구성에 해당하는 것은?

직접원가 + 제조간접비

① 판매가격 ② 간접원가
③ 제조원가 ④ 총원가

20 식품의 재고관리에 대한 설명으로 틀린 것은?

① 각 식품에 적당한 재고기간을 파악하여 이용하도록 한다.
② 식품의 특성이나 사용 빈도 등을 고려하여 저장 장소를 정한다.
③ 비상시를 대비하여 가능한 한 많은 재고량을 확보할 필요가 있다.
④ 먼저 구입한 것은 먼저 소비한다.

21 총원가에 대한 설명으로 맞는 것은?

① 제조간접비와 직접원가의 합이다.
② 판매관리비와 제조원가의 합이다.
③ 판매관리비, 제조간접비, 이익의 합이다.
④ 직접재료비, 직접노무비, 직접경비, 직접원가, 판매관리비의 합이다.

총원가 = 제조원가 + 판매관리비

정답 15. ② 16. ③ 17. ④ 18. ③ 19. ③ 20. ③ 21. ②

22 다음은 품목별 검수 검사기준이다. 설명으로 틀린 것은?

① 알을 깨뜨렸을 때 노른자의 높이가 높고, 흰자가 퍼지지 않는 것이 신선한 것
② 생선이 신선한 것은 물에 떠오른다.
③ 채소와 과일류는 색이 선명하고 건조되지 않은 것
④ 건어물은 특유의 향과 맛을 유지하며, 외관의 형태가 일정하고 이물질이 없는지 확인

23 검수방식 중에서 정확성은 떨어지지만 효율적이며 경제적인 방식으로 대량물품이나 동일물품의 경우 이용하는 방식은?

① 전구검사법
② 샘플링검사법
③ 관능검사법
④ 이화학적 검사법

> **샘플링(발췌) 검수법**
> - 대량 구매물품이나 동일품목으로 검수물량이 많거나 파괴검사를 해야 할 경우 일부를 무작위로 선택해서 검사하는 방법
> - 정확성은 떨어지지만 효율적이며 경제적

24 검수원의 자격요건으로 틀린 것은?

① 식품의 특수성에 관한 전문적인 지식을 갖출 것
② 구매시장조사를 통해서 구매물품 시장에 대한 시장지식을 갖출 것
③ 식품의 유통경로와 검수업무 처리절차를 잘 알고 있을 것
④ 식품의 품질을 평가하고 감별할 수 있는 지식과 능력을 갖출 것

> **검수원의 자격요건**
> - 식품의 특수성에 관한 전문적인 지식을 갖출 것
> - 식품의 품질을 평가하고 감별할 수 있는 지식과 능력을 갖출 것
> - 식품의 유통경로와 검수업무 처리절차를 잘 알고 있을 것
> - 검수일지 작성 및 기록보관 업무를 잘 알고 있을 것

25 구매계획을 위한 구매시장 조사의 목적이 아닌 것은?

① 구매예정가격 결정
② 합리적 구매계획의 수립
③ 구매거래처의 업태별 특성조사
④ 제품의 개량 및 신제품 설계

정답 22. ② 23. ② 24. ② 25. ③

5장

기초조리 실무

CHAPTER 5 기초조리 실무

제 1 절 조리준비

1 조리의 정의 및 기본 조리조작

1) 조리의 정의

조리란 식품을 가공하여 우리가 먹을 수 있는 음식으로 만드는 것을 의미하며 위생상 안전하고 시각적, 미각적으로 식욕을 돋을 수 있고 몸에 필요한 영양소를 고루 섭취할 수 있게 하는 것을 목적으로 한다. 식품을 조리함으로써 식품 자체의 성분 및 형태의 변화를 일으켜 우리의 미각적, 시각적 효과를 최대로 이끌고, 또한 소화흡수를 돕고 위생적으로 안전하게 하고자 함이다.

2) 기본 조리조작

일반적으로 식재료를 가지고 원하는 요리를 효율적으로 만들기 위한 모든 작업을 조리조작이라고 말한다. 식재료의 특성을 살리면서 맛이 있고 병원균에 의한 위험성과 특성을 제거하고 식재료를 가공처리하여 섭취가 용이하도록 하는 것이다.

예를 들면, Steak를 굽는 과정에서 어떻게 하면 고객이 원하는 알맞은 굽기 정도와 영양가의 손실을 최소한으로 줄이면서 맛있게 구울 수 있느냐는 것이라고 할 수 있다. 조리조작에는 사전 준비를 위한 방법으로 씻기, 썰기 등과 굽거나 삶는 가열처리법, 혼합, 냉각 등의 가열 이외의 처리법 등 어느 것이든 물리적인 방법으로 열을 가함으로써 완전 처리되는 것이 포함된다.

(1) 계량(Measuring)

- 재료의 양을 무게로 측정하거나, 부피를 측정하여 계량할 수 있다.
- 계량기구의 올바른 사용법과 정확한 계량을 함으로써 재료들의 적당한 배합방법이 조리의 필수조건

(2) 씻기(세척)

- 식품의 유해성분과 불순물을 제거하는 작업이며, 식품의 종류에 따라 세척방법이 다름

(3) 담그기

- 수분을 주어 흡수, 팽윤, 연화시키는 효과를 얻고 불필요한 성분을 용출시킴
- 변색방지 및 물리적 성질을 향상시켜 필요한 성분이 침투되어 맛을 좋게 함

(4) 썰기

- 식품재료의 폐기부분을 제거하고, 모양, 크기 등을 정리하는 조작
- 식품의 모양과 크기, 외모 등을 정리하여 아름답게 하고 조작 중 가열과 더불어 중요한 과정이다.

(5) 분쇄

- 식품을 고운 형태로 만들기 위해 잘게 부스러뜨리는 조작
- 식품의 맛을 증대시키고 소화율을 높이는 효과가 있음

(6) 마쇄

- 식품의 조직을 파괴하기 위해 갈거나 으깨는 조작방법
- 재료의 조직을 균일화시켜 효소의 활동을 촉진시키는 효과가 있음

(7) 혼합, 교반, 성형

- 식품재료를 균질화하기 위한 조작, 혼합교반으로 재료의 성분 용출 유도
- 점탄성을 증가시켜 촉감과 외관의 모양을 좋게 함

(8) 압착, 여과

- 식품의 수분을 제거하고 액체성분과 고체성분의 분리를 위한 조작
- 식품의 조직을 파괴시켜 모양성형과 변화를 위한 방법으로 이용

(9) 냉장

- 식품의 단기 저장으로 활용. 미생물의 번식 억제효과

(10) 냉동

- 육류, 어패류 등을 동결상태로 장기간 보존에 이용. 급속냉각 기술이 요구됨

(11) 해동

- 냉동식품을 융해시켜 얼리기 전의 원상태로 복구시키는 조작

2 기본 조리법 및 대량 조리기술

1) 기본 조리법

(1) 비가열조리

- 식재료를 생것으로 먹기 위한 조리방법으로 생조리라고도 한다.
- 생채, 겉절이, 각종 화채 등 채소나 과일과 생선회, 육회 등

(2) 가열조리

대부분의 식품이 가열조리이며, 물리적인 조작이나 가열을 함으로써 성분의 변화가 일어나 다른 맛과 조직감을 갖게 된다. 가열조리방법 중 건열조리 방법에는 볶음, 튀김, 구이, 전 등이 있으며, 습열조리 방법에는 삶기, 데치기, 끓이기, 찌기 등이 있다.

① 삶기

- 찬물에 넣어 끓이거나, 끓는 물에 넣어주는 방법이 있다.
- 재료를 깨끗이 손질하여 물이 잠길 정도로 붓고 끓이거나 끓는 물에 넣고 삶는 방법이 있다.

② 데치기

- 다량의 끓는 물에서 식품을 짧은 시간에 익히는 방법으로, 조직을 연하게 하고 효소작용을 억제시켜 선명한 색이 되도록 한다.
- 재료가 잠길 정도의 충분한 물을 넣고 끓인다.
- 재료(채소)를 넣고 뚜껑을 열어 놓고 가열한다.

③ 찌기

- 식품 모양이 그대로 유지되고, 끓이는 것보다 수용성 물질의 용출이 적다.
- 충분한 수증기를 발생시킨 후에 식품을 넣는다.
- 발생한 수증기로 인해 공기를 방출한 뒤 식품을 넣는다.
- 찜통 속에 수증기가 가득해야 100℃가 되며, 이때 식품도 같은 온도로 찜이 시작된다.

④ 구이

- 인류가 불을 발견한 이후 가장 오래된 조리법
- 다른 조리법보다 높은 온도에서 가열하는 방법
- 석쇠를 사용하여 불 위에서 직접 굽는 직접구이와 철판이나 팬을 이용하여 금속판에 전달된 전도열에 의한 방법이 있다.

⑤ 볶음

- 기름을 사용하는 볶음은 100℃ 이상의 고온에서 단시간 조리
- 색이 그대로 유지되고 좋은 향미와 수용성 성분의 용출을 방지함
- 팬을 뜨겁게 달군 후 기름을 넣고, 식품을 한번에 넣어 자주 섞어준다.

⑥ 튀김

- 고온의 기름에 넣고 익히는 방법

- 가열시간이 짧으므로 영양소의 파괴 및 손실이 적다.

⑦ 전

- 팬에 소량의 기름을 두르고 지져서 익히는 방법
- 아래 한쪽 면만 열이 닿기에 재료를 얇게 썰어주고, 뒤집어 익혀야 함.
- 식품재료에 밀가루와 달걀을 묻혀 지져낸다.

2) 대량 조리기술

학교, 병원, 산업체 등의 집단으로 생활하는 곳에서 많은 사람들을 대상으로 상시 1회 50인 이상에게 계속적으로 공급되는 급식을 단체급식이라 하며, 대량으로 조리하게 된다.

3 기본 칼 기술 습득

칼을 사용할 때는 검지손가락을 칼등에 얹은 듯 대고, 다른 손가락은 편하게 느껴지도록 칼자루를 잡은 다음 가볍게 힘을 주어 칼을 든다. 칼을 잡을 때는 힘을 주지 말아야 하는 것이 중요한 포인트이며, 힘을 주어 잡으면 손목이 쉽게 피로해지고 유연성이 결여되어 손을 벨 염려가 있기도 하다.

1) 칼 가는 법

- 숫돌을 물에 충분하게 담가 놓는다(2시간 정도).
- 숫돌이 움직이지 않도록 젖은 타월을 숫돌 밑에 깔아 고정시킨다.
- 다리를 어깨너비로 벌리고 몸을 고정시킨다.
- 오른손으로 칼자루를 꼭 쥐어 힘을 주고, 왼손은 칼끝 위에 올려 중심을 잡는다.
- 숫돌과의 각도는 20° 정도로, 일정한 속도와 힘으로 칼을 움직이며 연마한다.

2) 칼 쥐는 법

- 칼자루를 잡을 때 너무 무리하게 힘을 주지 말고 잡는다.(힘을 주면 손목이 쉽게 피로해짐)
- 누르는 손은 물체가 움직이지 않게 하고, 너무 누르면 물체의 즙이 상실됨.
- 두께가 두껍고 딱딱한 경우 엄지손가락을 칼등에 올려서 물체를 자른다.
- 힘의 중심은 왼쪽과 물체의 정면에 두고 몸 전체가 일직선이 되도록 한다.
- 자를 때에는 칼끝부터 밀어서 간다.
- 몸은 굽힐 필요가 없고, 고개만 약간 굽힌다.

3) 칼 사용법

(1) 잡아당겨 썰기

- 칼의 안쪽은 들어 올리고 칼끝을 재료에 비스듬히 댄 채 잡아당기듯 써는 방법
- 오징어를 채썰 때 이 방법 이용
- 썰어진 채 도마 위에 있으므로, 그 밑에 칼을 뉘어 넣고 살짝 들어 그릇에 옮김

(2) 밀어 썰기

- 무, 양배추, 오이 등을 채썰 때 사용하는 방법
- 오른쪽 검지를 칼등에 대고 칼을 끝으로 미는 듯하게 움직이며 써는 방법
- 밀쌈이나 김밥 등 말랑말랑하고 속에 들어 있는 재료를 썰 때 무조건 힘을 주어 썰면 속재료가 빠져나가 지저분해지므로 살짝 밀어 썬다.

(3) 눌러 썰기

- 다져 썰기 방법으로 왼손으로 칼끝을 가볍게 누르고 오른손을 상하좌우로 누르는 듯하게 써는 방법
- 흩어진 것을 다시 모아 같은 동작을 반복하면 곱게 다져진다.

(4) 저며 썰기

- 재료의 왼쪽 끝에 왼손을 얹고, 오른손으로는 칼을 눕혀서 재료에 넣은 다음 안쪽으로 당기

는 듯한 동작으로 얇게 써는 방법이다.

4) 도마 사용법

- 반드시 물기가 있는 행주나 타월을 도마 밑에 받쳐 도마를 고정한 후 사용(안전)
- 도마는 작업대와 평행이 되도록 나란히 놓고 사용
- 채소나 과일용, 육류용, 생선용으로 구분하기 위해 색깔별로 사용(위생)

4 조리기구의 종류와 용도

조리기구의 기능은 각종 열원으로부터 냄비, 프라이팬, 오븐용 기구 등의 조리기구를 통하여 조리하려는 내용물까지 열을 충분히 전달하는 것이다. 조리는 열전도에 의해 이루어지므로 조리기구는 열이 빠르고 고르게 전달되며, 음식이 기구에 눌어붙지 않고, 효율적으로 조리될 수 있어야 한다.

1) 가스를 이용한 조리기기

(1) 가스레인지

주방에서 가장 중요한 조리기기로서 각종 팬과 냄비를 이용하여 조리할 수 있고 대부분의 간단한 조리는 이곳에서 모두 이루어질 수 있다.

(2) 가스 철판

두꺼운 철판 밑으로 열을 가하여 철판을 뜨겁게 달군 후 철판 위에서 음식을 조리하는 기기(부침기)이다.

(3) 가스 튀김기

금속으로 기름을 담아 놓을 수 있게 만들어 하부에서 열을 가하여 자동온도 조절장치 설치로 각종 튀김음식을 만들 수 있는 튀김기

(4) 가스 밥솥

대량으로 밥을 지을 때 사용하는 밥솥으로 자동장치가 부착되어 밥이 되면 스위치가 자동으로 꺼지는 기구

(5) 오븐

빵, 제과를 구울 때나 대량의 고기를 구울 때 등 사용하는 기구

(6) 수프 케틀(Soup Kettle)

많은 양의 수프나 소스, 죽 등 국물 종류를 끓일 때 사용

2) 전기를 이용한 조리기기

(1) 육절기(Meat Slicer)

고기를 일정한 두께로 써는 데 사용하는 기기

(2) 컨벡션 오븐(Convection Oven)

내부가 선반식으로 되어 있어, 많은 양의 음식을 일시에 조리할 수 있다.(로스팅, 스팀)

(3) 감자 탈피기(Peeler)

감자와 같은 채소의 껍질을 벗기는 데 사용하는 기기

(4) 전자레인지(Microwaves)

단시간 내에 음식물을 데우는 데 사용

(5) 블렌더(Blender)

재료를 혼합하고 밤, 호두, 땅콩을 다지거나 과일, 채소의 즙을 만들거나, 곱게 갈아주는 역할을 하는 기구. 흔히 믹서라 표현하던 기구

(6) 냉장고(Refrigerator)

식품을 최적의 온도로 보존되도록 하는 기기

(7) 냉동고(Freezer)

식재료를 냉동상태로 일정기간 저장하거나 보존하는 기기

3) 스팀을 이용한 조리기기

(1) 스티머(Steamer)

압력식으로 단시간 내에 음식을 완전히 익히는 데 사용하는 기기로 스팀을 활용한다.

(2) 스팀 수프 케틀(Steam Soup Kettle)

많은 양의 수프나 소스, 죽 등 국물 종류를 끓일 때 사용

(3) 세척기(Dish Washer)

증기를 이용하여 접시를 세척하는 기계

5 식재료 계량방법

1) 계량기구

(1) 저울

중량(무게)을 측정하는 기구. 단위는 g, kg. 평평한 곳에 수평으로 놓고 사용

(2) 계량스푼

양념 등의 부피를 측정할 때 사용하며, 큰술(Tbsp : Table spoon)과 작은술(tsp : tea spoon) 두 종류로 작은술은 5g, 큰술은 15g 양의 크기이다.

(3) 계량컵

부피 측정에 사용. 한 컵을 한국에서는 200ml, 서구에서는 240ml로 사용함

(4) 온도계

- 조리온도를 측정하는 데 사용함
- 일반적으로 주방에서는 비접촉식 적외선 온도계를 사용함

(5) 조리용 시계

조리시간 측정 시 사용하며, 타이머(timer)나 스톱워치(stop watch)를 사용함

2) 계량법

(1) 액체식품

- 물, 기름, 간장, 식초 등 액체식품은 투명한 용기를 사용
- 계량스푼이나 계량컵에 가득 채워서 계량한다.

(2) 고체식품

고기와 같은 고체식품은 일반적으로 저울을 이용하여 무게를 계량하여 사용

(3) 가루상태의 식품

덩어리 없는 상태에서 수북이 담아 표면이 평면이 되도록 깎아서 계량

(4) 농도가 있는 상태의 식품

고추장과 같은 식품은 계량컵 등에 꾹 눌러 담아 표면이 평면이 되도록 깎아서 계량

6 조리장의 시설 및 설비 관리

조리장의 시설은 수용인원, 객석 및 연회석의 크기, 영업방침과 메뉴(정식요리와 일품요리의 비율)에 따른 조리방법, 객단가 등을 종합적으로 고려하여 조리기기를 결정하고, 조리업무 동선의 효율성에 따른 도면이 정해져야 그에 따른 시설을 갖추게 된다.

조리장의 좋은 시설이 조리업무를 향상시키고, 안전과 위생을 지킬 수 있으며, 궁극적으로 외식업체의 경영 이익을 극대화할 수 있는 중요한 역할을 담당하게 된다.

1) 조리장의 시설

(1) 급수 · 배수 설비

- 급수시설은 주방에서 조리업무에 적합한 물을 공급하고 물의 양이 부족함 없도록 하며 급수방식은 수도직결 배관방식, 고가수조 배관방식, 압력탱크 배관방식이 있다.
  - ㉠ 수도직결 배관방식 : 주방건물이 2층 정도일 때 많이 사용되는 급수방식
  - ㉡ 고가수조 배관방식 : 고층 주방건물에 적합한 급수방식
  - ㉢ 압력탱크 배관방식 : 중고층 주방건물에 사용할 수 있는 급수방식
- 배수설비란 버려지는 물을 하수장과 오수처리장으로 신속하게 배수하고, 하수도의 냄새와 역류를 방지하는 설비
- 배수관은 급수관처럼 수압에 의해 움직이지 않고 중력에 의함
- 싱크대의 배수관은 수도관과 구별할 수 있도록 관의 색을 달리한다.

(2) 열원설비(가스, 전기)

- 조리업무용 열원으로는 가스와 전기가 많이 사용됨
- 가스는 조리업무 시 가장 많이 사용되며 종류는 LNG와 LPG가 있음
- LNG는 천연가스를 액화시킨 액화천연가스로 메탄이 주성분이고 도시가스로 사용
- LPG는 탄산수소가스에 낮은 압력을 가해 냉각, 액화시킨 것으로 프로판이 94%임
- 가스를 열원으로 사용 시 주변에 환기시설을 설치해야 함
- 전기설비에는 외선공사와 내선공사가 있음. 외선공사는 한전에서 책임시공, 내선공사는 건물주가 시공업체를 직접 선정해서 진행하는 건물 내의 전기설비 공사

- 총 전력량은 각 조리기기의 전기 용량을 충분히 공급할 수 있도록 설계해야 함
- 콘센트 덮개를 만들어 청소 시 물로 인한 누전방지와 정기적 점검으로 안전에 유의
- 전기설비 종류로는 콘센트 설비, 인터폰 설비, 엘리베이터 설비, 조명 설비, 비상용 조명 설비, 통신정보 설비, 구내배전선로 설비, 동력 설비, 방송 설비, 인터폰 설비 등이 있음

(3) 환기 · 조명 설비

- 환기란, 공기를 바꾸는 것으로 공기 속의 열, 습기, 냄새, 유해물질 등의 주방 내 오염된 공기를 자연의 힘이나 기계적 수단으로 신선한 외부공기와 순환시키는 것을 말함
- 건축법상 창 또는 개구부 등이 바닥면적의 1/20 미만 경우 기계적 환기 설치의무
- 환기의 방식은 전체 환기와 부분 환기로 나뉨
- 부분 환기는 오염공기 발생 장소의 집중적 강제 환기방식을 말함
- 환기방법은 기계의 힘을 이용한 강제 환기와 자연바람을 이용한 자연 환기로 나뉨
- 조명은 목적에 따라 밝게 하기 위한 실리적 조명과 아름다움이나 공간적 분위기를 살리기 위한 장식적 조명으로 구분함

(4) 바닥 · 내벽 설비

- 주방바닥은 조리사의 위생관리 및 업무효율과 재해 방지와 관련
- 바닥은 미끄럽지 않아야 하고, 배수가 잘 되도록 1/100 정도 경사되도록
- 주방바닥은 흡수성이 없는 재료를 사용하고 손상된 부분이 없어야 함
- 내벽은 밝은 색으로 틈이 없고, 청소하기에 편리한 구조가 되어야 함
- 주방 내벽은 안전사고 및 육체적 피로를 줄일 수 있는 색으로 선택해야 함
- 바닥면에서 1.5m 정도는 내수성, 내구성, 균열이 가지 않는 재질 사용할 것
- 내벽과 경계면인 모서리 부분은 청소가 쉽도록 둥글게 곡면으로 처리
- 주방 내벽은 내열성이 있는 세라믹 타일을 사용
- 습기, 충격으로 벽에 금이 가기 쉬운 곳은 스테인리스나 보호대 사용할 것
- 독성이 없는 페인트라도 벗겨지면 오염되므로 음식물 다루는 곳은 사용하지 말 것

(5) 기타(천장, 창문, 출입문, 식품보관실, 선반, 소방)

- 주방 천장의 내부에는 위생 설비, 전기, 배선 설비 파이프 등이 설치된다. 따라서 천장은 설비의 압력에도 변형되지 않도록 안전한 구조로 설계되어야 한다.
- 창문은 주방 내 오염된 공기의 환기가 잘 돼야 하고, 채광 조절이 가능토록 해야 함
- 주방 창문은 고정식이 좋으며, 개폐식 창문일 경우, 해충 방지로 방충망 설치 필요
- 주방에서 고객에게 음식을 제공하는 출구와 식재료 반입 출구는 따로 구분해 설치
- 주방 출입구에는 주방 전용 신발을 갈아 신도록 신발장과 신발 소독기 시설 설치
- 식품보관실은 주방 중심부를 통하지 않고, 식품을 반입 · 반출할 수 있도록 설치
- 식품보관실은 주방바닥보다 약간 높고 경사지게 시공
- 선반은 청소가 용이하고 통풍이 잘 되도록 하고 바닥에서 15cm 이상 높게 설치
- 선반은 타공 선반을 사용하여 공기 순환이 잘 되도록 한다.
- 소방 설비는 화재로부터 조리사와 주방시설 및 재산, 고객 등을 보호하기 위함
- 소방 설비에는 경보설비, 소화설비, 피난설비 등이 있다.
- 경보설비는 화재 발생 시 비상벨이나 방송설비, 자동사이렌 등으로 화재발생을 통보해 주는 설비이다.
- 소화설비는 물이나 소화재를 사용하여 소화작업을 하는 설비로 화재 초기에 호스와 노즐을 이용하여 소화작업을 하는 옥내 소화전 설비와 건물 외부에 소화전이 설치된 옥외 소화전 설비, 화재 발생 시 실내온도 상승으로 자동적으로 물을 분사하는 자동 소화설비인 스프링클러 설비가 있다.
- 화재 발생 시 신속히 피난할 수 있도록 안내하는 피난 설비로는 피난기구, 유도등, 유도표시, 비상조명등, 인명구조 장비 등이 있다.

2) 조리장 시설 관리자의 역할

- 주방시설물 관리자는 '통제'와 '관리'에 중점을 두어야 함
- 주방시설 관리자는 주방시스템의 설계와 배치에 관한 사전지식이 필요함
- 주방시설 관리자의 능력에 따라 주방의 단위생산 효율성과 안전성을 높임

예상문제 조리준비

01 돼지고기 편육을 할 때 고기를 삶는 방법으로 가장 적합한 것은?

① 한 번 삶아서 찬물에 식혔다가 다시 삶는다.
② 물이 끓으면 고기를 넣어서 삶는다.
③ 찬물에 고기를 넣어서 삶는다.
④ 생강은 처음부터 같이 넣어야 탈취효과가 크다.

> 돼지고기 편육을 만들기 위해 물이 끓으면 고기를 넣어야 단백질 응고되면서 육즙이 흘러나오지 않아서 편육 맛이 좋다.

02 조리 시 센 불로 가열한 후 약한 불로 세기를 조절하지 않는 것은?

① 생선조림 ② 된장찌개
③ 밥 ④ 새우튀김

> 튀김은 고온에서 단시간 조리한다.

03 도마의 사용방법에 관한 설명 중 잘못된 것은?

① 합성세제를 사용하여 43~45℃의 물로 씻는다.
② 염소소독, 열탕소독, 자외선살균 등을 실시한다.
③ 식재료 종류별로 전용의 도마를 사용한다.
④ 세척, 소독 후에는 건조시킬 필요가 없다.

> 도마를 위생적으로 처리하기 위하여 세척, 소독 후에는 반드시 건조시킨 후에 보관한다.

04 조리용 기기의 사용법이 틀린 것은?

① 필러(peeler) : 채소 다지기
② 슬라이서(slicer) : 일정한 두께로 썰기
③ 세미기 : 쌀 세척하기
④ 블렌더(blender) : 액체 교반하기

> 필러(peeler)
> 채소의 껍질을 벗길 때 사용

05 습열조리법이 아닌 것은?

① 설렁탕 ② 갈비찜
③ 불고기 ④ 버섯전골

> • 습열조리 : 끓이기, 삶기, 찜, 조림
> • 건열조리 : 볶기, 튀기기, 굽기

06 다음 가열조리 중 습열조리가 아닌 것은?

① 삶기 ② 데치기
③ 끓이기 ④ 구이

> 가열조리에는 볶음, 튀김, 구이, 전과 같은 건열조리와 삶기, 데치기, 끓이기, 찌기 등의 습열조리가 있다.

07 주방시설 위생을 위한 사항으로 적합하지 않은 것은?

① 주방냄비는 세척 후 열처리를 해둔다.
② 주방의 천장, 바닥, 벽면도 주기적으로 청소한다.
③ 나무 도마는 사용 후 깨끗이 하고 일광소독을 하도록 한다.
④ deep fryer의 경우 기름은 매주 뽑아내어 걸러 찌꺼기가 남아 있는 일이 없도록 한다.

정답 01. ② 02. ④ 03. ④ 04. ① 05. ③ 06. ④ 07. ④

튀김기(deep fryer)
각종 튀김요리에 사용되며, 기름의 산화 방지를 위하여 남은 기름의 보관이 중요하며, 자주 갈아주어야 한다.

08 조리장의 설비에 대한 설명 중 부적합한 것은?

① 조리장의 내벽은 바닥으로부터 5cm까지 수성 자제로 한다.
② 충분한 내구력이 있는 구조여야 한다.
③ 조리장에는 식품 및 식기류의 세척을 위한 위생적인 세척시설을 갖춘다.
④ 조리원 전용의 위생적 수세시설을 갖춘다.

조리장의 내벽은 바닥면에서 1.5m 정도는 내수성, 내구성, 균열이 가지 않는 재질로 사용해야 한다.

09 다음 중 주방 바닥과 내벽에 대한 설명으로 틀린 것은?

① 주방바닥은 조리사의 위생관리 및 업무효율과 관련이 있다.
② 주방 바닥은 흡수성이 좋은 재료를 사용하고 손상된 부분이 없어야 한다.
③ 바닥은 미끄럽지 않아야 하고, 배수가 잘 되도록 해야 한다.
④ 내벽은 밝은 색으로 틈이 없고, 청소하기에 편리한 구조로 되어야 한다.

- 주방 바닥은 흡수성이 없는 재료를 사용하여야 한다.
- 주방 내벽은 내열성이 없는 세라믹 타일을 사용하여야 한다.
- 습기, 충격으로 벽에 금이 가기 쉬운 곳은 스테인리스나 보호대를 사용해야 한다.

10 계량방법이 잘못된 것은?

① 된장, 흑설탕은 꾹꾹 눌러 담아 수평으로 깎아서 계량한다.
② 우유는 투명기구를 사용하여 액체 표면의 윗부분을 눈과 수평으로 하여 계량한다.
③ 저울은 반드시 수평한 곳에서 0으로 맞추고 사용한다.
④ 마가린은 실온일 때 꾹꾹 눌러 담아 평평한 것으로 깎아 계량한다.

중량(무게)을 측정할 때는 저울을 평평한 곳에 수평으로 놓고, 액체식품은 계량스푼이나 계량컵에 가득 채워서 측정한다.

11 덩어리 육류를 건열로 표면에 갈색이 나도록 구워 내부의 육즙이 나오지 않게 한 후 소량의 물, 우유와 함께 습열조리하는 것은?

① 브레이징(braising)
② 스튜잉(stewing)
③ 브로일링(broiling)
④ 로스팅(roasting)

브레이징은 오븐에서 수분과 함께 익히기 전에 프라이팬이나 로스팅팬에서 시어링 먼저 한다.

12 전자레인지의 주된 조리 원리는?

① 복사　② 전도
③ 대류　④ 초단파

- 전자레인지의 주된 조리 원리는 초단파(전자파, 고주파)로 가열하는 조리기구이다.
- 분자가 심하게 진동하여 발열하는 것을 이용하여 빠른 시간에 고르게 가열한다.

13 생선 조리방법에 대한 설명으로 틀린 것은?

① 생강과 술은 비린내를 없애는 용도로 사용한다.
② 처음 가열을 할 때 수분간은 뚜껑을 약간 열어 비린내를 휘발시킨다.
③ 모양을 유지하고 맛성분이 밖으로 유출되지 않도록 양념간장이 끓을 때 생선을 넣기도 한다.
④ 선도가 약간 저하된 생선은 조미를 비교적 약하게 하여 뚜껑을 덮고 짧은 시간 내에 끓인다.

선도가 약간 저하된 생선은 조미를 비교적 강하게 장시간 끓인다.

정답 08. ①　09. ②　10. ②　11. ①　12. ④　13. ④

14 조리방법에 대한 설명으로 옳은 것은?

① 채소를 잘게 썰어 국물이 끓으면 빨리 익으므로 수용성 영양소의 손실이 적어진다.
② 전자레인지는 자외선에 의해 음식이 조리된다.
③ 콩나물국의 색을 맑게 만들기 위해 소금으로 간을 한다.
④ 푸른색을 최대한 유지하기 위해 소량의 물에 채소를 넣고 데친다.

- 채소를 잘게 썰어 국물이 끓으면 수용성 영양소의 손실이 크다.
- 전자레인지는 마이크로파를 이용한다.
- 푸른색을 유지하기 위해서는 물에 소금을 넣고 데친다.

15 식품조리의 목적과 가장 거리가 먼 것은?

① 식품이 지니고 있는 영양소 손실을 최대한 적게 하기 위해
② 각 식품의 성분이 잘 조화되어 풍미를 돋우게 하기 위해
③ 외관상으로 식욕을 자극하기 위해
④ 질병을 예방하고 치료하기 위해

식품조리의 목적
- 영양성 : 영양 손실을 적게 하고, 소화를 용이하게 하기 위해
- 다양성 : 다양한 음식을 만들어 풍미를 돋우기 위해
- 기호성 : 식품을 외관상으로 좋게, 맛있게 하기 위해
- 안정성 : 위생상 안전한 음식을 만들기 위해
- 저장성 : 보관, 저장성을 높이기 위해

16 냄새나 증기를 배출시키기 위한 환기시설은?

① 트랩　② 트렌치
③ 후드　④ 컨베이어

- 트랩 : 배수관으로 악취, 해충을 방지한다.
- 트렌치 : 주방의 배수로(하수구)이다.
- 후드 : 주방후드는 4방형으로 설치하여 증기, 냄새 등을 배출시킨다.
- 컨베이어 : 물건을 연이어 이동하는 롤러형태의 운반 장치이다.

정답 14. ③　15. ④　16. ③

제 2 절 식품의 조리원리

1 농산물의 조리 및 가공, 저장

1) 농산물의 조리

농수산물에는 곡류, 유지작물, 두류, 서류, 채소류 등으로 구분할 수 있다.

곡류의 조리목적은 주성분인 전분을 호화시켜 맛과 향미를 증진시키고, 소화율을 높이기 위한 수단으로 수분과 온도가 필요하다.

채소류의 조리목적은 채소가 가지고 있는 영양분을 최대한 보존하고, 색과 맛, 질감을 살려 먹기 좋고 소화하기 쉽게 함과 동시에 유해한 성분과 미생물을 사멸하기 위함이다.

2) 곡류의 가공 및 저장

(1) 쌀

- 벼의 구조 : 벼의 낱알의 비율은 현미 80%, 왕겨층 20%로써 현미는 벼를 탈곡하여 왕겨층을 벗겨낸 것으로 과피, 종피, 호분층과 배유, 배아로 구성되어 있고, 호분층과 배아에 단백질, 지질, 비타민이 많이 분포
- 백미 : 우리가 주로 사용하는 것으로 현미를 도정하여 배유만 남은 것(주로 전분)
- 백미의 소화율 : 현미의 소화율이 90%인 데 비해 98%
- 백미의 분도 : 깎이는 부분(단백질, 지방, 섬유 및 비타민 B_1이 감소)
- 쌀의 저장 : 벼(상태가 가장 좋다) → 현미 → 백미

(2) 정맥(보리)

- 압맥 : 보리쌀의 수분을 14~16%로 조절하여 예열통에 넣고 간접적으로 60~80℃로 가열시킨 후 가열증기나 포화증기로써 수분을 25~30%의 롤러로 압축
- 할맥 : 보리의 골에 들어 있는 섬유소를 제거한 것
- 맥아
  - 단맥아 : 고온에서 발아시켜 싹이 짧은 것. 맥주 양조용에 사용
  - 장맥아 : 비교적 저온에서 발아시킨 것. 식혜나 물엿(소포제) 제조에 사용

(3) 소맥(밀)

밀알 그대로는 소화가 어렵고, 정백해도 소화율이 80% 정도로 98%인 백미의 소화율에 비해 아주 나쁜 편이다. 그러나 밀을 제분하면 소화율이 백미와 거의 비슷해진다.

- 밀가루의 숙성 : 만들어진 제분을 일정기간 동안 숙성시키면 흰빛을 띠게 됨
- 소맥분 계량제 : 과산화벤조일, 이산화염소, 과황산암모늄, 브롬산칼륨, 과붕산나트륨
- 글루텐 : 밀에는 다른 곡류에는 없는 특수한 성분인 글루텐이 있는데, 이것은 단백질로서 점탄성이 있기 때문으로 빵이나 국수 제조에 적당

[표 5-1] 밀가루의 종류(글루텐 함량에 의해 결정)

종류	글루텐 함량	용도
강력분	글루텐 함량 13% 이상	식빵, 마카로니, 스파게티
중력분	글루텐 함량 10~13%	만두, 국수
박력분	글루텐 함량 10% 이하	케이크, 튀김, 과자류

(4) 두류

① 두부

- 제조 : 콩을 갈아서 70℃ 이상으로 가열하고 응고제를 첨가하여 단백질을 응고시키는 방법
- 원료 : 황색대두, 간수 또는 응고제
- 제조방법 : 콩을 2.5배가 될 때까지 불린다.

겨울엔 24시간, 봄·가을엔 12~15시간, 여름엔 6~8시간 물에 불려 소량의 물을 첨가하여

마쇄하고, 2~3배의 물을 넣어 30~40분간 가열한다. 착즙과 응고하여 비지 분리, 65~70℃가 되면 2%의 간수를 2~3회로 나누어 첨가

② 유부

생두부를 동결시킨 다음 해동하여 탈수, 건조시켜 풍미와 저장성을 높인 것

• 장류의 제조방법
  - 재래식 : 메주를 띄워서
  - 개량식 : 황곡의 번식으로 된 속성 개량메주로 간장, 된장, 고추장, 막장에 이용. 소금물에 아미노산을 넣고 감미료와 caramel색소 등을 첨가하여 제조

> • 코지(koji) : 곡물, 콩 등에 코지 곰팡이를 번식시킨 것
> • 간장 달이는 목적 ① 농축 ② 살균 ③ 미생물을 불활성화시킴
> • 간장 색깔이 변하는 이유 : 아미노카르보닐 반응(착색현상)

  - 청국장 : 콩을 삶아서 납두균(40~45℃)을 번식시켜 양념을 가미한 것
  - 양갱 : 떡소와 우무를 물과 혼합하여 가열 → 냉각 → 응고시킨 것

2 축산물의 조리 및 가공, 저장

축산물(육류)을 조리하는 방법은 크게 건열조리와 습열조리로 구분한다. 조리방법도 육류의 부위에 따라 적절히 선택하는 것이 바람직함. 건열조리란 물을 사용하지 않고 직접적, 또는 간접적으로 열을 가하여 조리하는 방법이다.

습열조리는 설렁탕, 곰국처럼 물을 사용하여 고기를 익히는 조리방법이며 습열조리 시 결체조직인 콜라겐이 젤라틴으로 변화되어 연화되므로 질긴 고기에 적합

1) 축산물(육류)의 조리

(1) 습열조리

① 국물을 먹기 위한 습열조리

탕이나 국, 수프 등과 같이 국물을 먹기 위한 습열조리법에 이용되는 고기의 부위는 양지육, 사태육, 꼬리 등이 좋으며, 뼈를 이용하여 설렁탕이나 곰국을 끓일 때에는 국물이 하얗게 되는데, 이는 뼈에서 인지질이 유화현상을 일으킨 것이다.

② 고기를 먹기 위한 습열조리

고기를 먹기 위한 습열조리에는, 찜이나 장조림의 경우와 같이 소량의 물을 사용하여 고기가 연해질 때까지 익히며 갖은양념과 고명 등을 넣어 간이 배도록 하는 적당한 조미를 하는 경우와, 편육이나 수육의 경우처럼 조미를 하지 않는 방법이 있다.

(2) 건열조리

건열조리는 결체조직을 적게 포함한 연한 부위의 고기인 안심, 등심, 갈비 등이며 대표적인 건열조리법으로는 구이, 로스팅, 튀김 등이 있다.

육류의 익히는 정도는 개인의 취향과 식성에 따라 좌우되며, 돼지고기의 경우는 기생충을 사멸해야 하므로 쇠고기와 달리 단백질이 완전히 익게 되는 내부온도 77℃까지는 조리하는 것이 좋다.

(3) 복합조리

브레이징은 습열조리와 건열조리가 섞인 조리법으로 완자탕, 돼지갈비찜 등이 해당된다.

2) 축산물(육류)의 가공, 저장

(1) 육류 가공품

햄, 소시지, 베이컨, 콘드비프 등이 있다.

- 햄 : 돼지 뒷다리 살에 향신료, 식염, 설탕, 아질산염 등을 첨가 훈제 가공한 것
- 소시지 : 식육에 조미료, 향신료를 첨가한 후 케이싱에 충전 훈연하거나 열처리한 것

- 베이컨 : 돼지고기의 삼겹살 부위를 소금에 절인 후 훈제한 것
- 콘드비프 : 쇠고기를 소금에 절여 삶아 사용

3 수산물의 조리 및 가공, 저장

삼면이 바다인 우리나라에서 수산물의 종류는 대단히 많으며 식품의 가치도 높다. 수산물은 우수한 단백질 급원식품, 육류에 비해 연한 육질, 비타민과 무기질 급원식품, 성인병 예방에 효과적임을 알 수 있다. 특히 수산식품은 축산식품에 비해 변질이나 부패가 쉽게 일어나고, 조직이 연하여 세균에 오염될 확률이 높다. 따라서 수산물의 저장성을 높이기 위해서는 건제품, 훈제품, 염장품, 생선통조림 등의 가공식품을 만든다.

1) 수산물의 조리

① 조림 : 어패류에 양념과 간을 하여 약한 불에서 오래 익힌 요리

② 구이 : 식품을 물기 없이 조리하는 방법으로 석쇠 등을 이용해 직접 열을 가하여 굽는 직접구이 방식과 프라이팬, 철판 등에 소량의 기름을 넣어 굽는 간접구이 방식, 건열로 오븐 안에서 굽는 오븐구이 등으로 구분할 수 있다.

③ 튀김 : 다량의 기름을 이용 165~180℃의 온도로 식품을 튀기는 방법

④ 회 : 생선살이나 조개류 등을 생으로 먹거나 살짝 데쳐서 썰어 양념 초고추장이나 와사비 간장에 먹는 음식

2) 수산물의 가공

① 건제품 가공 : 건조(자연건조, 열풍건조, 냉풍건조, 진공건조, 자연동건, 동결건조, 배건법, 분무건조, 고주파건조, 가압건조, 드럼건조)

② 훈제품 가공 : 훈연-원료에 적당한 훈연재(목재)를 불완전 연소시켜 발생하는 연기성분을 흡착시켜 건조 및 살균을 통해 저장성과 색, 조직, 맛 등의 기호성을 향상시킴

③ 염장품 가공 : 수산물에 소금을 뿌리거나 소금물에 담가 저장

④ 연제품 가공 : 생선고기 살에 소금, 조미료, 보강제를 첨가해 가열처리하여 젤 형태로 만든 어육제품으로 부드럽고 탄력 있는 가공식품

⑤ 생선 통조림 : 수산물을 전처리하여 가열조리 후 공기를 빼고 용기(캔)에 채워 밀봉한 후 가열살균과정을 거쳐 무균상태에서 장기간 보관하게 만든 제품

4 유지 및 유지 가공품

유지는 같은 양으로 다른 열량영양소에 비해 많은 에너지를 내기 때문에 많은 양을 섭취했을 때 비만, 당뇨병, 심장병 등의 원인이 되기도 한다. 유지는 우리가 일상생활에서 의식하지 못하면서 많은 양을 섭취할 수 있기 때문에 주의해야 한다.

1) 유지의 물리적 성질

① 용해성(solubility) ② 융점(melting point) ③ 가소성(plasticity) ④ 발연점(smoking point), 인화점(flash point), 연소점(fire point) ⑤ 비중(specific gravity)

2) 유지의 화학적 성질

① 가수분해

② 산패

- 산화에 의한 산패
- 가열에 의한 산패
- 산패에 영향을 미치는 요인 : 온도, 광선, 산소, 지방산의 불포화도, 금속, 항산화제

3) 산패 측정하는 방법

① 요오드가

② 검화가

③ 산가
④ 과산화물가

4) 유지가공품

① 동물성 유지 : 버터, 우지, 라드, 어유
② 식물성 유지 : 참기름, 면실유, 옥수수유, 미강유, 대두유, 유채유, 올리브유, 팜유 등
③ 가공유지 : 마가린, 쇼트닝, 마요네즈

5 냉동식품의 조리

냉동식품이란, 제조, 가공, 또는 조리한 식품을 장기간 보존할 목적으로 냉동한 식품을 말하며, 냉동 시 미생물의 번식과 효소작용이 정지되므로 식품의 변질 및 부패를 막을 수 있다. 냉동에는 장시간에 걸쳐 얼리는 완만냉동법과 급속하게 얼리는 급속냉동법이 있다.

영하 40℃ 이하로 급속하게 식품을 얼리면 세포나 식품조직 중에 생기는 얼음의 결정이 미세하므로 세포나 조직이 파괴되지 않으므로, 본래의 식품조직이 거의 완전하게 유지되므로, 해동을 잘 하면 거의 완전하게 유지되어 드립(drip)현상이 생기지 않는다.

냉동식품은 크게 채소류, 과실류, 축산물, 수산물, 조리식품 등으로 분류한다.

- 채소류 : 날것으로 얼리면 서리 맞은 상태가 되어 조직이 파괴되고 섬유가 단단해져서 사용할 수 없다. 따라서 데치기(blanching)하여 얼리면 좋다. 해동도 얼린 채소를 급속히 가열하는 것이 좋다.
- 육류나 생선 : 원형 그대로 또는 부분으로 나누어 냉동시킨다. 해동하기 위해서는 5~10℃의 비교적 낮은 온도에서 어느 정도 시간이 소요되는 자연해동이 바람직하며, 해동의 온도차가 커질수록 조직이 많이 파괴되고 드립현상이 많이 나타난다.

그러나 0℃ 이하에서는 얼음결정이 커지고 오히려 조직이 파괴되며, 또한 전자레인지로 해동하는 것도 좋지 않은 방법이다.

- 과실류 : 날것으로 얼리는 경우가 많고, 반해동상태에서 식용하거나, 얼린 채 주스로 만들어 마시는 경우가 많다.

6 조미료와 향신료

1) 조미료

조미료는 모든 음식의 기본 맛을 내는 요소로 우리나라에서는 양념이라고도 한다. 조미료 사용법은 설탕과 소금을 먼저 넣고, 그 후 휘발성이 있는 식초, 간장, 된장 순으로 넣어야 음식에 조미료가 잘 침투되어 맛이 좋다.

① 소금 : 음식의 기본적인 간을 맞추는 데 사용되는 짠맛을 내는 조미료
② 간장 : 간장 역시 음식의 간을 맞추는 데 사용되는 조미료
③ 설탕 : 깔끔한 단맛을 내며, 신맛, 짠맛, 쓴맛을 부드럽게 하여 요리에 많이 사용
④ 된장 : 콩이나 밀, 보리 등의 전분질에 종국을 넣어 발효시킨 조미료
⑤ 고추장 : 엿기름과 고춧가루, 소금 등을 곡류에 넣어 발효, 숙성시킨 조미료
⑥ 식초 : 신맛을 내는 조미료. 곡류, 주류, 과실류를 발효시켜 만든 조미료
⑦ 조청, 꿀 : 조청은 물엿이라고도 하고, 전분을 맥아로 당화시켜 농축한 것
⑧ 고추 : 매운맛을 주는 조미료(고추가루의 캡사이신이 매운맛을 줌)
⑨ 기름 : 참기름은 참깨를 볶아 짠기름, 들기름은 들깨를 볶아 짠 기름으로 나물을 무치거나, 볶을 때, 김을 구울 때, 전이나 부침, 튀김할 때 사용함
⑩ 화학조미료 : MSG, 핵산조미료, 복합조미료 등이 있음

2) 향신료

향신료는 크게 허브(Herb)와 스파이스(Spice)로 구분하며, 음식의 맛과 향을 내기 위해 사용한다. 『스퍼드 영어사전』에는 "잎이나 줄기가 식용과 약용으로 쓰이거나 향과 향미로 이용되는 식물"을 총칭하여 허브로 정의하고 있다.

① 한국음식의 향신료 : 한국에서 주로 많이 사용하는 향신료로는 파, 양파, 마늘, 생강, 깨, 고추, 후춧가루, 겨자, 산초, 계피 등이 있다.

② 서양음식의 향신료 : 파슬리, 바질, 로즈메리, 타임, 오레가노,, 파프리카, 사프란, 올스파이스, 아니스, 클로브, 칠리, 강황, 너트맥, 후추 등 한국보다 훨씬 다양함

예상문제 식품의 조리원리

01 유지의 산패도를 나타내는 값으로 짝지어진 것은?

① 비누화가, 요오드가
② 요오드가, 아세틸가
③ 과산화물가, 비누화가
④ 산가, 과산화물가

유지의 산패도를 나타내는 값은 산가, 과산화물가, TBA가, 카르보닐기가 있다.

02 참기름이 다른 유지류보다 산패에 대해 비교적 안정성이 큰 이유는?

① 레시틴 ② 세사몰
③ 고시폴 ④ 인지질

참기름은 세사몰을 함유하고 있어, 천연항산화제로 다른 유지보다 산패에 대하여 비교적 안정성이 크다.

03 훈연에 대한 설명으로 틀린 것은?

① 햄, 베이컨, 소시지가 훈연제품이다.
② 훈연 목적은 육제품의 풍미와 외관 향상이다.
③ 훈연재료는 침엽수인 소나무가 좋다.
④ 훈연하면 보존성이 좋아진다.

훈연재료의 나무로는 수지함량이 적으며 향기가 좋은 떡갈나무, 벚나무, 참나무를 주로 사용한다.

04 채소 조리 시 색의 변화로 맞는 것은?

① 시금치는 산을 넣으면 녹황색으로 변한다.
② 당근은 산을 넣으면 퇴색된다.
③ 양파는 알칼리를 넣으면 백색으로 된다.
④ 가지는 산에 의해 청색으로 된다.

시금치에 있는 클로로필 색소는 산에 불안정하여 녹황색으로 변한다.

05 조리식품이나 반조리식품의 해동방법으로 가장 적합한 것은?

① 상온에서의 자연 해동
② 냉장고를 이용한 저온 해동
③ 흐르는 물에 담그는 청수해동
④ 전자레인지를 이용한 해동

반조리식품(냉동피자, 만두, 스테이크류, 전류)은 조리 전 해동하지 않고 직접 가열하는 급속해동법으로 전자레인지가 많이 이용된다.

06 기름을 여러 번 재가열할 때 일어나는 변화에 대한 설명으로 맞는 것은?

> • 풍미가 좋아진다.
> • 색이 진해지고, 거품 형성 현상이 생긴다.
> • 산화중합반응으로 점성이 높아진다.
> • 가열분해로 황산화 물질이 생겨 산패를 억제한다.

① 1, 2 ② 1, 3
③ 2, 3 ④ 3, 4

여러 번 사용된 기름은 색이 진하고, 가열했을 때 냄새가 심하고, 점도가 증가해 상온에서도 끈적거리고, 거품이 형성된다. 과산화물과 독성물질이 생겨 인체 노화 및 암 등의 질병을 촉진한다.

정답 01. ④ 02. ② 03. ③ 04. ① 05. ④ 06. ③

07 생선튀김의 조리법으로 가장 알맞은 것은?

① 180도에서 2~3분간 튀긴다.
② 150도에서 4~5분간 튀긴다.
③ 130도에서 5~6분간 튀긴다.
④ 200도에서 7~8분간 튀긴다.

> 음식별 튀김온도
> • 어패류, 채소 : 180~190℃에서 1~3분간 튀긴다.
> • 크로켓 : 190~200℃에서 40초~1분간 튀긴다.
> • 고구마, 감자 : 160~180℃에서 3분간 튀긴다.
> • 커틀릿, 프라이 : 180℃에서 3~4분간 튀긴다.
> • 크루통 : 180~190℃에서 30초 튀긴다.
> • 포테이토칩 : 180℃에서 2~3분간 튀긴다.
> • 도넛 : 160℃에서 3분간 튀긴다.

08 다음 중 과일, 채소의 호흡작용을 조절하여 저장하는 방법은?

① 건조법 ② 냉장법
③ 통조림법 ④ 가스저장법

> 가스저장법은 식품을 탄산가스나 질소가스 속에 보관하여 호흡작용을 억제하고, 호기성 부패세균의 번식을 저지하는 저장법이다.

09 두류가공품 중 발효과정을 거치는 것은?

① 두유 ② 피넛버터
③ 유부 ④ 된장

> 두류를 이용한 발효식품으로는 간장, 된장, 고추장, 청국장 등이 있다.

10 두부를 만드는 과정은 콩 단백질의 어떠한 성질을 이용한 것인가?

① 건조에 의한 변성
② 동결에 의한 변성
③ 효소에 의한 변성
④ 무기염류에 의한 변성

> 두부는 콩을 갈아서 70℃ 이상으로 가열하고 응고제를 첨가하여 단백질을 응고시키는 방법이다. 응고제는 무기염류로 염화마그네슘($MgCl_2$), 황산칼슘($CaSO_4$), 염화칼슘($CaCl_2$), 황산마그네슘($MgSO_4$)이 쓰인다.

11 고기를 요리할 때 사용하는 연화제는?

① 소금
② 참기름
③ 파파인(Papain)
④ 염화칼슘

> 고기의 연화제
> 파파야의 파파인, 파인애플의 브로멜린, 무화과의 피신, 키위의 액티니딘, 배의 프로테아제 등이 있다.

12 훈연에 대한 설명으로 틀린 것은?

① 햄, 베이컨, 소시지가 훈연제품이다.
② 훈연 목적은 육제품의 풍미와 외관 향상이다.
③ 훈연재료는 침엽수인 소나무가 좋다.
④ 훈연하면 보존성이 좋아진다.

> 훈연재료인 나무는 수지함량이 적고 향기가 좋은 것으로 떡갈나무, 벚나무, 참나무를 주로 사용한다.

13 유지를 가열할 때 유지 표면에서 엷은 푸른 연기가 나기 시작할 때의 온도는?

① 팽창점 ② 연화점
③ 용해점 ④ 발연점

> 기름을 끓는 점 이상으로 가열하여 푸른 연기가 나기 시작하는 온도를 발연점이라 한다.

14 호화와 노화에 대한 설명으로 옳은 것은?

① 쌀과 보리는 물이 없어도 호화가 잘된다.
② 떡의 노화는 냉장고보다 냉동고에서 더 잘 일어난다.
③ 호화된 전분을 80℃ 이상에서 급속건조하면 노화가 촉진된다.
④ 설탕의 첨가는 노화를 지연시킨다.

> 전분의 입자가 클수록 빠른 시간 내에 호화가 잘되고, 0~4℃에서 노화가 가장 잘 일어난다.

정답 07. ① 08. ④ 09. ④ 10. ④ 11. ③ 12. ③ 13. ④ 14. ④

15 달걀의 가공 특성이 아닌 것은?

① 열응고성 ② 기포성
③ 유화성 ④ 쇼트닝성

> **열응고성**
> 응고하기 쉬운 성질(난백 60℃, 난황 70℃ 응고)

16 냄새 제거를 위한 향신료가 아닌 것은?

① 육두구(nutmeg, 너트맥)
② 월계수잎(bay leaf)
③ 마늘(garlic)
④ 세이지(sage)

> 너트맥은 달고 자극적인 향과 쌉쌀한 맛이 있으며, 감자요리에 아주 많이 사용한다.

17 현미는 벼의 어느 부위를 벗겨낸 것인가?

① 과피와 종피 ② 겨층
③ 겨층과 배아 ④ 왕겨층

> 현미는 쌀에서 왕겨층을 벗겨낸 것으로 영양은 좋으나 섬유소를 포함하고 있어 소화・흡수율이 낮다.

18 유화(emulsion)에 의해 형성된 식품이 아닌 것은?

① 우유 ② 마요네즈
③ 주스 ④ 잣죽

> • 수중유적형(O/W) : 물속에 기름이 분산된 형태. 우유, 아이스크림, 마요네즈, 크림수프, 프렌치드레싱 등이다.
> • 유중수적형(W/O) : 기름에 물이 분산된 형태. 버터, 마가린 등이다.

19 우유 가공품이 아닌 것은?

① 치즈 ② 버터
③ 마시멜로 ④ 액상 발효유

> 마시멜로(marshmallow)는 스펀지 형태의 사탕류로 설탕, 콘시럽, 물, 젤라틴, 포도당, 조미료 등으로 거품을 일으켜 굳혀서 만든 것이다.

20 노화가 잘 일어나는 전분은 다음 중 어느 성분의 함량이 높은가?

① 아밀로오스(amylose)
② 아밀로펙틴(amylopectin)
③ 글리코겐(glycogen)
④ 한천(agar)

> 전분의 노화 촉진에 관계하는 요인 : 온도 – 2~5℃, 수분함량 – 30~60%, 수소이온 첨가 – 다량, 전분입자의 종류 – 아밀로오스 〉 아밀로펙틴

21 유지류의 조리 이용 특성과 거리가 먼 것은?

① 열 전달매체로서의 튀김
② 밀가루제품의 연화작용
③ 지방의 유화작용
④ 결합제로서의 응고성

> 유지류의 조리 이용 특성으로는 크리밍성(교반에 의해서 기름 내부에 공기를 품는 성질)이 있다.

22 일반적으로 꽃 부분을 주요 식용부위로 하는 화채류는?

① 죽순(bamboo shoot)
② 파슬리(parsley)
③ 콜리플라워(cauliflower)
④ 아스파라거스(asparagus)

> • 죽순(bamboo shoot) : 대나무의 새순
> • 파슬리(parsley) : 잎과 줄기를 이용
> • 아스파라거스(asparagus) : 잎과 줄기를 이용

23 달걀의 기포성을 이용한 것은?

① 달걀찜
② 푸딩(Pudding)
③ 머랭(Meringue)
④ 마요네즈(Mayonnaise)

> 달걀의 기포성을 이용한 조리에는 머랭, 스펀지케이크 등이 있다.

정답 15. ④ 16. ① 17. ④ 18. ③ 19. ③ 20. ① 21. ④ 22. ③ 23. ③

24 참기름이 다른 유지류보다 산패에 대하여 비교적 안정성이 큰 이유는 어떤 성분 때문인가?

① 레시틴(Lecithin)
② 세사몰(Sesamol)
③ 고시폴(Gossypol)
④ 인지질(Phospholipid)

> 참기름은 세사몰을 함유하고 있으며, 천연항산화제로 다른 유지보다 산패에 대하여 비교적 안정성이 크다.

25 고기를 요리할 때 사용되는 연화제는?

① 소금 ② 참기름
③ 파파인(Papain) ④ 염화칼슘

> 고기의 연화제로는 파파야의 파파인, 파인애플의 브로멜린, 무화과의 피신, 키위의 액티니딘, 배의 프로테아제 등이 있다.

정답 24. ② 25. ③

6장

한식조리 실무

CHAPTER 6 한식조리 실무

제 1 절 한식 밥 조리

1 밥의 정의

쌀·보리 등의 곡물을 솥에 안친 뒤 물을 부어 낟알이 풀어지지 않게 끓여 익힌 음식

밥은 우리 음식 중 가장 기본이 되는 주식이며, 곡식을 익히는 여러 조리법 중 밥은 가장 일상적이고 보편적인 음식이다.

2 쌀의 종류

분류기준	특징	종류
형태	쌀의 형태에 따른 분류	자포니카형, 인도형, 자바형
도정도	벼의 종피를 제거한 정도에 따른 분류	현미, 5분도미, 7분도비, 9분도미, 백미
전분조성	아밀로오스와 아밀로펙틴 함량에 따른 분류	멥쌀, 찹쌀
색	쌀의 색에 따른 분류	흑미, 적미, 녹미
배양가공	쌀에 버섯균을 배양한 쌀	상황버섯쌀, 동충하초쌀, 홍국쌀
첨가 및 코팅 가공	쌀에 기능성 성분을 첨가하거나 코팅한 쌀	카로틴쌀, 칼슘쌀, 철분쌀, 인삼쌀, 녹차쌀, 키토산쌀 등
발아가공	현미를 싹틔워 발아시킨 쌀	발아현미

3 밥 재료준비

1) 곡류의 구성

곡류의 입자 구조는 외피, 배아, 배유(전분형태, 주로 먹는 부분)로 되어 있으며, 외피는 곡류 입자의 가장 외부에 존재하는데, 도정과정에서 대부분 제거된다.(배아 : 단백질, 지질, 무기질 풍부) 벼의 왕겨를 제거한 것을 현미라 하며, 현미로부터 과피, 종피, 호분층을 제거하는 것을 도정이라 한다.

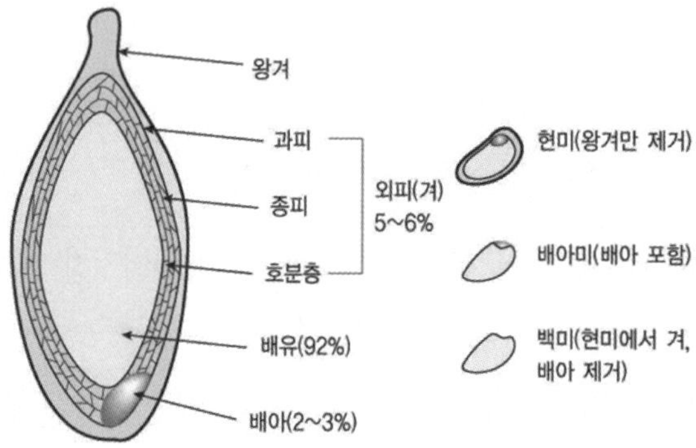

[그림 6-1] 곡류(쌀의 구조)

쌀의 도정도와 도정률

쌀의 종류	도정도(%)	도정률(%)
현미	0	100
5분도미	50	96.0
7분도미	70	94.4
백미	100	92.0

2) 곡류의 분류

① 맥류 : 쌀, 보리, 밀, 귀리, 메밀 등

② 잡곡 : 조, 기장, 수수, 옥수수 등

4 밥 조리

1) 쌀 씻기(수세)

수세는 3~5회 정도 맑은 물이 나올 때까지 세척한다.

※ 너무 세게 오래 씻으면 전분, 수용성 단백질, 수용성 비타민(특히 비타민 B_1), 향미물질이 손실됨

2) 쌀 불리기(수침)

① 수세와 수침 과정에서 쌀 입자가 약 30%의 수분을 흡수하게 된다.

※ 쌀 입자에 수분이 고르게 분포되어 가열 시 열전도율을 높이고 호화를 도와준다.

② 수침시간 : 실온에서 30분~1시간 이내

③ 수침 시 수분 흡수속도 : 쌀의 품종, 생산연도, 물의 온도, 시간에 따라 다르다.

3) 밥물의 양

구분	쌀 중량(무게)에 대한 물의 양	물 용량(부피)에 대한 물의 양
백미	1.4~1.5배	1.2배
불린 쌀	1.2배	1.0배
햅쌀	1.4배	1.1배
찹쌀	1.1~1.2배	0.9~1.0배

4) 밥 짓기

(1) 원리

① 밥은 분량의 물을 붓고 가열하면 60~65℃에서 호화 시작

② 70℃에서 호화가 진행되고 100℃에서 20분 정도면 완전히 호화가 됨

③ 밥 짓는 과정은 화력조절 3단계로 해서 이루어짐

> 온도 상승기(강한 화력 10~15분 가열) → 비등유지기(중간화력 5~10분 가열)
> → 뜸들이기(약한 화력 10~15분 가열, 쌀알 중심부에 있는 전분까지 완전히 호화)

(2) 밥맛에 영향을 주는 요인

① 쌀의 건조상태 : 수분함량 약 14%

- 수확 후 오래되어 지나치게 건조되면 밥맛이 좋지 않음
- 취반 후 수분함량이 60~65%일 때 밥맛이 가장 좋음
- 햅쌀의 밥맛이 좋은 이유는 포도당 및 가용성 맛성분이 많기 때문

② 밥물의 pH

- pH 7~8일 때 밥맛이 가장 좋음
- 0.03% 정도의 소금 첨가 시 밥맛이 좋음

③ 밥 짓는 용구

- 재질이 두껍고 무거운 것으로 무쇠나 곱돌로 만든 솥이 밥맛이 좋음

④ 밥 짓는 열원

- 장작, 숯, 연탄, 가스, 전기 등이 있으나 장작불이 가장 밥맛이 좋음

5) 밥 담기

밥을 주걱으로 골고루 살살 섞어주고, 그릇에 눌러 담지 않는다.

제 2 절 한식 죽 조리

곡류를 주재료로 하여 5~10배 정도의 물을 붓고 끓여 완전히 호화시킨 반유동식으로 만든 음식의 총칭

1 죽의 분류

1) 농도에 따른 분류

죽	곡물을 알곡 또는 갈아서 물을 넣고 끓여 완전히 호화시킨 것
미음	곡물을 푹 고아서 체에 밭친 것
응이	곡물을 갈아 가라앉은 전분을 말려두었다가 물에 풀어서 끓인 것

죽의 묽은 정도
응이 〉 미음 〉 죽

2) 쌀의 전처리 방법에 따른 분류

옹근죽	곡물을 으깨지 않고 그대로 사용함.(통쌀로 쓰는 죽)
원미죽	곡물을 굵게 갈아서 쓰는 죽
무리죽(비단죽)	곡류를 곱게 갈아서 매끄럽게 쓰는 죽

3) 재료에 따른 분류

곡물류 죽	흰죽, 콩죽, 팥죽, 녹두죽, 흑임자죽, 보리죽, 율무죽, 암죽, 들깨죽 등
견과류 죽	잣죽, 밤죽, 낙화생죽, 호두죽, 은행죽, 도토리죽 등
채소류 죽	아욱죽, 근대죽, 김치죽, 애호박죽, 무죽, 호박죽, 죽순죽 등
육류 죽	쇠고기죽, 장국죽, 닭죽, 양죽 등
어패류 죽	어죽, 전복죽, 옥돔죽, 북어죽, 낙지죽, 문어죽, 홍합죽 등
약리성 재료 죽	갈분죽, 복령죽, 산약죽, 연자죽, 인삼대추죽, 행인죽 등

2 죽 조리

① 주재료가 되는 곡물을 미리 물에 담가 충분히 불린다.(2시간)

② 일반적으로 죽의 물 분량은 5~7배 정도가 적당

③ 죽 조리 시 냄비는 두꺼운 재질이 좋다.

④ 나무주걱을 사용하여 곡물이 삭지 않도록 한다.

⑤ 강한 불에서 끓이다가 끓기 시작하면 약불로 하여 끓인다.

⑥ 간을 미리 하면 죽이 삭으므로 죽상차림의 기호에 따라 곁들여 낸다.

⑦ 지질함량이 많은 견과류를 이용하여 죽을 끓일 경우 쌀가루가 충분히 호화된 후 견과류를 넣는다.

> 잣죽의 경우 잣에 전분을 분해하는 아밀라아제가 있으므로 쌀가루를 충분히 호화시킨 후에 잣을 넣는다.

3 죽 상차림

① 초조반은 아침에 간단하게 차려지는 죽상이다.
② 죽상을 차릴 때는 죽, 미음 등을 합에 담고 따로 덜어먹는 공기와 수저를 놓는다.
③ 간을 할 수 있는 것(간장, 소금, 꿀 등)을 함께 담아낸다.
④ 죽상에 놓는 찬은 국물 있는 김치로 나박김치, 동치미가 나간다.
⑤ 죽상에 놓는 조치는 맑은 조치로 소금이나 새우젓국으로 간을 맞추어 낸다.
⑥ 그 외 마른 찬으로 어포, 육포, 암치보푸라기, 다시마 · 미역 자반 등이 나간다.

제 3 절 한식 국 · 탕 조리

1 국 · 탕

채소 · 어류 · 고기 등을 넣고 물을 많이 부어 끓인 국물요리

1) 국물의 양과 명칭에 따른 분류

국	• 찌개보다 국물이 많음 • 건더기는 국물의 1/3 정도가 좋음
탕	• 건더기는 국물의 1/2 정도가 좋음 • 육류, 어류와 같은 재료를 오랫동안 끓임
찌개	• 국보다 건더기가 많음 • 건더기는 국물의 2/3 정도가 좋음
조치	• 궁중에서 찌개를 일컫는 말 • 건더기는 국물의 2/3 정도가 좋음 • 맑은 조치(젓국조치) : 간장으로 조리 • 토장 조치 : 고추장이나 된장에 쌀뜨물로 조리

감정	• 고추장으로 조미한 찌개로 국물이 적음 • 게감정, 호박감정
지짐이	• 국물이 찌개보다 적은 편이며 간이 세다. • 무지짐이, 호박지짐이
전골	• 여러 가지 재료를 색을 맞추어 담고 간을 한 육수를 부어 끓이면서 먹음 • 찌개와 국물양은 비슷함 • 신선로, 열구자탕, 두부전골

2) 국의 종류

분류	종류
맑은장국	뭇국, 미역국, 콩나물국, 조깃국, 완자탕, 애탕, 토란탕
토장국	시금치국, 냉잇국, 아욱국, 배추속대국
곰 국	곰탕, 설렁탕, 갈비탕, 꼬리곰탕, 추어탕, 닭곰탕, 용봉탕
냉 국	오이냉국, 미역냉국, 임자수탕

2 국 · 탕 재료준비

1) 국 · 탕에 적합한 향신료 사용

메뉴 및 재료에 따라 그 쓰임이 다를 수도 있으나 일반적으로

- 향미성분이 발산되지 않는 향신료 : 처음부터 넣음 예 마늘, 인삼(미삼) 등
- 향미성분이 발산되는 향신료 : 육수 끝내기 20분 전에 넣음 예 파, 생강 등

① 대파 : 양념으로 사용 시에는 흰 부분을, 찌개나 육수로 사용 시 푸른 부분 사용

② 마늘 : 육수에 사용할 때는 껍질을 깐 후 통째로 사용

③ 생강 : 육류의 누린내를 제거하기 위해서는 처음부터 사용하고 생선의 비린내 제거를 위해서는 나중에 넣는 것이 효과적

④ 양파 : 다량 사용 시에 단맛이 나므로 주재료에 따라 양을 조절함

⑤ 무 : 단백질 분해효소가 있어 육류에 사용할 경우 식감을 부드럽게 도와주며, 어패류에 사용 시에는 비린내를 잡아주고 시원한 맛을 줌

⑥ 표고버섯 : 세척 후 미지근한 물에 불리고, 불린 물을 육수로 사용한다.

2) 육수의 종류 및 특징

종류	특징
쌀뜨물	• 쌀의 수용성 영양소 섭취 • 토장국에 이용 시 채소의 풋냄새 제거 • 국물에 농도를 높이고, 채소의 조직을 연화시킴
멸치국물	• 국물용 다시 멸치를 사용함 • 머리와 내장을 제거하고 사용해야 쓴맛과 비린내를 제거할 수 있음 • 손질된 멸치를 냄비에 살짝 볶다가 찬물을 넣고 뚜껑을 열어 끓임 → 비린내와 잡맛 제거
조개국물	• 모시조개, 바지락, 홍합, 백합 등을 사용 • 2~3% 소금물에 담가 해감시킨 후 사용
다시마육수	• 국물용 다시마는 두껍고 검은빛이 도는 것이 좋음 • 다시마의 전처리 방법은 깨끗한 젖은 면포로 표면을 닦아줌 • 다시마의 감칠맛성분: 글루탐산나트륨, 알긴산, 만니톨 함유 • 다시마를 물에 담가 우린 물을 사용하거나, 끓는 물에 다시마를 넣고 1분 정도 끓여 건져낸 후 국물 사용 → 오래 끓이면 씁쓸하고 텁텁한 맛이 나며, 점액성분 때문에 국물도 탁해짐
쇠고기육수	• 부위 : 사태, 양지머리, 업진육(지방이 적고, 결체조직이 많은 부위) • 찬물에 담그거나 흐르는 물에 핏물을 뺀 후 사용(누린내를 없애기 위함) • 찬물에 고기를 넣고 센 불에서 끓이기 시작하여 육수가 나오기 시작하면 화력을 낮춰 육수가 잘 우러나오도록 함
사골육수	• 소뼈를 이용한 육수 • 흐르는 물에 1~2시간 정도 충분히 담가두어 핏물을 뺀다(누린내 제거).
채소육수	• 향이 강하지 않은 채소 사용 • 양파, 표고버섯, 배추, 대파, 마늘, 당근, 무 등

3) 국 · 탕 담기

(1) 그릇의 종류

탕기, 대접, 뚝배기*, 질그릇, 오지그릇, 유기그릇** 등이 있다.

*토기로 불에 올려 끓이다가 상에 올려도 잘 식지 않음

**놋쇠로 만든 그릇으로, 보온, 보냉, 항균효과가 좋다.

(2) 고명의 종류

달걀지단, 미나리초대, 미나리, 고기완자, 홍고추 등 사용

제 4 절 한식 찌개 조리

- 국이나 찌개는 갱(羹)에 같은 뿌리를 둔 것이며 식품이 다양해지고 장류가 분화하면서 국과 찌개로 분화 발달한 것이다.
- 찌개는 조치, 감정, 지짐이라고도 하며, 모두 건기가 국보다는 많고 간은 센 편으로 밥에 따르는 찬품이다.
- 조치는 궁중에서 찌개를 일컫는 말이고, 감정은 고추장으로 조미한 찌개이며, 지짐이는 국물이 찌개보다 적은 편이다.(제3절의 "1 국 · 탕" 표 참조)

1 찌개 재료준비

1) 찌개의 구분

(1) 맑은 찌개류

소금, 간장, 새우젓으로 간을 맞춤

예 두부젓국찌개, 호박젓국찌개 등

(2) 탁한 찌개류

된장, 고추장으로 간을 맞춤

예 된장찌개, 생선찌개, 청국장찌개 등

2) 육수준비(제3절의 "1 국 · 탕" 표 참조)

2 찌개 담기

① 음식의 특성에 맞게 그릇을 선택한다.

② 고열의 직화조리에 적합한 그릇을 선택함

제 5 절 한식 전 · 적 조리

1 전 · 적 재료준비

1) 전 · 적 조리 개요

- 전류는 육류, 가금류, 채소류, 어패류 등을 먹기 좋은 크기로 잘라 양념한 후 밀가루와 달걀물을 씌워 팬에 지진 것을 말함
- 적류는 고기뿐만 아니라 갖은 재료를 각각 손질하고 양념하고 익혀 꼬치에 꿰어서 내거나, 꼬치에 꿴 채 밀가루와 달걀물을 씌워 익힌 후 꼬치를 빼거나 함. 모양을 빚어 석쇠로 굽거나 팬에 지지는 조리법을 모두 말함

(1) 전 · 적 재료준비

① 전 · 적의 주재료는 육류, 가금류, 어패류, 채소류 등으로 전처리로 다듬기, 씻기, 자르기, 수분 제거하기를 말함

② 육류는 익으면서 길이가 줄어들기 때문에 원하는 길이보다 1cm 정도 넉넉하게 준비하고 어패류는 살이 탄탄하고 탄력성이 있고, 눈이 투명하며, 아가미는 선홍색을 띠는 것이 좋으며 적당히 해동된 상태에서 포뜨기를 하여야 한다. 뼈에서 살을 잘 분리시키는 능력을 기르는 것이 중요함

③ 채소는 재료의 특성에 맞는 신선한 것을 선택하는데 깻잎은 향기가 나고 짙은 녹색을 띠고 흰색 반점이 없는 것, 벌레 먹은 것이 없고, 잎이 마르지 않은 것, 당근은 굵기가 일정하고 마디가 없고 매끈한 것으로 짙은 주황색을 고르고, 오이는 굵기가 고르며 가시가 있고 신선한 것을 고르고, 도라지는 연한 노란색을 띠며 잔뿌리가 많지 않고 굵기가 일정한 것이 좋음

④ 부재료는 밀가루, 멥쌀가루, 찹쌀가루 등을 사용하고, 발연점이 높은 유지류로 옥수수유, 대두유, 포도씨유, 카놀라유 등을 사용함. 발연점이 낮은 참기름, 들기름 등은 전을 부칠 때 적합하지 않음

2 전 · 적 조리

1) 전 · 적 조리

① 식품재료에 따라 전처리 방법이 다르므로 재료의 특성을 이해하는 것이 중요한데 보관방법(냉장, 냉동)에 따라 전처리 방법이 다름

② 재료는 모양 썰기를 하거나 다지거나 으깨거나 포를 뜨거나 하여 전감을 준비하고 요구하는 모양을 만들어 빚거나 속을 채우거나 꼬치에 꿰어 준비함

③ 부재료인 양념과 밀가루, 달걀 등을 이용하여 적절한 조리도구를 사용하여 다양한 방법으로 익혀냄

타거나 색이 진해지지 않도록 하되 속까지 완전히 익히도록 하며 전의 옷이 벗겨지지 않게 조리하고 부쳐진 전이나 적은 키친타월 위에 올려 기름과 수분을 일부 제거하고 한 김 식은 후 꼬치를 빼거나 썲

3 전 · 적 담기

전 · 적은 따뜻하게 제공하는 요리로 온도는 70℃ 이상으로 담고, 전의 색을 고려하여 어두운 접시를 선택하거나 같은 계열 색의 접시를 사용하고 초간장을 곁들임

제 6 절 한식 생채 · 회 조리

1 생채 · 회 재료준비

1) 생채 · 회 조리 개요

- 생채는 제철에 나오는 싱싱한 재료를 익히지 않고 바로 무쳐낸 나물을 말함. 생채는 식재료 본연의 맛과 질감을 살리며, 초장, 초고추장, 겨자, 식초 등을 이용하여 새콤달콤한 맛을 냄. 주재료는 주로 채소류를 사용하고, 쇠고기, 해산물 등을 곁들여 사용하기도 함
- 회는 어패류, 육류, 채소류를 썰어 날로 먹는 음식으로, 초간장, 초고추장, 겨자초장, 참기름장, 소금, 후추 등에 찍어 먹음

(1) 생채 · 회 재료준비

① 생채 재료는 무, 도라지, 파래, 실파, 더덕, 오이, 달래 등이며 회의 재료는 육회, 생선회, 가자미회, 각색회, 조개회, 굴회, 처녑회, 송이회, 물회 등이 있음

② 무는 채를 썰어 고춧가루 색을 미리 들여주지만 절이지는 않음. 도라지는 쓴맛성분인 알칼로이드 성분이 있어 껍질을 종이색연필 껍질 벗기듯 칼로 얇게 벗겨낸 후 소금물에 담가 잠시 우려낸 후 사용함

③ 도라지에 함유된 사포닌성분은 가래를 없애주고 소염작용이 있으며, 기관지 점막을 튼튼히 하여 폐의 기능을 향상시킴

④ 더덕은 다량의 사포닌이 함유되어 도라지와 마찬가지로 손질하되 흙이 많이 묻어 있기

때문에 반드시 껍질을 벗기기 전에 흙을 깨끗이 씻어버리고 껍질을 벗겨내야 함

⑤ 해산물인 전복, 회, 새우 등은 반드시 신선한 생물이거나 냉동상태가 위생적이고 양호한 것을 고르되 껍질, 내장, 가시 등을 깨끗이 손질하여 삶은 후 빠른 시간 내에 차게 식혀 놓아야 미생물의 번식을 막을 수 있음

2 생채 · 회 조리

1) 생채 · 회 조리

① 생채 · 회 전처리로 다듬기, 씻기, 삶기, 데치기, 자르기를 말함

- 다듬기는 재료의 가식부위를 손질하는 기초단계로 누런 잎이나 뿌리나 잔뿌리를 말끔히 제거함
- 씻기는 불순물을 제거하는 단계로 그릇에 물을 담가 씻거나, 흐르는 물에 3회 이상 씻음. 소금이나 식초를 넣은 물에 씻거나 통으로 씻거나 썰어서 씻기도 함

② 생채 양념장은 고추장, 고춧가루, 설탕, 식초, 소금 등을 혼합하여 새콤달콤한 산뜻한 맛이 적절히 나도록 만듦. 생채는 양념장을 사용하기도 하지만 고춧가루를 주로 사용하여 무칠 경우에는 고춧가루로 먼저 색을 골고루 들이고 난 다음 설탕, 소금, 식초 순으로 간을 함

③ 냉채 양념장은 겨자장, 잣즙 등을 곁들임
겨잣가루는 봄 갓의 씨를 가루로 낸 것으로 40℃의 따뜻한 물에 개어서 따뜻한 곳에 두었다가 매운맛이 나면 식초, 설탕, 소금, 육수 등을 혼합하여 만듦

④ 회 조리로는 생으로 먹는 육회, 익혀 먹는 문어숙회, 오징어숙회, 미나리강회, 파강회, 어채 등이 있음

⑤ 어채는 민어나 숭어 등 흰살생선과 채소에 녹말을 묻혀 끓는 물에 데친 다음, 색을 맞추어 돌려 담아 초고추장과 함께 내는 음식으로 봄에 즐겨 먹으며, 주안상에 주로 올리는 음식이다. 부재료는 표고, 목이, 석이버섯 같은 버섯류와 오이, 홍고추, 풋고추 등의 채소류가 쓰이며 해삼, 전복 같은 어패류를 사용하기도 함

3 생채 · 회 담기

생채는 완성 후 그릇에 담을 때 물이 생기거나 고이지 않도록 주의해야 함

생채는 재료 본연의 맛을 내는 것이므로 조리양념 시에 참기름이나 들기름을 많이 사용하면 모양도 처지고 맛도 덜함. 보통은 식초가 들어가는 생채 양념에 참기름을 넣거나 같이 사용하지 않았으나 오늘날에는 기호에 따라 자유롭게 가감하고 있음

① 생채는 상에 내기 직전에 무쳐서 냄

② 생채와 그릇 색상의 배색을 고려하여 알맞은 양을 담음

③ 생채를 담을 때는 눌러 담지 말고 높이가 생기게 살살 담는 것이 좋음

제 7 절 한식 조림 · 초 조리

1 조림 · 초 재료준비

1) 조림 · 초 조리 개요

조림은 재료를 크기에 맞추어 썬 뒤 간장 등으로 간하여 약한 불에서 국물이 거의 졸아 스며들도록 오래 조린 음식을 말하고, 초는 간장, 설탕, 물, 전분(녹말) 등으로 국물 없이 윤기나게 조린 음식을 말한다. 고조리서에서는 전분을 물에 풀어 조리는 양념장에 풀어 점성과 윤기를 나게 하였지만 현대 조리방법의 초 조리에서는 전분을 사용하지 않고 윤기가 나도록 조리할 수 있음

(1) 조림 · 초 재료준비

① 조림의 재료로는 생선(갈치, 광어, 꽁치, 굴, 코다리, 명태, 생태, 삼치, 병어, 조기, 임연수, 전갱이, 어패류(새우, 소라, 홍합, 전복, 오징어 등), 서류(감자, 고구마, 토란 등), 채소(풋고추, 깻잎, 무, 연근, 우엉 등), 두부, 닭고기, 쇠고기, 달걀조림 등이 있음

② 초의 재료로는 홍합, 소라, 전복, 해삼 등이 있음

③ 쇠고기의 경우 사태(아롱사태, 앞사태, 뒷사태)는 운동량이 많은 부위로 근육 다발이 모여 있어 식감이 쫄깃함. 지방이 없고 담백하고 깊은 맛을 내며 오랜 시간 물에 끓여야 연해지고 식감이 좋아짐. 주로 우둔살이나 살코기로 고기 육질은 연하나 홍두깨살은 결이 거칠고 단단하나 조림으로 적당함

④ 닭은 칼로리가 적고 단백질이 풍부해서 영양균형을 이룰 수 있음

⑤ 돼지고기 뒷다리살은 근육이 많아 식감이 좋고 지방이 적으면서 육즙이 풍부함

⑥ 전복과 홍합은 단백질 함량이 높고 육질이 부드럽고 소화가 잘됨. 껍질과 이물질을 제거하고 끓는 물에 살짝 데쳐냄

2 조림 · 초 조리

1) 조림 · 초 조리

① 쇠고기 장조림은 우선 향신료를 넣은 끓는 물에 고기를 넣고 삶아내서 육즙이 빠지지 않도록 한 후 간장, 설탕 등의 양념을 넣고 조림

② 생선은 조림장이 끓은 뒤에 넣어야 생선살이 부서지지 않고, 생선을 넣고 끓을 때까지 뚜껑을 열고 요리해야 비린내가 적음

③ 조림용기는 바닥이 넓은 냄비를 사용하면 재료가 균일하게 빨리 익고, 조림장이 골고루 잘 스며듦. 요리 시작 시에는 강한 불(센 불)로 시작하여 끓기 시작하면 불을 중불로 줄이고, 거품을 걷어내면 조림이 깔끔함. 조림 요리는 약한 불로 뭉근하게 오래 끓여야 색이 진해짐

④ 초 조리는 재료의 크기와 모양을 일정하게 썰어 양념은 약하게 해서 식재료 본연의 맛과 질감을 살려야 함

⑤ 초 조리는 남은 국물이 10% 정도 있어야 하고 녹말물로 농도를 맞출 수 있음

⑥ 초 조리 조미료는 간장, 설탕, 물을 1 : 1 : 2 정도로 하고 맨 마지막에 참기름, 후추를 넣음

⑦ 전복초는 삶아 살에 칼집을 내어 조림한 뒤 녹말물로 윤기를 내주고, 홍합초는 홍합살을 손질한 후 데쳐서 대파, 마늘편, 생강편을 넣고 간장, 설탕, 물을 넣어 조린 뒤 참기름을 한 방울 떨어뜨린 후 잣가루를 올림

⑧ 삼합초는 쇠고기와 홍합, 전복, 소라 등을 넣은 조림음식으로 쇠고기를 반드시 먼저 넣고 익히다가 데친 해산물을 넣어 조림

3 조림 · 초 담기

1) 조림 · 초 담기

조림이나 초는 조림국물을 함께 담아야 하므로 접시보다는 깊이가 조금 있는 오목한 그릇에 주재료를 소복이 올려 담음

① 주재료와 부재료의 비율이 서로 어울리도록 보기 좋게 적절히 담음

② 조림이나 초의 표면이 마르지 않도록 반드시 국물을 끼얹어주고 조림이나 초의 국물소스가 보이게 담음

제 8 절 한식 구이 조리

1 구이 재료준비

1) 구이 조리 개요

- 구이는 불을 사용하는 조리법 중 가장 먼저 발달한 조리법으로 육류(쇠고기, 돼지고기), 생선 및 뱅어포, 북어, 더덕 등 다양한 재료를 직접 불에 굽는 음식임
- 구이의 색과 형태를 유지하는 것은 부스러지지 않고 타지 않고 속까지 완전히 익혀야 함

(1) 구이 재료준비

구이의 전처리는 다듬기, 씻기, 수분 제거, 핏물 제거, 자르기를 말함

① 쇠고기는 기름기나 힘줄을 제거하고 두께가 일정하게 포를 넓적하게 펼쳐 떠서 칼등으로 잘 두들겨줌

② 돼지고기는 쇠고기보다 더 얇게 포를 떠서 두께가 일정하게 되도록 칼등으로 두들겨줌

③ 생선은 찬물에 해동을 잘 시키고 난 다음 아가미를 통해 내장을 제거한 뒤 비늘을 제거하고 지느러미를 깔끔하게 다듬어 소금을 앞뒤로 뿌려 재워둠

④ 북어는 반드시 흐르는 찬물에 불리거나 물에 잠시 담가 살을 부드럽게 해둠

⑤ 더덕은 흙을 깨끗이 씻은 다음 더덕껍질을 종이색연필 벗기듯 칼을 이용해 옆으로 돌돌 벗겨서 알맞은 크기로 썬 다음 방망이로 두들겨 펴서 소금물에 담가 쓴맛을 우려둠

⑥ 구이의 재료에는 육류(소갈비, 돼지갈비, 안심, 등심, 삼겹살, 소불고기, 닭, 떡갈비, 오리, 등심 등), 생선(가자미, 청어, 고등어, 꽁치, 은대구, 연어, 메로, 대하, 도미, 장어, 굴비, 꼼장어, 삼치 등), 채소(송이, 더덕, 도라지 등) 등이 있음

2 구이 조리

① 구이는 재료에 따라 소금구이, 간장양념구이, 고추양념구이 등이 있으며 참기름, 진간장을 3 : 1 비율로 양념하여 애벌구이한 후 고추장양념을 덧발라 2차로 다시 구워주는 방법도 있음

② 건열에 의한 직접구이 방법으로 불에 직접 굽는 석쇠구이가 있고, 철판이나 프라이팬 위에 식품을 올려놓고 가열하는 간접구이가 있음

③ 구이 조리 시에 생선처럼 수분이 많은 것은 겉만 타고 속은 익지 않을 수 있으므로 수분을 꼼꼼하게 제거하고 석쇠에서 약한 불로 천천히 오래 익혀야 함. 생선무게의 약 2%의 소금을 사용하는 것이 좋음

④ 양념에 재우는 시간은 20~30분 이내로 해야 질겨지지 않고 좋음

⑤ 고추장양념은 잘 타기 때문에 애벌구이로 거의 다 익힌 다음 고추장양념을 발라서 굽던지, 약한 불로 오래 구워 속까지 익혀야 함

⑥ 구이의 따뜻한 온도는 75℃ 이상으로 서브해야 하고, 고온으로 가열 시 겉만 타고 속은 익지 않으므로 온도 조절에 유의해야 함

⑦ 고기를 부드럽게 재우고 연화시키기 위해 연육제 역할을 하는 과일을 첨가할 수 있음. 파인애플(브로멜린), 파파야(파파인), 배 또는 생강(프로테아제) 등

3 구이 담기

① 생선은 접시에 담을 때 머리가 왼쪽으로 꼬리가 오른쪽으로 위치하고 배가 아래쪽으로 향하게 담아야 함

② 구이가 식지 않도록 덥혀진 철판이나 따뜻한 접시에 담아야 함

③ 재료의 형태나 색에 맞추어 어둡거나 밝은 색의 접시를 사용하여야 함

④ 재료의 개수에 유의하고 수량을 맞추어 담아냄

제 9 절 한식 숙채 조리

1 숙채 재료 준비

1) 숙채 개요

(1) 정의

① 물에 삶거나 찌거나 기름에 볶는 조리방법
② 보통 나물을 말하며, 나물 재료로는 모든 재료가 사용됨
③ 잎채소 등은 끓는 물에 파랗게 데쳐내어 갖은양념으로 무쳐냄
④ 말린 채소류는 불렸다가 삶아서 볶음
⑤ 채소를 익혀서 조리하면 재료의 쓴맛, 떫은맛 등은 없어지고 부드러운 식감 상승

(2) 종류

- 나물은 참기름과 깨소금 등 갖은양념을 넉넉히 넣어 무치고, 신맛이 나게 무치기도 함
- 여러 재료를 볶아서 무치는 요리에는 잡채, 탕평채, 죽순채, 겨자채 등이 있음
- 대표적인 숙채로는 콩나물무침, 삼색나물, 호박나물, 오이나물, 부추나물, 물쑥나물, 씀바귀나물 등이 있음

2) 숙채 재료의 특징

콩나물	• 통통하고 노란색을 띠며, 줄기가 짧은 것이 좋음 • 비타민 B, C, 단백질, 무기질, 아스파라긴산 등이 풍부
고사리	• 칼슘, 인, 무기질 풍부 • 건고사리는 깨끗한 갈색이 나고, 불렸을 때 미끈거리지 않는 것이 좋음
비름	• 잎이 신선하며 향기가 좋고 억세지 않은 것 선택 • 어린잎과 줄기부분을 식용으로 사용하고 줄기는 가늘고 연한 것을 선택
시금치	• 철분이 풍부하고 비타민, 식이섬유가 많고, 수산성분이 있어 뚜껑을 열고 데침 • 잎은 연녹색, 뿌리부분은 선명한 붉은색의 것을 선택
숙주	• 줄기가 가늘고 잔뿌리가 없는 것이 좋으며 푸른 싹이 난 것은 좋지 않음. 식이섬유 함량이 높음

쑥갓	• 독특한 향을 내고 찌개에 넣어 향과 맛을 좋게 함 • 데쳐도 영양소 손실이 적고 칼슘과 철분이 풍부하여 빈혈과 골다공증, 위장질환을 완화하고 불면증에 좋음 • 비타민 A, C의 알칼리성이 풍부한 나물 • 잎이 푸르고, 꽃대가 올라오지 않고, 줄기가 짧고 너무 굵지 않은 것이 좋음
미나리	• 대표적 알칼리성 식품으로 칼슘과 칼륨이 풍부하며, 혈액의 산성화를 막아주고 주독을 제거해 주며, 특유의 향으로 식욕을 돋움
가지	• 혈액순환을 좋게 하고 열을 내리며 콜레스테롤 함량을 낮춤 • 안토시아닌계 색소로 자주색이나 적갈색으로 광택이 있고 상처가 없는 것이 좋음 • 꼭지에 가시가 적고, 꼭지 크기에 비해 열매가 크고 싱싱한 것을 선택 • 가지냉국, 볶음, 장아찌, 나물, 조림, 김치 등 다양한 요리가 가능함
물쑥	• 이른봄에 나온 물쑥을 데쳐서 식초를 넣은 양념으로 무치면 풍미가 좋음
씀바귀	• 봄나물로 뿌리를 초고추장에 무쳐 먹음 • 이른봄에 입맛을 돋우는 나물
표고버섯	• 표고버섯의 독특한 향기는 레티오닌 • 맛을 내는 성분은 5-구아닐산나트륨 • 혈액순환을 돕고 피를 맑게 해주며 고혈압과 심장병에 좋음
두릅	• 비타민과 단백질이 풍부함 • 연한 두릅을 데쳐서 초고추장에 무쳐 먹음 • 순이 연하고 굵은 것이 좋으며 잎이 퍼지지 않고 향기가 강한 것이 좋음
무	• 소화촉진, 해독작용이 뛰어난 디아스타제가 풍부함 • 메틸메르캅탄, 머스터드 오일은 무 특유의 매운맛과 향기성분

3) 숙회 개요

- 숙회는 육류, 생선류, 어패류, 채소류를 끓는 물에 삶거나 데쳐서 익힌 음식을 초고추장이나 겨자즙 등에 찍어 먹음
- 대표적 숙회로 미나리강회, 파강회, 문어숙회, 오징어숙회, 한치숙회, 두릅회 등이 있음

2 숙채 조리

1) 조리방법

(1) 끓이기(습열조리)

① 특징

- 100℃ 물에서 식품을 가열 조리하는 방법
- 조직이 부드러워지고 식재료가 연해지면서 풍미가 향상됨
- 국, 탕, 찌개, 전골과 같이 맛성분을 함유한 식재료에 수분을 보충하여 가열조리한 후 그 맛을 우려내는 조리법
- 가열 도중 조미할 수 있는 장점이 있음

② 조리방법

- 조리법에는 국, 찌개, 전골, 탕 등과 같이 국물이 많은 것이 있음
- 탕이나 국, 곰탕 등은 처음에는 센 불로 하였다가 차차 불을 줄이며 오랜 시간 끓임
- 찌개나 편육 조리 시 어육류 등의 식품 표면에 뜨거운 열이 가해지면 근육의 수축으로 살이 단단해지므로 물이 끓은 다음에 조리함
- 육수를 낼 경우 근섬유 단백질을 많이 용출하기 위해 찬물에서부터 끓이는 것이 효과적임

(2) 삶기 및 데치기(습열조리)

① 특징

- 조미를 강하게 하지 않는 것이 끓이기와의 차이점임
- 재료 준비단계에서 사용하는 조리법
- 삶기의 목적은 조직의 연화, 불쾌미 성분의 제거, 단백질 응고 및 지방의 제거 등을 들 수 있음
- 삶는 물의 양은 재료의 5~6배 정도가 적당함
- 데친 후 찬물에 담가두어 온도를 저하시키는 것이 비타민 C 보호에 좋음

② 조리방법

- 물의 양을 넉넉히 하고 삶을 때 뚜껑을 열어 유기산을 휘발시킴
- 삶을 때 선명한 녹색을 유지하기 위해 1~2%의 소금을 넣음
- 조미 시 설탕, 소금, 식초 순으로 함
- 면류는 중량의 5~7배의 끓는 물에 소금을 넣고 찬물을 여러 번 부어가면서 삶음

(3) 찌기(습열조리)

① 특징

- 가열된 수증기로 식품을 익히며 식품모양이 그대로 유지됨
- 끓이기나 삶기보다 식품이 지닌 맛성분이나 수용성 영양성분의 손실을 최소화할 수 있는 가열조리법
- 가열 중 조미가 힘든 단점이 있으나, 수분의 양이 충분하면 내부까지 충분히 익힐 수 있음

② 조리방법

- 끓이기에 비해 조리시간이 많이 걸림
- 녹색채소 조리법으로 부적당하며, 근채류, 고기 등이 적당함
- 채소류 및 어패류, 육류는 수증기가 끓어오르면 식품재료를 찜기에 넣고 찜

(4) 볶기(건열조리)

① 특징

- 열의 전달매체로 물이 아닌 기름이나 뜨거운 조리도구를 사용하거나 복사열을 이용하여 기름을 두르고 식품이 타지 않도록 뒤적이며 조리
- 물을 사용하지 않아 수용성 성분의 용출이 적고, 지용성 비타민의 흡수율이 좋음

② 조리방법

- 용기와 기름을 달군 후 식재료를 넣고 강력한 화력을 유지하며, 자주 교반하여 조리함
- 식재료의 양은 사용 용기의 반을 넘지 않도록 하며, 재료는 적당한 크기로 조리함

3 숙채 담기

- 한식 그릇 중 찬을 담는 그릇인 쟁첩을 사용
- 음식은 식기의 70%를 담음
- 음식 담기의 기본은 음식을 먹기 쉽게 하고 그릇과의 균형을 고려
- 접시의 크기, 음식의 외관, 재료의 크기, 식사하는 사람의 편리성을 고려하여 담기
- 음식을 맛있게 느껴지는 온도는 60~65℃, 차가운 음식은 12~15℃

제 10 절 한식 볶음 조리

1 볶음 재료준비

1) 볶음 개요

(1) 특징

① 볶음은 소량의 지방을 이용해 뜨거운 팬에서 음식을 익히는 방법
② 강한 불에 단시간에 볶으면 원하는 질감, 색, 향을 얻을 수 있음
③ 바닥이 넓은 큰 팬을 사용하면 편리함
④ 완성된 요리는 빠르게 팬에서 내놓음
⑤ 화력이 약하면 조리시간이 길어져 수분 손실로 인해 채소의 경우 식감이 좋지 않고 조리과정 중에 식재료 본연의 색이 변함
⑥ 볶음은 소량의 기름을 이용하여 조리

(2) 볶음 양념 재료

① 단맛을 내는 조미료

- 설탕 : 포도당과 과당이 결합된 이당류
- 조미료는 설탕, 소금, 간장, 식초 순으로 첨가
- 물엿 : 식품에 점도를 부여
- 꿀 : 단당류로 몸에 빨리 흡수. 실온의 건조한 장소에 보관
- 올리고당 : 설탕에 비에 단맛이 떨어짐
- 기타 : 스타비오사이드, 아스파탐, 사카린 등

② 짠맛을 내는 조미료

- 소금 : 삼투압에 의한 탈수 및 방부효과, 단백질의 변성 촉진, 단백질 용해, 효소의 불활성화, 엽록소 안정화 등의 역할
- 간장 : 대두 발효식품으로 발효에 의해 생성된 색과 향기, 맛을 보유
- 된장 : 대두 발효식품으로 간장과 달리 단백질의 급원식품

③ 신맛을 내는 조미료

- 식초 : 주성분은 초산
- 기타 : 레몬즙, 매실청, 감귤 등

④ 감칠맛을 내는 조미료

다시마, 쇠고기, 버섯 등에서 느끼는 맛

⑤ 매운맛을 내는 조미료

고춧가루, 마늘, 고추장, 겨자, 산초, 후추 등

2 재료에 따른 볶음 조리법

1) 육류

- 중국 프라이팬에 기름이 뜨거워지면 육류를 넣고 색을 냄

- 낮은 온도에서 조리하면 육즙이 유출되어 퍽퍽하고 질겨짐
- 팬 안쪽에서 불꽃을 끌어들여 훈연되도록 향을 유도하여 볶음

2) 채소

- 구절판 등 색깔 있는 음식의 재료는 소금에 절이지 말고 중간불에 볶으면서 소금을 넣음
- 채소류는 기본적인 간을 한 다음 기름을 적게 두르고 볶음
- 요리의 부재료로 넣은 채소는 센 불에 먼저 볶은 다음 주재료를 넣고 다시 볶은 후 마지막에 양념
- 오이, 호박, 당근류 : 조리과정에서 침출되는 즙이 흡수될 정도로 볶음
- 버섯 : 센 불에서 재빨리 볶거나 소금에 절여 볶음
- 말린 채소는 생채소보다 비타민과 미네랄 함량 높음

3 볶음 담기

1) 볶음 조리도구

- 볶음을 할 때 작은 냄비보다 큰 냄비를 사용하거나, 바닥이 넓은 팬을 사용하여 균일하게 볶음
- 넓은 팬은 식재료를 단시간에 볶아 식감과 시각적인 음식의 색을 살림

프라이팬	• 음식을 볶거나 지질 때 사용하는 기구 • 깊이가 깊고 위아래의 둘레가 같은 팬을 사용 • 코팅된 프라이팬은 긁지 않도록 잘 관리해야 함 • 처음 사용하기 전에 세제로 닦아낸 다음 헹구고 마른 수건으로 잘 닦아 사용
나무주걱	• 네모진 나무주걱은 죽을 쑬 때 사용하고, 둥근형은 밥을 풀 때나 소스, 떡고물을 만들 때 사용 • 코팅된 프라이팬에 사용하기 적합
체	• 식재료 물빠짐에 이용
쟁반, 접시	• 볶음요리 완성 후 식힐 때 사용 • 남은 열로 인한 초록색 갈변을 방지

단원별 기출문제

한식조리 실무

01 쌀의 호화를 돕기 위해 밥을 짓기 전에 침수시키는데, 최대수분흡수량으로 옳은 것은?

① 20~30% ② 5~10%
③ 55~65% ④ 70~80%

쌀에 흡수되는 최대수분흡수량은 20~30%이고 밥의 수분함량은 65%이다.

02 밥짓기에 대한 설명으로 틀린 것은?

① 쌀을 미리 물에 불리는 것은 가열 시 열전도를 위해서이다.
② 밥물은 쌀 중량의 2.5배, 부피의 1.5배 정도로 붓는다.
③ 쌀전분이 완전히 α화되려면 98℃ 이상에서 20분 정도 걸린다.
④ 밥맛을 좋게 하기 위해 0.03% 정도의 소금을 넣을 수 있다.

물은 쌀 중량의 1.5배, 부피의 1.2배이다.

03 밥맛에 영향을 주는 요인에 대한 설명으로 옳지 않은 것은?

① 소금을 0.03% 정도 넣으면 밥맛이 좋아진다.
② pH 7~8일 때 밥맛이 가장 좋다.
③ 수확 직후의 쌀이 밥맛이 좋다.
④ 아밀로오스의 함량이 많을수록 점성이 많고 밥맛이 좋다.

아밀로펙틴의 함량이 많을수록 점성이 많고 밥맛이 좋다.

04 현미는 벼의 어느 부위를 벗겨낸 것인가?

① 과피와 종피 ② 겨층
③ 겨층과 배아 ④ 왕겨층

벼는 현미 80%와 왕겨 20%로 구성되어 있으며, 현미는 벼에서 왕겨층을 제거한 것으로 배아, 배유, 섬유소를 포함하고 있다.

05 쌀 씻기에서 너무 오래 씻을 경우 파괴되는 영양소가 아닌 것은?

① 전분 ② 수용성 단백질
③ 비타민 B_1 ④ 비타민 D

쌀을 너무 오래 씻으면 전분, 수용성 단백질, 수용성 비타민(특히 B_1), 향미물질이 손실됨

06 곡물의 전분을 말려두었다가 물에 풀어 끓인 죽을 무엇이라 하는가?

① 죽 ② 응이
③ 미음 ④ 즙

응이는 곡물을 갈아 가라앉은 전분을 말려두었다가 물에 풀어서 끓인 것이다.

07 곡류를 곱게 갈아서 매끄럽게 쑤는 죽을 무엇이라 하는가?

① 무리죽 ② 옹근죽
③ 원미죽 ④ 두태죽

- 옹근죽 : 곡물을 으깨지 않고 그대로 쑤는 죽
- 원미죽 : 곡물을 굵게 갈아서 쑤는 죽
- 무리죽(비단죽) : 곡류를 곱게 갈아 매끄럽게 쑤는 죽

정답 01. ① 02. ② 03. ④ 04. ④ 05. ④ 06. ② 07. ①

08 죽 조리 시의 유의사항으로 옳지 않은 것은?

① 주재료가 되는 곡물을 충분히 불려 수분을 흡수시킨 후 사용
② 죽 조리 시 냄비는 두꺼운 재질이 좋다.
③ 소금 또는 간장은 미리 넣어 끓임으로써 간이 잘 배도록 한다.
④ 강한 불에서 끓이다가 끓기 시작하면 약한 불로 눋지 않도록 끓인다.

> 죽의 경우 간을 미리 하면 삭을 수 있으므로 마지막에 하거나 곁들여 낸다.

09 죽 상차림에 대한 설명으로 옳지 않은 것은?

① 초조반은 아침에 간단하게 차려지는 죽상이다.
② 죽상에 놓는 조치는 탁한 조치로 한다.
③ 마른 찬으로 어포, 육포, 자반 등을 낸다.
④ 국물 있는 김치로 나박김치나 동치미를 담아낸다.

> 죽상에 놓는 조치는 맑은 조치로 소금이나 새우젓국으로 간을 한다.

10 죽 조리 시 기물로 적절하지 않은 것은?

① 나무주걱
② 두꺼운 냄비
③ 스테인리스 주걱
④ 분쇄기

> 스테인리스 주걱은 죽이 삭을 수 있으므로 나무주걱을 사용한다.

11 다음 중 국물의 양이 다른 것은?

① 국 ② 조치
③ 감정 ④ 전골

> 국은 건더기가 국물의 1/3 정도
> 감정, 조치, 전골은 건더기가 국물의 2/3 정도

12 고추장으로 간을 한 찌개의 명칭은?

① 국 ② 조치
③ 지짐이 ④ 감정

> 감정은 국물이 적고 고추장으로 간을 한 찌개이다.

13 다음 중 육수에 사용되는 부재료가 아닌 것은?

① 무
② 대파뿌리
③ 고추씨
④ 산초

> 산초는 향신료로 향이 강하고 톡 쏘는 맛으로 육수의 부재료로 거의 쓰이지 않는다.

14 음식의 종류에 따라 그릇에 보기 좋게 담는 양을 정할 때 탕이나 찌개는 식기의 어느 정도 양을 담는가?

① 40~50% ② 70~80%
③ 20~30% ④ 100%

> 탕, 찌개, 전골 등은 식기의 70~80% 정도의 양을 담는다.

15 다음 중 육수를 내는 방법으로 잘못된 것은?

① 쌀뜨물은 처음 씻어낸 물의 농도가 제일 진하므로 첫물을 사용한다.
② 멸치는 대가리와 내장을 제거하고 살짝 볶아 사용한다.
③ 조개류는 2~3%의 소금물에 담가 해감시킨 후에 사용한다.
④ 쇠고기는 찬물에 담그거나 흐르는 물에서 핏물을 뺀 뒤 사용한다.

> 쌀뜨물은 첫물은 버리고 2~3번째 씻은 물을 사용한다.

정답 08. ③ 09. ② 10. ③ 11. ① 12. ④ 13. ④ 14. ② 15. ①

16 다음 중 찌개를 끓이기 전 재료의 전처리방법으로 옳지 않은 것은?

① 생선을 통째로 사용할 경우 배를 가르고 내장을 제거한다.
② 낙지는 굵은소금 또는 밀가루를 이용하여 주무른 후 물로 씻어낸다.
③ 말린 표고버섯은 미지근한 물에 충분히 불려 기둥을 제거하고 사용한다.
④ 게는 수세미나 솔로 깨끗하게 닦은 후 배의 딱지를 떼고 몸통과 등딱지를 분리시킨다.

> 생선을 통째로 사용할 경우 배를 가르지 않고 아가미를 통해 내장을 제거한다.

17 다음 중 맑은 육수를 내기 위해 고기육수를 끓이는 방법으로 옳지 않은 것은?

① 오래 끓일수록 좋다.
② 끓기 전까지 뚜껑을 열어놓아야 한다.
③ 끓으면서 올라오는 불순물은 걷어준다.
④ 끓기 시작하여 2시간 정도가 적당하다.

> 고기를 너무 오래 끓이면 국물이 탁해지므로 끓기 시작한 지 2시간 정도가 적당하다.

18 국, 탕의 육수를 끓일 때 장(간장, 고추장, 된장)을 넣는 시기는?

① 장을 처음부터 넣어 간이 잘 배도록 한다.
② 끓기 시작하면 넣는다.
③ 국물이 우러나온 후 넣는다.
④ 넣는 시기는 상관없다.

> 육수를 끓일 때 간을 하면 염도에 의해 국물이 잘 우러나지 않으므로 국물이 우러나온 후에 간을 한다.

19 다음 중 생선 조리방법으로 적합하지 않은 것은?

① 탕을 끓일 경우 국물을 먼저 끓인 후에 생선을 넣는다.
② 생선을 전처리할 경우 물로 씻으면 어취 감소에 도움이 된다.
③ 생강은 처음부터 넣고 끓여야 어취가 제거된다.
④ 생선을 통째로 사용할 경우 배를 가르지 않고 아가미를 통해 내장을 제거한다.

> 어육단백질은 열변성이 되기 전에 생강을 넣으면 어취제거를 방해하므로 생선이 거의 익은 후에 넣어야 어취제거에 효과적이다.

20 전유어, 저냐, 부침개, 갈납 등으로 불리는 음식의 명칭은?

① 조림 ② 지지미
③ 조리개 ④ 전

> 전은 주로 저냐, 전유화, 전유어, 지짐개, 부침개, 납, 갈납 등으로 불린다.

21 전을 지질 때 필요 없는 재료는?

① 밀가루 ② 빵가루
③ 달걀 ④ 기름

22 전이나 적을 만들 때 주로 사용하는 생선은?

① 꽁치 ② 고등어
③ 대구 ④ 참치

> 전이나 적을 만들 때는 주로 대구, 숭어, 동태, 민어살 등 흰살 생선을 이용한다.

23 재료를 각각 손질하고 볶아내어 꼬치에 끼운 다음 밀가루와 달걀물을 입혀서 지지는 음식명은?

① 누름적
② 산적
③ 꼬치
④ 지짐누름적

> 지짐누름적은 각각의 재료를 꼬치에 꽂은 다음 밀가루, 달걀물을 입혀 지져낸 다음 꼬치를 뺀다.

정답 16. ① 17. ① 18. ③ 19. ③ 20. ④ 21. ② 22. ③ 23. ④

24 전을 부칠 때 사용하는 기름으로 알맞지 않은 것은?

① 옥수수기름 ② 참기름
③ 콩기름 ④ 카놀라유

> 참기름이나 들기름은 발연점이 낮아 전을 부칠 때 적합하지 않다.

25 전류 조리 시 주의점으로 옳지 않은 것은?

① 재료의 신선도
② 달군 팬에 기름을 두르고 재료를 올린다.
③ 사이즈에 상관없이 부친다.
④ 소금간은 2%가 적당하나 간을 약하게 한다.

26 밝은 음식의 색을 담아 돋보이게 하려면 어떤 접시를 골라야 할까?

① 흰색 접시
② 밝은 색 접시
③ 어두운 색 접시
④ 무늬접시

27 전에 곁들여 내는 것은?

① 겨자장 ② 초고추장
③ 초간장 ④ 소금

> 전에는 간장이나 초간장을 곁들여 낸다.

28 밀가루 반죽에 재료를 모두 섞어 기름에 지지는 전의 종류는?

① 해물파전
② 섭산적
③ 화양적
④ 표고전

> 밀가루반죽에 재료들을 모두 섞어 기름에 지지는 것으로 빈대떡, 해물파전, 장떡 등이 있다.

29 전, 적의 부재료로 사용할 수 없는 것은?

① 밀가루
② 멥쌀가루
③ 찹쌀가루
④ 메밀가루

> 전, 적의 가루로는 주로 밀가루, 멥쌀가루, 찹쌀가루 등이 사용된다.

30 재료를 익히지 않고 바로 무친 나물을 무엇이라고 하나?

① 샐러드
② 생채
③ 숙채
④ 무침

> 생채는 제철채소를 이용하여 익히지 않고 바로 무쳐낸 나물을 말한다.

31 재료를 삶거나 볶거나 가열조리해서 먹는 나물을 무엇이라고 하나?

① 샐러드
② 생채
③ 숙채
④ 무침

> 숙채는 말려둔 채소를 불려 삶아 익히거나, 생채소를 끓는 물에 데쳐내어 무쳐낸 나물을 말한다.

32 무생채를 만들 때 먼저 하지 말아야 할 조리방법은?

① 무 세척하기
② 무 소금 절이기
③ 고춧가루물들이기
④ 양념 다지기

> 무생채는 채를 썰어 소금에 미리 절이지 않고 찬 냉수에 담가도 안 된다.

정답 24. ② 25. ③ 26. ③ 27. ③ 28. ① 29. ④ 30. ② 31. ③ 32. ②

33 생채 양념으로 주로 사용하지 않는 것은?

① 고추장
② 고춧가루
③ 진간장
④ 식초

생채 양념장은 고추장, 고춧가루, 설탕, 식초 등을 혼합하여 산뜻한 맛이 나도록 만든다.

34 회에 곁들이는 소스로 적절하지 않은 것은?

① 마요네즈
② 참기름
③ 초고추장
④ 초간장

회에 곁들여 먹는 소스로는 초간장, 초고추장, 양념된 장, 참기름장, 소금, 후추 등이 있다.

35 생채를 조리할 때 맨 처음 해야 할 작업은?

① 다듬기 ② 씻기
③ 썰기 ④ 양념하기

다듬기는 재료의 가식부위를 손질하는 기초 단계이다.

36 포를 뜬 흰 살과 채소에 녹말을 묻혀 끓는 물에 데친 다음 색을 맞추어 돌려 담는 음식은?

① 생선조림 ② 어채
③ 전골 ④ 사슬적

어채는 봄에 즐겨 먹으며 주로 주안상에 올리는 음식이다. 어채에는 주로 숭어, 민어 등의 흰살생선을 이용한다.

37 회 재료로 쓰이지 않는 것은?

① 어패류 ② 육류
③ 채소류 ④ 두류

회의 종류로는 육회, 생선회, 조개회, 송이회, 굴회 등이 있다.

38 생채 담기가 바르지 않은 것은?

① 제공 직전에 무쳐 낸다.
② 색상에 맞게 담는다.
③ 소스에 미리 무쳐 숙성시킨다.
④ 단색그릇에 담아 색이 돋보이도록 한다.

생채는 신선함을 느낄 수 있도록 먹기 직전에 무쳐 낸다.

39 더덕생채의 쓴맛성분을 제거하기 위해서 하는 전처리는?

① 소금물에 담근다.
② 설탕물에 담근다.
③ 식초물에 담근다.
④ 맹물에 담근다.

더덕의 쓴맛을 제거하기 위해 소금물에 담가 우려낸 후 사용한다.

40 국물이 거의 없도록 조려낸 음식으로 국물에 녹말물을 풀어 윤기 나게 만드는 조리법은?

① 조림 ② 초
③ 무침 ④ 찜

초는 국물에 녹말물을 풀어 윤기 나게 만들기도 한다. 녹말을 넣지 않고 간장, 설탕, 물을 사용하여 윤기 나게 조려내기도 한다.

41 초의 종류가 아닌 것은?

① 홍합초
② 삼합초
③ 전복초
④ 마늘초

마늘에 간장과 식초를 넣어 숙성시킨 것은 장아찌 종류이다.

정답 33. ③ 34. ① 35. ① 36. ② 37. ④ 38. ③ 39. ① 40. ② 41. ④

42 궁중에서 조림을 무엇이라고 하나?

① 전
② 저냐
③ 조리개
④ 부침개

> 궁중에서는 조림을 조리개라고도 한다.

43 조림에 대한 설명으로 옳지 않은 것은?

① 국물보다는 재료의 맛을 들게 하는 조리법
② 조림의 간은 위, 아래가 다르다.
③ 약불로 오래 조려낸다.
④ 국물을 끼얹어가면서 조려낸다.

> 조림요리는 국물을 끼얹어가면서 위, 아래의 간과 색이 골고루 들도록 조리한다.

44 장조림의 부위로 적절하지 않은 것은?

① 꽃등심
② 홍두깨살
③ 우둔살
④ 사태

> 등심은 구이요리에 적당하다.

45 조림요리를 하고자 할 때 색을 골고루 들이고 맛이 스미게 하기 위한 불세기는?

① 강불
② 중불
③ 약불
④ 계속 강불

> 조림에서는 처음엔 강불이지만 색과 맛을 들이게 하기 위해서는 약불에서 뭉근히 오래 끓인다.

46 초 만들기에 들어가지 않는 재료는?

① 간장 ② 설탕
③ 참기름 ④ 식초

> 초요리에는 식초가 들어가지 않는다.

47 삼합초에 대한 설명으로 옳지 않은 것은?

① 소고기 사용
② 홍합 사용
③ 해삼 사용
④ 버섯 사용

> 삼합초는 소고기, 홍합, 소라, 해삼, 전복을 넣어 윤기 나게 조린 음식이다.

48 초의 부재료로 맞지 않는 것은?

① 통파 ② 고추
③ 마늘 ④ 생강

> 초의 부재료는 통파, 마늘편, 생강편, 참기름, 후추 등을 사용한다.

49 쇠고기 장조림을 만들 때 간장을 넣는 시기는?

① 쇠고기를 먼저 익힌 다음
② 쇠고기가 익기 전에
③ 쇠고기가 반쯤 익었을 때
④ 아무 때나

> 간장을 처음부터 넣고 삶으면 육즙이 빠지고 고기가 질겨진다.

50 인류 역사상 불을 사용하는 조리법 중 가장 먼저 발달한 조리법은?

① 구이 ② 볶음
③ 무침 ④ 튀김

> 구이는 불을 사용하는 화식(火食) 중 가장 먼저 발달한 조리법이다.

정답 42. ③ 43. ② 44. ① 45. ③ 46. ④ 47. ④ 48. ② 49. ① 50. ①

51 간장구이로 적합하지 않은 것은?

① 너비아니
② 갈비구이
③ 김구이
④ 닭구이

> 간장구이로는 갈비, 너비아니, 장포육, 염통, 닭, 꿩, 도미, 민어, 삼치, 낙지호롱 등이다.

52 소고기를 도톰하게 저며 부드럽게 연육한 후 양념하여 굽기를 반복해서 만든 음식은?

① 염통구이
② 너비아니구이
③ 장포육
④ 갈비구이

> 장포육은 소고기를 도톰하게 저며 부드럽게 연육한 후 양념하여 굽기를 반복해서 만든 음식이다.

53 소금구이로 적합하지 않은 것은?

① 고등어구이
② 방자구이
③ 청어구이
④ 가리구이

> 방자구이는 쇠고기 소금구이이고, 가리구이는 소갈빗살을 포 뜬 후 칼집 넣어 간장양념을 사용한다.

54 구이 중 고추장양념구이로 적합하지 않은 것은?

① 더덕구이
② 방자구이
③ 생선구이
④ 제육구이

> 방자구이는 소금구이를 많이 한다.

55 구이 중 초벌구이에 쓰이는 양념은?

① 참기름, 간장
② 간장, 소금
③ 고추장
④ 고춧가루

> 초벌구이 또는 애벌구이라고 하며 유장양념(참기름, 간장)으로 밑간해서 1차로 익힌다.

56 구이의 따뜻한 온도는?

① 60℃ 이상
② 75℃ 이상
③ 85℃ 이상
④ 100℃ 이상

> 구이는 따뜻한 온도 75℃ 이상을 말한다.

57 단백질 가수분해 효소로 연육제가 아닌 것은?

① 배 ② 파파야
③ 감 ④ 파인애플

> 파인애플, 파파야, 배, 생강은 연육제에 해당한다.

58 애벌구이를 하지 않는 구이법은?

① 더덕구이
② 생선구이
③ 너비아니구이
④ 북어구이

> 너비아니는 양념에 재워두었다가 굽고 애벌하지 않는다.

59 북어구이를 하기 전 북어손질법은?

① 마른 북어를 물에 부드럽게 불린다.
② 마른 북어에 고추장 양념한다.
③ 북어껍질을 모두 벗긴다.
④ 마른 북어에 유장 양념한다.

> 북어는 반드시 흐르는 물에 잠시 불려 살을 부드럽게 하고 가시를 빼낸다.

정답 51. ③ 52. ③ 53. ④ 54. ② 55. ① 56. ② 57. ③ 58. ③ 59. ①

60 볶음조리에 대한 설명으로 옳지 않은 것은?

① 소량의 기름을 이용해 팬에서 익히는 조리법
② 넓은 팬을 이용하여 조리
③ 남은 열로 완성된 음식의 갈변을 방지하기 위해 재빨리 팬에서 내림
④ 장시간 볶아서 질감, 색, 향을 향상시킴

> 달궈진 팬에 단시간 볶으면 원하는 질감, 색, 향을 얻을 수 있음

61 볶음조리에 대한 설명으로 적합하지 않은 것은?

① 볶음을 할 때 작은 냄비보다 바닥이 넓은 큰 냄비를 사용
② 볶음은 소량의 기름을 이용해 조리
③ 팬을 달군 후 고온 단시간 볶음
④ 높은 온도에서 볶으면 많은 기름이 흡수되므로 낮은 온도로 조리

62 볶음 양념 재료 시 신맛을 내는 것으로 옳지 않은 것은?

① 레몬즙　② 식초
③ 매실청　④ 생강

> 생강은 쓴맛의 양념으로 활용

63 참기름의 산패를 막는 기능을 하는 이물질은 무엇인가?

① 리그닌　② 토코페롤
③ 비타민 C　④ 칼슘

> • 참기름 – 리그닌이 산패를 막는 기능을 하므로 4℃ 이하의 온도에서 보관 시 굳거나 부유물이 뜨는 현상이 발생되므로 마개를 잘 닫아 직사광선을 피해 상온 보관
> • 들기름 – 리그닌이 함유되어 있지 않음. 지방산이 많이 함유되어 있어 냉장보관

64 재료에 따른 채소 볶음 조리방법 중 잘못된 것은?

① 마른 표고버섯은 약간의 물을 넣고 볶아줌
② 호박은 불린 후 밑간을 미리 해두고 조리
③ 기름을 충분히 두르고 볶음
④ 색깔 있는 구절판 재료는 소금에 절이지 않고 중간불에 볶으면서 소금을 넣음

> 채소를 볶을 때 기름이 많으면 색이 누렇게 되므로 적게 두르고 볶는 것이 좋음

65 볶음 조리도구에 대한 설명으로 맞는 것은?

① 바닥이 넓은 팬은 균일하게 볶아짐
② 볶음 조리 시 식재료 본연의 색이 누렇게 변색
③ 달궈진 코팅된 프라이팬에는 고무주걱 사용
④ 바닥이 넓은 팬은 소량 재료를 조리하기에 적합

> **바닥이 넓은 볶음 팬**
> • 양념이 골고루 스며들며 균일하게 볶아짐
> • 넓은 표면적으로 완성된 요리를 식히기 용이하므로 채소의 색상이 변하지 않음. 단시간에 볶아 식재료의 식감을 좋게 함

66 푸른 채소를 데칠 때 색을 선명하게 유지시키고 비타민 C의 산화도를 억제해 주는 것은?

① 소금　② 식초
③ 기름　④ 설탕

67 쑥갓과 함께 먹으면 좋은 식재료가 아닌 것은?

① 쑥갓과 두부　② 쑥갓과 셀러리
③ 쑥갓과 표고버섯　④ 쑥갓과 조개

> • 쑥갓과 조개 – 조개에 없는 비타민 A, C 풍부
> 쑥갓과 두부, 쑥갓과 셀러리, 쑥갓과 씀바귀는 함께하면 좋은 음식궁합

정답 60. ④　61. ④　62. ④　63. ①　64. ③　65. ①　66. ①　67. ③

68 조리 시 맛을 잘 스며들게 하기 위한 조미료의 첨가 순서로 옳은 것은?

① 소금 → 설탕 → 식초 → 간장
② 간장 → 식초 → 설탕 → 소금
③ 식초 → 설탕 → 소금 → 간장
④ 설탕 → 소금 → 간장 → 식초

> 소금은 설탕에 비해 분자량이 작아 침투속도가 빠르고 수분이 빠져나와 조직이 수축되므로 분자량이 큰 설탕을 소금보다 먼저 넣어 단맛과 짠맛의 조화를 이룰 수 있게 함

69 녹색 채소를 데칠 때 소다를 넣을 경우 일어나는 현상으로 틀린 것은?

① 채소의 질감이 유지된다.
② 채소의 색이 푸르게 고정된다.
③ 비타민 C가 파괴된다.
④ 채소의 섬유질을 연화시킨다.

70 볶음조리는 강한 화력으로 조리해야 하는데 그 이유로 옳지 않은 것은?

① 조리시간이 길어지면 수분이 손실됨
② 화력이 약하면 채소의 식감이 좋지 않음
③ 화력을 강하게 하면 영양소가 많이 파괴됨
④ 화력이 약하면 조리과정 중 식재료 본연의 색이 변함

> 화력을 강하게 하며 재빨리 요리하면 영양파괴가 적음

71 숙채에 대한 설명으로 옳지 않은 것은?

① 보통 나물을 말함
② 물에 삶거나 찌거나, 볶아서 갖은양념을 한 것
③ 남은 국물은 10%로 하고 녹말물로 농도를 맞춤
④ 채소를 익혀서 재료의 쓴맛이나 떫은맛을 제거

> 초 조리 시 남은 국물은 10%로 하고 녹말물로 농도를 맞춤

72 무에 들어 있는 소화촉진 성분은 무엇인가?

① 라파아제 ② 리그닌
③ 글리시닌 ④ 디아스타제

> 리파아제는 지방의 효소, 리그닌은 무에 들어 있는 식이섬유이며 글리시닌은 두류 단백질

73 숙채에 대한 설명으로 적합하지 않은 것은?

① 호박, 오이 등은 소금에 절였다가 팬에 기름을 두르고 볶는다.
② 시금치는 끓는 물에 데쳐서 사용
③ 쑥갓나물은 물에 데쳐 요리
④ 콩나물, 숙주나물은 소금에 절인 후 팬에 기름 두르고 볶아서 갖은양념

> **조리방법**
> • 끓는 물에 데친 후 양념 – 콩나물, 시금치, 숙주나물, 쑥갓, 기타 나물 등
> • 소금에 절인 후 기름에 볶은 뒤 양념 – 호박, 오이, 도라지 등

74 숙회의 종류가 아닌 것은?

① 가지냉채 ② 미나리강회
③ 파강회 ④ 두릅회

> • 숙채 – 물에 데치거나 기름에 볶아서 양념
> • 숙회 – 물에 데치거나 익혀 초고추장이나 겨자즙에 찍거나 무쳐서 먹음

75 숙채의 재료 중 레티오닌의 독특한 향미성분이 있으며, 생것보다 말린 것이 영양성분이 더 좋은 것은?

① 두릅 ② 씀바귀
③ 표고버섯 ④ 고사리

정답 68. ④ 69. ① 70. ③ 71. ③ 72. ④ 73. ④ 74. ① 75. ③

76 채소 선별에 대한 설명으로 잘못된 것은?

① 두릅은 어리고 연한 것을 골라 초고추장에 무쳐 먹음
② 가지는 바른 모양의 무거운 것을 선택
③ 콩나물은 통통하고 줄기가 짧은 것을 선택
④ 미나리는 줄기를 부러뜨렸을 때 쉽게 부러지는 것을 선택

> 가지는 혈액순환을 좋게 하고 열을 내리며 콜레스테롤을 낮춤. 바른 모양으로 가벼운 것, 선명한 보라색으로 광택 있는 것을 선택

77 다음 중 숙채 조리에 해당하지 않는 것은?

① 잡채 ② 탕평채
③ 구절판 ④ 장국죽

> 숙채란 물에 삶거나 찌거나 볶아서 갖은양념을 한 것이며, 장국죽은 쌀, 쇠고기, 건표고를 넣고 끓인 죽 조리

78 고사리 조리법에 대한 올바른 설명이 아닌 것은?

① 미지근한 쌀뜨물에 불림
② 식소다를 충분히 넣고 삶아 조리하면 부드러워짐
③ 불렸을 때 미끈거리지 않고 모양을 유지하는 것이 좋음
④ 어린순을 삶아서 말렸다 식용으로 사용

> 식소다를 너무 많이 사용하면 물러짐

79 숙채 조리법 중 소금에 절였다 기름에 볶는 재료가 아닌 것은?

① 호박 ② 오이
③ 도라지 ④ 숙주

> 숙주는 살짝 데쳐서 사용

80 숙채에 대한 설명으로 틀린 것은?

① 부드러운 식감
② 삶아서 사용
③ 소금에 절여서 사용
④ 쪄서 사용

> 숙채에서 '숙'은 익혔다는 의미이므로 소금에 절여 사용하지 않고 절인 후 볶아서 사용

81 숙채 조리의 전처리로 틀린 것은?

① 다듬기
② 씻기
③ 데치기
④ 말리기

정답 76. ② 77. ④ 78. ② 79. ④ 80. ③ 81. ④

저자약력

최태호

경기대학교 외식조리관리 박사
서울힐튼호텔 Chef
한국조리학회 학술부회장
중소기업청 소상공인컨설턴트
현) 혜전대학교 교수(서양식전공장)

박한나

경기대학교 외식조리관리 박사
중소기업청 소상공인컨설턴트
현) 경기대학교 평생교육원 외식조리경영계열 전담교수
사)한국음식관광연구원 상임이사

전소현

경기대학교 외식조리관리 박사
현) 경기대학교 평생교육원 외식조리경영계열 교수
식품의약품안전처 위생등급제 자문위원
한국식품산업협회 식품안전 전문위원
(사)한국조리협회 이사
(사)한국외식경영학회 이사

김운진

성신여자대학교 대학원 이학박사
KBS 생생정보, 무엇이든 물어보세요
SBS 모닝와이드 외 다수 인터뷰
현) 부천대학교 식품영양과 교수

이영우

경기대학교 외식조리관리 박사
롯데칠성음료(주) 영양팀장
이루미케이터링 대표
현) 한양여자대학교 식품영양과 교수
(사)대한영양사협회 부회장

전장철

경기대학교 외식조리관리 박사
2013 Korea · China Traditional Flavor Food Culinary Competition 조리국가대표
대한민국 한국음식관 홍보대사
현) 주식회사 삼성웰스토리(삼성에버랜드) 재직(20년)

저자와의
합의하에
인지첩부
생략

한식조리기능사 필기

2021년 5월 10일 초판 1쇄 인쇄
2021년 5월 15일 초판 1쇄 발행

지은이 최태호 · 박한나 · 전소현 · 김운진 · 이영우 · 전장철
펴낸이 진욱상
펴낸곳 (주)백산출판사
교 정 성인숙
본문디자인 이문희
표지디자인 오정은

등 록 2017년 5월 29일 제406-2017-000058호
주 소 경기도 파주시 회동길 370(백산빌딩 3층)
전 화 02-914-1621(代)
팩 스 031-955-9911
이메일 edit@ibaeksan.kr
홈페이지 www.ibaeksan.kr

ISBN 979-11-6567-072-6 13590
값 18,000원